MÉMOIRES ENTOMOLOGIQUES

ÉTUDES

SUR LES COLÉOPTÈRES

PAR

A. GROUVELLE

DEUXIÈME FASCICULE

PARIS

SOCIÉTÉ ENTOMOLOGIQUE DE FRANCE

28, rue Serpente

Mai 1919

MÉMOIRES ENTOMOLOGIQUES

TYPOGRAPHIE FIRMIN-DIDOT ET Cie. — MESNIL (EURE).

MÉMOIRES ENTOMOLOGIQUES

ÉTUDES

SUR LES COLÉOPTÈRES

PAR

A. GROUVELLE

DEUXIÈME FASCICULE

PARIS

DÉPOSÉ A LA SOCIETÉ ENTOMOLOGIQUE DE FRANCE

28, rue Serpente

1917

MÉMOIRES ENTOMOLOGIQUES

II

ÉTUDES SUR LES COLÉOPTÈRES

PAR

A. GROUVELLE

I. — DESCRIPTIONS D'ESPÈCES NOUVELLES DU GENRE *PSAMMOECUS* LATR.

(CUCUJIDAE)

Psammoecus lineatus, n. sp. — *Ovatus, elongatus, convexus, nitidulus, testaceus; articulis antennarum 6-10 paulatim infuscatis, 11° subinfuscato: singulo elytro nigro bimaculato: 1ª macula ultra medium, lineata, elongata, in 5° intervallo striarum, 2ª prope suturam, stricta, inter quartam partem anteriorem longitudinis et apicem extensa. Antennae subincrassatae; 1° articulo fere duplo longiore quam latiore, 2° parum elongato, 3° sesquilongiore quam latiore, 4°, 5° et 7° subaequalibus, quam 3° paulo longioribus, 6° vicinis longiore, 8° parum elongato, 9° subelongato, 10° quadrato, 11° subconico, parum elongato. Caput transversum, modice convexum, crebre punctatum, epistomo laevi, utrinque ad antennae basin breviter striolatum, inter antennarum bases striatum; epistomo subtransverso: fronte, desuper inspecta, inter antennarum bases haud producta: oculis modice prominulis, granis subminimis; temporibus manifestis, late rotundatis. Prothorax basin versus angustatus, minus duplo latior quam longior, capite paulo latior, crebre sed minus fortiter quam caput punctatus; margine antico arcuato; angulis anticis obtusis; lateribus arcuatis, septem denticulis plus minusve minutis, irregulariter distantibus, armatis: angulis posticis obtusis; basi modice arcuata, subpulvinato-marginata. Elytra ad basin prothorace minus duplo latiora, lateribus arcuata, sat ampliata, apice conjunctim rotundata, paulo plus duplo longiora quam simul in maxima latitudine latiora, punctato-striata; striis ad* *apicem vix attenuatis: tribus primis intervallis striarum, in disco, punctis haud latioribus, subconvexis; 1° intervallo laterali multo magis, 2° vix quam punctis latiore; marginibus lateralibus medio substricte explanato-marginatis.* — Long. 2.5 mm.

Oblong, environ trois fois plus long que large dans sa plus grande largeur, convexe, un peu brillant, couvert d'une pubescence flave (l'insecte examiné n'est pas frais), testacé; tête et prothorax légèrement teintés de rougeâtre; articles 6 à 10 des antennes progressivement enfumés, article 11 légèrement obscurci; sur chaque élytre deux taches longitudinales noires : la 1re sur le 5e intervalle, commençant vers le milieu et atteignant environ le quart de la longueur totale de l'élytre, la 2e sur l'intervalle sutural, un peu élargie dans la partie apicale, atteignant le sommet, ayant environ les 3/4 de la longueur totale de l'élytre; sur chaque élytre, en plus de ces taches, des vestiges de petites taches ponctiformes : une vers le bord latéral, en face de la 1re tache, une autre près du sommet, dans le prolongement de cette 1re tache. Antennes médiocrement épaisses; 1er article presque deux fois plus long que large, 2e un peu allongé, 3e une fois et demie aussi long que large, 4e, 5e et 7e subégaux, un peu plus longs que le 3e, 6e encore un peu plus long que les 5e et 7e, 8e un peu allongé, 9e suballongé, 10e carré, 11e subconique, un peu plus long que large. Tête environ deux fois plus large que longue, modérément convexe, couverte d'une ponctuation très serrée sur l'occiput, progressivement un peu moins vers l'avant, effacée sur l'épistome, relevée et très brièvement striolée vers la base des antennes, striée entre celles-ci, infléchie sur l'épistome; front, vu de dessus, non saillant en avant; épistome un peu moins long que large à la base; labre petit; saillie des yeux inférieure à leur diamètre longitudinal, granulations moyennes; tempes marquées, mais très largement arrondies. Prothorax à peine plus large dans sa plus grande largeur que la tête, faiblement rétréci au sommet, fortement à la base, arrondi sur les côtés, surtout dans la partie basilaire, présentant sa plus grande largeur un peu en avant du milieu de la longueur, un peu moins de deux fois plus large dans sa plus grande largeur que long, couvert d'une ponctuation très serrée, moins forte que celle de la tête. Bord antérieur arqué; angles antérieurs très largement obtus, à peine marqués; côtés armés chacun de huit denticules : les trois premiers, à partir de la base, rapprochés; le 1er à l'angle postérieur très petit, le 2e un peu plus long, le 3e plus long que large à la base, le 4e un peu plus éloigné du 3e que celui-ci du 2e, à peine plus allongé, triangulaire, le 5e s'écartant encore un peu plus du précédent, aussi long que large, le 6e s'écartant également un peu plus du précédent, à égale distance du 5e et du 7e, petit, le 7e et le 8e très petits, contigus, sur l'angle antérieur; angles postérieurs obtus; base faiblement arquée, bordée par un bourrelet faiblement accentué, mais assez large. Écusson environ quatre fois moins large que le prothorax à la base. Élytres subarrondis à la base, largement arrondis aux épaules, alors un peu moins de deux fois plus larges ensemble que le prothorax à la base, arqués sur les côtés, assez élargis, présentant leur plus grande largeur au delà du milieu de la longueur, arrondis ensemble au sommet, environ deux fois plus longs que larges ensemble dans leur plus grande largeur, ponctués-striés; stries peu atténuées vers le sommet, à peine plus fortement marquées sur les marges latérales; intervalles discoïdaux 1, 2, 3 à peine plus larges que les points des stries, 4 et 5 plus larges, tous subconvexes; 1er et 2e intervalle latéral plus larges que les points, médiocrement convexes; points de la strie marginale médiocrement espacés; stries suturales devenant contiguës à la suture avant le sommet; marges latérales faiblement rebordées-explanées au milieu. Prosternum densément ponctué; sillon latéral des hanches antérieures marqué; métasternum largement ponctué vers les angles postérieurs, longitudinalement sillonné; 1er segment de l'abdomen aussi long que le métasternum, éparsement ponctué; saillie entre les hanches postérieures en angle aigu. Hanches intermédiaires contiguës.

Malacca : Perak. 1 exemplaire. Collection A. Grouvelle.

Psammoecus concolor, n. sp. — *Oblongo-elongatus, modice convexus, nitidulus, pilis flavis modice elongatis, valde inclinatis subdense vestitus; capite prothoraceque rufo-testaceis, elytris ochraceo-testaceis; antennarum articulis 8°-10° et prope elytrorum apicem plaga vix notata subinfuscatis. Antennae subincrassatae; articulo 1° paulo plus duplo longiore quam latiore, 2° subelongato, 3° parum elongato, 4°-6° subaequalibus, circiter 1 et 1/3 tam elongatis quam latis, 7° subquadrato, 8°-10° sensim transversioribus, 11° subelongato, ovato, apice acuminato. Caput transversum, subparce punctatum, utrinque ad antennae basin suboblique striolatum, inter antennarum bases vix perspicue striatum; fronte, desuper inspecta, inter antennarum bases haud producta; epistomo transverso, subinflexo; labro minimo; oculis prominulis; temporibus nullis. Prothorax transversus, antice posticeque subaequaliter angustatus, densissime et haud fortius quam caput punctatus; margine antico arcuato; angulis anticis valde rotundatis; lateribus arcuatis, octo denticulis armatis : tribus anticis minimis, approximatis, ceteris sensim majoribus; denticulo basilari haud longiore quam latiore; angulis posticis obtusis; basi subpulvinato-marginata. Scutellum subtriangulare, laeve. Elytra basi quam prothorax minus duplo latiora, ovata, modice ampliata, apice conjunctim rotundata, duplo longiora quam simul in maxima latitudine latiora, punctato-striata; striis apicem versus attenuatis; striarum intervallis in disco quam punctis paulo latioribus; lateribus medio angustissime explanatis.* — Long. 2,5-2,8 mm.

Ovale, un peu moins de trois fois aussi long que large dans sa plus grande largeur, médiocrement convexe, un peu brillant, couvert d'une pubescence flave, médiocrement longue et dense, presque couchée; antennes, sauf les articles 8 à 10 enfumés, et pattes testacées; tête et prothorax roux testacé clair; élytres testacé un peu jaunâtre, présentant sur le disque, vers le 2e tiers de la longueur à partir de la base, une tache antéapicale, mal définie, un peu enfumée. Antennes un peu épaisses à la base, s'épaississant légèrement et progressivement vers l'extrémité; 1er article un peu plus de deux fois plus long que large, 2e suballongé, 3e un peu allongé, 4e à 6e subégaux, environ d'un tiers plus longs que larges, 7e subcarré, 8e à 10e progressivement plus transversaux, 11e un peu plus long que large, subovale, acuminé à l'extrémité. Tête à peine plus de deux fois plus large que longue, à peine convexe, subéparsement ponctuée, presque lisse en avant des bases des antennes, presque obliquement striolée vers la base de chacune d'elles, à peine visiblement striée entre ces bases; front, vu de dessus, non saillant; épistome un peu infléchi, trapézoïdal, environ deux fois plus large à la base que long; labre petit; yeux gros, saillants à facettes moyennes; tempes nulles. Prothorax à peu près aussi large en avant que la tête, sensiblement aussi large au sommet qu'à la base, faiblement arrondi sur les côtés, environ un peu plus d'une fois et demie plus large dans sa plus grande largeur que long, très densément et aussi fortement ponctué que la tête. Bord antérieur arqué, bordé par une très étroite marge lisse; côtés armés chacun de huit denticules : les trois antérieurs petits, rapprochés, les autres progressivement plus accentués, le dernier environ aussi long que large; angles postérieurs obtus; base arquée, bordée par un bourrelet peu accentué. Écusson environ quatre fois moins large que la base du prothorax. Élytres arrondis aux épaules, alors moins de deux fois plus larges à la base que la base du prothorax, un peu élargis sur les côtés, présentant leur plus grande largeur au delà du premier tiers de la longueur, puis atténués vers l'extrémité, arrondis ensemble au sommet, environ deux fois plus longs que larges ensemble dans leur plus grande largeur, ponctués-striés; stries ponctuées atténuées vers le sommet; stries latérales mieux marquées; stries suturales devenant contiguës à la suture au sommet; intervalles des stries un peu plus larges sur le disque que les points; dernier intervalle latéral très nettement plus large que les autres; points de la strie marginale assez espacés. Bords latéraux très étroitement explanés dans le milieu. Prosternum densément ponctué sur le milieu et sur les côtés, en avant du sillon latéral des hanches antérieures; celui-ci bien marqué, atteignant presque le bord latéral. Métasternum longitudinalement substrié, lisse de chaque côté de la strie, largement et peu fortement ponctué vers les angles postérieurs; 1er segment de l'abdomen plus long que le métasternum, saillant en angle très arrondi entre les hanches postérieures, assez éparsement ponctué. Hanches intermédiaires subcontiguës.

Java, 2 exemplaires. Collection du British Museum.

Psammoecus brunnescens, n. sp. — *Oblongo-elongatus, modice convexus, nitidulus, pilis flavis subdense vestitus, rufo-brunneus; antennis, praeter articulos 7-10 infuscatos, pedibusque testaceis. Antennae subincrassatae; 1° articulo vix duplo longiore quam latiore, 2° subelongato, 3° parum elongato, 4°-6° subaequalibus, fere sesquilongioribus quam latioribus, 11° elongato, subovato, apice acuminato. Caput transversum, dense valdeque punctatum, punctis saepius confluentibus, utrinque ad antennae basin breviter striolatum, inter antennarum bases striatum, arcuatim subproductum; epistomo transversissimo, subinflexo, parce punctato; labro minimo; oculis valde prominulis. Prothorax transversus, antice modice, postice sat fortiter angustatus, densissime et quam caput fortius punctatus; margine* *antico arcuato; angulis anticis obtusis; lateribus octodenticulatis: tribus denticulis anticis minimis, approximatis, quinque ultimis majoribus, tribus ad basin paulo longioribus quam latioribus; angulis posticis obtusis; basi arcuata, stricte marginata. Scutellum subpentagonale, laeve. Elytra basi prothorace minus duplo latiora, lateribus parum ampliata, apice conjunctim subacuminata, minus duplo longiora quam simul in maxima latitudine latiora, punctato-striata; intervallis striarum in disco quam punctis latioribus; lateribus ad basin obtuse denticulatis, medio anguste explanatis.* — Long. 2.8-3 mm.

Ovale, presque deux fois et demie aussi long que large dans sa plus grande largeur, médiocrement convexe, un peu brillant, couvert d'une pubescence assez dense, flave (les exemplaires étudiés ne sont pas frais), brun rougeâtre, parfois un peu plus clair sur la tête et la base du prothorax; antennes, sauf les articles 7 à 10 enfumés, et pattes testacées. Antennes un peu épaisses, progressivement un peu épaissies vers l'extrémité; 1er article presque deux fois plus long que large, 2e suballongé, 3e un peu plus long que large, 4e à 6e subégaux, presque une fois et demie aussi longs que larges, 7e suballongé, 8e à 10e progressivement plus transversaux, 11e une fois et un tiers plus long que large, subovale, acuminé à l'extrémité. Tête presque deux fois plus large que longue, un peu convexe, densément couverte de gros points souvent confluents, éparsement ponctuée en avant des naissances des antennes, brièvement et obliquement striolée vers ces naissances, striée entre elles; front vu de dessus médiocrement saillant en arc en avant des antennes; épistome un peu infléchi, trapézoïdal, plus de deux fois plus large à la base que long; labre petit; yeux gros, très saillants; tempes nulles; marge basilaire de l'œil presque normale à la direction longitudinale de l'insecte. Prothorax un peu moins large en avant que la tête dans sa plus grande largeur, plus rétréci à la base qu'au sommet, arrondi sur les côtés, présentant sa plus grande largeur vers le 2e tiers de la longueur à partir de la base, presque deux fois plus large dans sa plus grande largeur que long, très densément et plus fortement ponctué que la tête. Bord antérieur arqué, bordé par une très étroite marge lisse; angles antérieurs obtus; côtés armés chacun de huit denticules : les trois antérieurs petits, rapprochés, les autres plus accentués; les trois premiers vers la base plus longs que larges; angles postérieurs obtus; base arquée, finement rebordée, sans bourrelet. Écusson plus de sept fois plus étroit que la base du prothorax. Élytres arrondis aux épaules, alors plus larges que le prothorax dans sa plus grande largeur, arqués un peu élargis sur les côtés, présentant leur plus grande largeur vers le premier tiers de la longueur à partir de la base, puis atténués vers l'extrémité, subacuminés ensemble au sommet, environ une fois et deux tiers aussi longs que larges ensemble dans leur plus grande largeur, ponctués-striés: stries plus fortes sur les côtés; intervalles des stries plus larges sur le disque que les points; intervalle huméral subélevé; intervalles des marges latérales plus larges que ceux du disque, subélevés, subcarénés. Marges latérales obtusément denticulées à la base, étroitement rebordées-explanées au milieu. Prosternum ponctué, ridé transversalement de chaque côté ; sillons latéraux des hanches antérieures assez bien marqués, atteignant presque le bord latéral ; métasternum longitudinalement strié-sillonné, lisse de chaque côté du sillon, peu largement ponctué vers les angles postérieurs. 1er segment de l'abdomen subégal au métasternum, éparsement et peu fortement ponctué, saillant en angle aigu, émoussé entre les hanches postérieures. Hanches intermédiaires subcontiguës.

Archipel Papou : Mysole. 4 exemplaires. Collection du British Museum.

Psammoecus signatus, n. sp. — *Oblongus, latiusculus, modice convexus, nitidulus, pilis flavis elongatis dense vestitus, niger; antennis, praeter articulos 6-10 plus minusve infuscatos, et in singulo elytro duabus maculis rufo-ferrugineis; pedibus dilute testaceis; 1a elytrorum macula ad longitudinis primam quartam partem, transversa, suturali, latera haud attingente, 2a ante apicem, oblonga, subminima. Antennae elongatae; 1o articulo 2 et 1/2 longiore quam latiore, 2o parum elongato, 3o sesquilongiore quam latiore, 4o quam 3o paulo longiore, 5o duplo longiore quam latiore, 6o quam 5o paulo longiore, 7o cum 5o subaequali, 8o subelongata, 9o et 10o subtransversis, 11o subóblongo, sesquilongiore quam latiore, apice acuminato. Caput transversum, occipite dense valdeque punctatum, utrinque ad antennae basin breviter striolatum; inter antennarum bases subanguloso-striatum; epistomo transverso, subinflexo, parce punctato : labro fere minimo; oculis prominulis. Prothorax transversus, basin versus angustatus, dense et quam caput multo fortius punctatus; margine antico arcuato, subpulvinato-marginato; angulis anticis obtusis, valde hebetatis; lateribus antice subparallelis, postice rotundatis, octodenticulatis : duobus primis denticulis juxta angulum anticum, approximatis, fere minimis, 3o, 4o et 5o majoribus, ante medium, modice approximatis, 6o majusculo, duobus ultimis propre angulum posticum, subapproximatis, ultimo minimo. Scutellum subtriangulare, breve. Elytra basi quam prothorax duplo latiora, lateribus rotundata, valde ampliata, apice conjunctim rotundata, fere sesquilongiora quam simul in maxima latitudine latiora, punctato-striata : striarum intervallis in disco punctis haud latioribus, convexis, ad latera magis elevatis; lateribus medio sublate explanatis.* — 2.8-3 mm.

Ovale, environ deux fois et demie plus long que large dans sa plus grande largeur, médiocrement convexe, un peu brillant, couvert d'une pubescence flave, assez longue (les exemplaires examinés ne sont pas frais), noir ; antennes, sauf les articles 6-10 plus ou moins enfumés, tête et deux taches sur chaque élytre roux ferrugineux, pattes testacées ; 1re tache des élytres vers le premier quart de la longueur à partir de la base, transversale, suturale, à peu près aussi longue que la distance qui la sépare de la base, arrêtée latéralement vers la 8e strie ; la 2e petite, vers le dernier quart de la longueur, allongée entre la strie suturale et la 5e dorsale, s'étendant vers le sommet. Antennes allongées ; 1er article deux fois et demie plus long que large, 2e un peu allongé, 3e une fois et demie aussi long que large, 4e un peu plus long que le 3e, 5e deux fois plus long que large, 6e un peu plus long que le 5e, 7e subégal au 5e, 8e suballongé, 9e et 10e subtransversaux, 11e subovale, une fois et demie plus long que large, acuminé à l'extrémité. Tête environ deux fois plus large que longue, convexe, densément ponctuée surtout à la base, presque lisse en avant, relevée et obliquement striolée à la base de chaque antenne, subanguleusement striée entre ces bases, légèrement infléchie en avant de cette strie; épistome trapézoïdal, moins de deux fois plus large à la base que long; labre bien visible; yeux gros, saillants, facettes petites; tempes nulles. Prothorax un peu plus large que la tête, moins de deux fois plus large dans sa plus grande largeur que long; ponctuation très dense, notablement plus forte que celle de la tête. Bord antérieur arqué, bordé par un étroit bourrelet peu marqué; angles antérieurs obtus; côtés subparallèles en avant, arqués dans la partie basilaire, armés en avant de trois petits denticules rapprochés; vers le milieu, plutôt vers la base, de trois denticules plus forts, médiocrement écartés; à l'angle postérieur d'un denticule plus fort que tous les autres, et, un peu en arrière, d'un denticule plus petit; angles postérieurs obtus; base arquée, bordée par un bourrelet assez marqué. Écusson environ cinq fois moins large que la base du prothorax. Élytres peu arqués à la base, étroitement arrondis aux épaules, alors environ deux fois plus larges que le prothorax à la base, arqués sur les côtés, assez fortement élargis, présentant leur plus grande largeur vers les deux cinquièmes de la longueur à partir de la base, atténués ensuite vers l'extrémité, arrondis ensemble au sommet, environ une fois et demie aussi longs que larges ensemble dans leur plus grande largeur, ponctués-striés; intervalles des stries environ aussi larges sur le disque que les points, subconvexes, un peu plus étroits, un peu relevés sur les côtés; intervalle huméral un peu relevé dans la partie basilaire. Marges latérales denticulées vers la base, assez largement rebordées-explanées au milieu. Prosternum éparsement ponctué sur la région médiane, plus densément et plus fortement sur les côtés en avant des sillons latéraux des hanches antérieures, ceux-ci bien marqués, atteignant presque le bord latéral; métasternum longitudinalement et largement sillonné-ponctué, lisse de chaque côté de ce sillon, densément ponctué vers les angles postérieurs. Premier segment de l'abdomen subégal au métasternum, saillant en angle largement arrondi entre les hanches postérieures, éparsement ponctué. Hanches intermédiaires subcontiguës.

Archipel Papou : Mysole, 2 exemplaires. Collection du British Museum.

Psammoecus obesus, n. sp. — *Oblongus, latiusculus, convexus, nitidus, pilis flavis, inclinatis, haud elongatis subdense vestitus, ochraceo-testaceus : antennarum articulis 6-10 plus minusve infuscatis; singulo elytro, ultra medium, plaga obscura, magna, transversa, suturam haud attingente, notato : pedibus testaceis. Antennae elongatae : 1o articulo sesquilongiore quam latiore, 2o subelongato, 3o sesquilongiore quam latiore, 4o, 5o et 6o subaequalibus quam 3o longioribus, 7o sesquilongiore quam latiore, 8o subquadrato, 9o et 10o transversis, 11o ovato, modice elongato, apice subacuminato. Caput transversum, subparce punctatum, utrinque striolatum, inter antennarum* *bases vix perspicue striatum: fronte, desuper inspecta, inter antennarum bases arcuatim subproducta; epistomo valde transverso, subinflexo, punctulato; labro minimo; oculis prominulis, granis minimis; temporibus brevissimis. Prothorax transversus, postice quam antice paulo angustior, densius et fortius capite punctatus; apice linea punctata marginato; angulis anticis obtusis; lateribus arcuatis, haud fortiter denticulatis; denticulo ante angulum anticum latiore, basilari tam longiore quam latiore; angulis posticis obtusis; basi subpulvinato-marginata. Elytra basi prothorace minus duplo latiora, humeris rotundata, ovata, lateribus subvalde ampliata, apice conjunctim rotundata, minus sesquilongiora quam simul in maxima latitudine latiora, punctato-striata; striis ad latera impressioribus, ad apicem attenuatis; striarum intervallis in disco punctis latioribus; lateribus subexplanatis.* — Long. 2.8 mm.

Ovale, moins de deux fois et demie aussi long que large dans sa plus grande largeur, convexe, brillant, testacé un peu ochracé; pattes plus claires; articles 6e à 10e des antennes plus ou moins enfumés; sur chaque élytres une tache noirâtre, commençant au milieu de l'élytre, s'étendant environ jusqu'au deuxième tiers de sa longueur, atteignant en dedans la strie suturale et en dehors la strie humérale, anguleuse dans la partie basilaire, sinuée et s'avançant en angle aigu, contre la suture, dans la partie apicale. Pubescence flave, de longueur moyenne, assez dense, dressée. Antennes allongées, progressivement un peu épaissies; 1er article environ une fois et demie aussi long que large, 2e suballongé, 3e une fois et demie aussi long que large; 4e, 5e et 6e subégaux, 7e une fois et demie aussi long que large, 8e subcarré, 9e et 10e transversaux, 11e ovale, un peu plus long que large, subacuminé. Tête un peu plus de deux fois plus large que longue, médiocrement convexe, à peine visiblement striée entre les bases des antennes, couverte d'une ponctuation un peu allongée, en partie presque dense sur le front, brièvement striolée vers les bases des antennes. Front, vu de dessus, légèrement saillant entre celles-ci. Épistome un peu infléchi, trapézoïdal, plus de deux fois plus large à la base que long, subdensément pointillé; labre petit. Yeux saillants, à facettes petites. Tempes petites, mais bien marquées. Prothorax un peu plus large en avant que la tête avec les yeux, plus rétréci à la base qu'au sommet, moins de deux fois plus large dans sa plus grande largeur que long; ponctuation plus dense et plus forte que celle de la tête, laissant libre contre le bord antérieur une étroite marge lisse, limitée par une ligne de points. Bord antérieur arqué; angles antérieurs obtus; côtés arqués, rebordés-explanés, armés de petits denticules peu saillants, plus larges à la base que longs; denticule le plus large un peu avant l'angle antérieur; denticule de l'angle postérieur le plus développé; entre ces deux denticules trois denticules un peu moins marqués; angles postérieurs obtus; base arquée, bordée par un étroit bourrelet lisse, peu accentué. Écusson moins de cinq fois moins large que la base du prothorax. Élytres un peu moins de deux fois plus larges à la base que la base du prothorax, arrondis aux épaules, arqués, assez largement dilatés sur les côtés, présentant leur plus grande largeur un peu au delà du milieu de la longueur, atténués ensuite vers l'extrémité, arrondis ensemble au sommet, un peu moins d'une fois et demie aussi longs que larges ensemble dans leur plus grande largeur, ponctués-striés; stries mieux marquées sur les marges latérales, atténuées vers le sommet; intervalles des stries plus larges sur le disque que les points, à peine élevés; 1er et 2e intervalles latéraux plus larges et plus élevés; points de la strie marginale médiocrement serrés; stries suturales contiguës à la suture au sommet. Marges latérales faiblement explanées. Prosternum densément ponctué sur le milieu et sur les côtés en avant du sillon latéral. Métasternum longitudinalement sillonné, éparsement ponctué de chaque côté du sillon, éparsement et fortement ponctué vers les angles postérieurs. 1er segment de l'abdomen subégal au métasternum, fortement et presque densément ponctué, saillant en angle largement émoussé entre les hanches postérieures. Hanches intermédiaires subcontiguës.

Moluques : Ceram. 1 exemplaire. Collection du British Museum.

Psammoecus Pascoei, n. sp. — *Oblongus, subelongatus, convexus, nitidulus, pilis flavis subdensatis vestitus: antennis, praeter articulos 6-10 plus minusve infuscatos, testaceis; capite prothoraceque rufo-testaceis; elytris testaceis, nigro-variegatis; pedibus dilute testaceis; singulo elytro nigro bimaculato : 1a macula medio posita, transversa, suturali, latus haud attingente, antice posticeque undulata, juxta suturam cum 2a juncta, hac anteapicali, suturali, semioblonga. Antennae elongatae; 1o articulo 2 et 1/2 tam elongato quam lato, 2o parum elongato, 3o fere duplo longiore quam latiore, 4o et 5o subaequalibus, plus duplo longioribus quam latioribus, 6o-11o apicem versus paulatim subincrassatis, 6o paulo longiore, 7o et 8o parum elongatis, 9o subquadrato, 10o subtransverso, 11o suboblongo, sesquilongiore quam latiore, apice acuminato. Caput transversum, occipite densissime punctatum, utrinque ad antennae basin breviter striolatum, inter antennarum bases striatum; epistomo subinflexo, subtransverso, sublaevi; labro minimo; oculis prominulis; temporibus vix manifestis. Prothorax transversus, antice vix, postice valde angustatus, densissime et quam caput validius punctatus; margine antico modice arcuato, vix perspicue pulvinato-marginato; angulis anticis obtusis; lateribus rotundatis, septemdenticulatis : 1o denticulo minuto, propre angulum posticum, 2o et 3o ante medium, longioribus quam latioribus 4o et 5o post medium, quam praecedentibus sensim brevioribus, 6o et 7o minimis, contiguis, prope angulum anticum; angulis posticis obtusis; basi subrecta, pulvinato-marginata. Elytra basi prothorace duplo latiora, lateribus rotundata, ampliata, apice conjunctim breviter rotundata, 1 et 2/3 tam elongata quam in maxima latitudine simul lata, punctato-striata; striarum intervallis subconvexis, in disco quam punctis latioribus; lateribus antice denticulatis, medio haud anguste explanatis.* — Long. 2,3 mm.

Ovale, un peu plus de deux fois et demie plus long que large dans sa plus grande largeur, convexe, un peu brillant, couvert d'une pubescence flave, assez longue (les exemplaires examinés ne sont pas frais); antennes testacées, articles 6 à 10 plus ou moins enfumés; tête et prothorax roux testacé; élytres testacés, sur chacun deux taches noires : la première vers le milieu de la longueur, transversale, presque contiguë à la suture, n'atteignant pas le bord latéral, ondulée en avant et en arrière, prolongée vers le sommet et réunie à la deuxième tache; celle-ci antéapicale, subsuturale, en forme de demi-ovale; pattes testacé clair. Antennes allongées: 1er article deux fois et demie plus long que large, 2e un peu allongé, 3e presque deux fois plus long que large, 4e et 5e subégaux, plus de deux fois plus longs que larges, 6e à 11e progressivement un peu épaissis, 6e un peu plus long que le 5e; 7e et 8e un peu allongés, 9e subcarré, 10e subtransversal, 11e subovale, une fois et demie plus long que large, acuminé à l'extrémité. Tête plus de deux fois plus large que longue, convexe, très densément ponctuée, surtout à la base, presque lisse en avant, relevée et obliquement striolée à la base de chaque antenne, striée entre ces bases, légèrement infléchie en avant de cette strie; épistome trapézoïdal, presque aussi long que large à la base; labre petit; yeux gros, saillants, à petites facettes; tempes un peu marquées. Prothorax à peine plus large que la tête, très faiblement rétréci en avant, fortement à la base, arrondi sur les côtés, présentant sa plus grande largeur au delà du milieu, moins de deux fois plus large dans sa plus grande largeur que long; ponctuation très dense, plus forte que celle de la tête, surtout vers la base. Bord antérieur arqué, à peine visiblement rebordé en bourrelet; angles antérieurs obtus; côtés armés de sept denticules : le 1er à l'angle postérieur, petit, le 2e et le 3e avant le milieu, plus longs que larges à la base, le 4e et le 5e après le milieu, progressivement plus courts que les précédents, le 6e et le 7e petits, contigus, sur l'angle antérieur: angles postérieurs obtus; base bordée par un bourrelet assez marqué, presque lisse. Écusson environ trois fois moins large que la base du prothorax. Élytres subtronqués à la base, arrondis aux épaules, alors à peine deux fois plus larges ensemble que la base du prothorax, arrondis sur les côtés, médiocrement élargis, présentant leur plus grande largeur vers le milieu de la longueur, atténués ensuite vers l'extrémité, brièvement arrondis ensemble au sommet, environ une fois et deux tiers aussi longs que larges ensemble dans leur plus grande largeur, ponctués-striés; stries suturales devenant contiguës à la suture un peu avant le sommet; intervalles des stries plus larges sur le disque que les points, subconvexes; intervalles latéraux plus larges; ponctuation des stries marginales médiocre, écartée; marges latérales denticulées vers la base, assez étroitement rebordées-explanées au milieu. Prosternum peu fortement et peu densément ponctué, même en avant des sillons latéraux des hanches antérieures; ceux-ci médiocrement accentués, n'atteignant pas le bord latéral. Métasternum longitudinalement sillonné, presque lisse de chaque côté du sillon, peu densément et peu fortement ponctué vers les angles postérieurs. 1er segment de l'abdomen subégal au métasternum, assez densément et finement ponctué au milieu, saillant en angle largement obtus, arrondi, entre les hanches postérieures. Hanches intermédiaires subcontiguës.

Moluques : Ceram. 2 exemplaires. Collection du British Museum.

Psammoecus inflatus, n. sp. — *Oblongus, convexus, nitidulus, flavopubescens, rufo-subpiceus; antennis pedibusque dilutioribus; antennarum arti-*

culis 7-10 paulatim subinfuscatis: elytris ad latera et praecipue ad apicem paulo obscurioribus. Antennae subincrassatae: 1° articulo plus duplo longiore quam latiore. 2° subelongato, 3° sesquilongiore quam latiore. 4° et 5° subaequalibus, quam praecedente paulo brevioribus, 6° parum elongato, 7° subquadrato, 8°-10° paulatim transversioribus, 11° subelongato. suboblongo, apice acuminato. Caput transversum, convexiusculum, crebre punctatum, utrinque ad antennae basin oblique breviter striolatum, inter antennarum bases subarcuatim striatum: epistomo inflexo, sublaevi, subquadrato: fronte, desuper inspecta, inter antennarum bases haud producta; oculis sat prominulis, temporibus nullis. Prothorax antice vix. postice sat fortiter angustatus; capite paulo latior. minus duplo latior quam longior, crebre et quam caput paulo fortius punctatus; margine antico medio modice, extremitatibus fortius arcuato, anguste subpulvinato-marginato; angulis anticis obtusis, hebetatis: lateribus arcuatis, denticulis minimis, irregulariter separatis armatis, denticulo 5° maximo; angulis posticis obtusis; basi subtruncata. Elytra basi prothorace haud duplo latiora, lateribus arcuata, apice conjunctim rotundata, duplo longiora quam simul in maxima latitudine latiora, punctato-striata; striis ad apicem attenuatis; intervallis striarum in disco punctis haud latioribus, subconvexis, intervallis lateralibus 1° et 2°, praecipue 1°, quam punctis latioribus: marginibus lateralibus medio subanguste explanato-marginatis. — Long. 2,5 mm.

Oblong, un peu moins de trois fois aussi long que large dans sa plus grande largeur, convexe, un peu brillant, couvert d'une pubescence flave, un peu épaisse, médiocrement longue, assez dense; couleur roux de poix peu foncé; antennes, sauf les articles 7 à 10 progressivement un peu enfumés, et pattes plus claires, marges latérales et sommet des élytres très légèrement rembrunis. Antennes assez épaisses, dans la moitié apicale: 1er article plus de deux fois plus long que large, 2e suballongé, 3e une fois et demie aussi long que large, 4e et 5e subégaux, un peu plus courts que le précédent, 6e un peu allongé, 7e subcarré, 8e à 10e progressivement plus transversaux, 11e subovale, un peu plus long que large, acuminé à l'extrémité. Tête environ deux fois plus large que longue, faiblement convexe, densément ponctuée sauf sur l'épistome, relevée, brièvement et obliquement striolée vers la base des antennes, striée entre ces bases, infléchie dans la partie antérieure: front, vu de dessus, non saillant en avant: épistome presque lisse, environ aussi long que large à la base: labre petit: saillie des yeux moins longue que le diamètre longitudinal, facettes petites; tempes nulles. Prothorax à peine rétréci en avant, assez fortement à la base, arrondi sur les côtés, présentant sa plus grande largeur vers les 2/3 de la longueur à partir de la base, environ une fois et demie plus large dans sa plus grande largeur que long, couvert d'une ponctuation très serrée, à peine plus forte que celle de la tête; bord antérieur faiblement arqué au milieu, plus fortement aux extrémités, bordé par un très étroit et très faible bourrelet: angles antérieurs obtus, émoussés: côtés armés de sept denticules, irrégulièrement espacés, tous moins longs que larges à la base: 5e denticule à partir de la base plus long que les autres, 6e et 7e contigus, très petits, sur l'angle antérieur: marges latérales convexes; angles postérieurs obtus; base subtronquée. Écusson environ six fois moins large que la base du prothorax. Élytres subtronqués à la base, assez largement arrondis aux épaules, alors moins de deux fois plus larges ensemble que le prothorax à la base, arqués sur les côtés, un peu élargis, présentant leur plus grande largeur un peu avant le milieu de la longueur, arrondis ensemble au sommet, environ deux fois aussi longs que larges ensemble dans leur plus grande largeur, ponctués-striés; stries atténuées à l'extrémité, plus fortement marquées sur les marges latérales; intervalles discoïdaux des stries, à peine aussi larges que les points des stries, subconvexes; 1er et 2e intervalle latéral, surtout le 1er, plus larges que les points des stries, convexes; points de la strie marginale médiocrement écartés; stries suturales devenant contiguës à la suture au sommet; bords latéraux presque étroitement rebordés-explanés dans le milieu. Prosternum densément ponctué sur le milieu et sur les côtés en avant des sillons latéraux des hanches antérieures; ceux-ci assez bien marqués, atteignant presque le bord latéral; métasternum longitudinalement subsillonné, lisse de chaque côté du sillon, largement et densément ponctué sur les angles postérieurs; 1er segment de l'abdomen subégal au métasternum, saillant en angle arrondi entre les hanches postérieures, subéparsement pointillé. Hanches intermédiaires contiguës.

Malacca : Perak (Doherty). 1 exemplaire. Collection A. Grouvelle.

Psammoecus marginatus, n. sp. — *Oblongus, convexus, nitidus, pube flava, sat brevi, subtenui, inclinata, subdense vestitus, pilis longioribus ad latera prothoracis elytrorumque intermixtis, testaceus; antennarum articulis 6-10 paulatim magis ad apicem infuscatis, 11° pallido-testaceo; capite prothoraceque fulvo-testaceis, in elytris plaga dilute brunnea, discoidali, transversa, in medio longitudinis, latera haud attingente, in formam litterae* M. *Antennae sat elongatae, 1° articulo fere quater longiore quam latiore, 2° parum elongato, 3° vix plus duplo longiore quam latiore, 4°, 5° et 6° subaequalibus, circiter 2 et 1/2 vel 3 longioribus quam latioribus, 7° quam 6° breviore, 8° parum elongato, 9° subquadrato, 10° subtransverso, 11° subovato, parum elongato, apice acuminato. Caput transversum, fronte subdense et subfortiter punctatum, antice sublaeve, utrinque ad antennae bases elevatum et breviter striolatum, inter antennarum bases subarcuatim striatum; epistomo subinflexo, transverso; labro minimo; oculis magnis, prominulis, granis minimis; temporibus nullis. Prothorax transversus, antice vix, postice subvalde angustatus, subdense et fortius capite punctatus; margine antico arcuato, subpulvinato-marginato; angulis anticis obtusis, hebetatis; lateribus antice sat breviter rotundatis, postice subrectis, septemdenticulatis : 1° denticulo in angulo postico, tam elongato quam ad basin lato, ceteris minutis, tribus ultimis praecedentibus majoribus, in angulo antico; angulis posticis obtusis; basi arcuata, subfortiter pulvinato-marginata. Elytra basi prothorace minus duplo latiora, ovata, lateribus arcuata, sat ampliata, apice conjunctim brevius rotundata, plus duplo longiora quam simul in maxima latitudine latiora, punctato-striata; intervallis striarum in disco punctis latioribus, subconvexis; striis ad apicem* *attenuatis; intervallis externis magis elevatis; margine laterali anguste explanato-marginato.* — Long. 2,8 mm.

Ovale, environ trois fois plus long que large dans sa plus grande largeur, convexe, brillant, couvert d'une pubescence flave, assez courte, médiocrement fine, entremêlée sur les côtés du prothorax et des élytres de poils beaucoup plus longs, testacé; articles 6 à 10 des antennes progressivement plus enfumés, 11e testacé clair; tête et prothorax fauve testacé, un peu ochracé; sur le milieu des élytres une tache transversale, en forme de M, s'arrêtant latéralement à la huitième strie, ayant les branches externes beaucoup plus larges que les internes. Antennes assez allongées; 1er article presque quatre fois plus long que large, 2e un peu allongé, 3e à peine deux fois plus long que large, 4e, 5e et 6e subégaux, environ de deux fois et demie à trois fois plus longs que larges, 7e un peu plus court que le 6e, 8e un peu allongé, 9e subcarré, 10e subtransversal, 11e subovale, peu allongé, acuminé à l'extrémité. Tête plus de deux fois plus large que longue, convexe, couverte sur l'occiput et sur presque tout le front d'une ponctuation presque dense, assez forte, presque lisse à la partie antérieure, relevée et obliquement striolée à la base de chaque antenne, striée en arc entre ces bases, légèrement infléchie en avant de cette strie; épistome subtrapézoïdal, moins de deux fois plus large à la base que long; labre très petit; yeux gros, saillants, à petites facettes; tempes nulles. Prothorax nettement plus large dans sa plus grande largeur que la tête, à peine rétréci en avant, assez fortement à la base, brièvement arrondi aux angles antérieurs, assez arrondi sur la partie antérieure des côtés, droits dans la partie basilaire, présentant sa plus grande largeur près des angles antérieurs, presque deux fois plus large dans sa plus grande largeur que long, couvert d'une ponctuation en général presque dense, parfois très serrée, nettement plus forte que celle de la tête; bord antérieur arqué, bordé par une étroite marge lisse, à peine visiblement relevée; côtés armés de sept denticules : le 1er sur l'angle postérieur, environ aussi long que large à la base, le 2e, le 3e et le 4e à peu près également espacés, très petits, les trois derniers contigus, sur l'angle antérieur : le 1er nettement marqué, les deux autres petits; angles postérieurs obtus; base arquée, bordée par un bourrelet assez accentué, limité en avant par une impression transversale, terminée à chaque extrémité dans une impression. Écusson environ sept fois moins large que le prothorax à la base. Élytres subarqués à la base, assez largement arrondis aux épaules, alors un peu moins de deux fois aussi larges ensemble que le prothorax à la base, arrondis sur les côtés, assez élargis, présentant leur plus grande largeur au delà du milieu de la longueur, atténués ensuite vers l'extrémité et brièvement arrondis ensemble au sommet, un peu plus de deux fois plus longs que larges ensemble dans leur plus grande largeur, ponctués-striés; stries atténuées vers le sommet; intervalles des stries plus larges sur le disque que les points des stries, légèrement convexes, plus convexes et plus élevés sur les marges latérales; 1re strie dorsale entière, 2e et 3e réunies avant l'extrémité; stries suturales devenant contiguës à la suture au sommet. Marges latérales très étroitement rebordées-explanées. Prosternum étroitement lisse au milieu, densément et assez fortement ponctué sur les côtés, en avant des sillons latéraux des hanches antérieures; ceux-ci n'atteignant pas le bord latéral. Métasternum longitudinalement strié, subsillonné, presque lisse de chaque côté du sillon, densément et fortement ponctué vers les angles postérieurs. Premier segment de l'abdomen subégal au métasternum, saillant en angle presque droit, subémoussé entre les hanches postérieures, éparsement pointillé au milieu. Hanches intermédiaires un peu écartées.

Sumatra : Si-Rambé. 3 exemplaires. Collection du Musée de Gênes.

Psammoecus nitidior, n. sp. — *Oblongus, modice convexus, nitidus, pube flava subelongata, subtenui, inclinata, parce vestitus, pilis multo longioribus intermixtis, ochraceo-testaceus; ultimo articulo antennarum albido, articulis 8-10 infuscatis; capite prothoraceque vix rufescentibus; elytris transversim bimaculatis : 1ª macula nigra, ante medium, latera haud attingente, basi arcuata, apice sinuata, extus sublobata, 2ª ante apicem, infuscata, transversim oblonga. Antennae elongatae, subgraciles ; 1° articulo ter longiore quam latiore, 2° elongato, 3°, 4° et 5° subaequalibus, plus duplo longioribus quam latioribus, 6° quam 5° paulo longiore, 7° et 8° sesquilongioribus quam latioribus, 9° parum elongato, 10° subelongato, 11° subconico, fere duplo longiore quam latiore. Caput transversum, occipite dense punctatum, fronte laeve, utrinque ad antennae basin, fere in longitudinem, profunde striatum, inter antennarum bases subarcuatim striatum; epistomo vix inflexo, subtransverso, laevi; labro minimo; oculis prominulis; temporibus nullis. Prothorax transversus, antice parum, postice valde angustatus, dense et capite fortius punctatus: margine antico utrinque subsinuato, subpulvinato-marginato; angulis anticis obtusis, haud hebetatis; lateribus valde rotundatis, septemdenticulatis : 1° denticulo in angulo postico, parum elongato, 2° plus ter longiore quam latiore, 3° paulo breviore, 4° duplo longiore quam latiore, 5°, 6° et 7° approximatis, 5° subelongato, 6° et 7° minimis, ultimo in angulo antico; marginibus lateralibus sublate explanatis, laevibus; angulis posticis obtusis; basi subarcuata, subpulvinato-marginata, extremitatibus utrinque denticulo minimo armatis; disco ante basin transversim late impresso. Elytra basi prothorace duplo latiora, ovata, lateribus modice ampliata, apice sublate conjunctim rotundata, multo plus dimidio longiora quam simul in maxima latitudine latiora, punctato-striata; intervallis striarum in disco quam punctis angustioribus; 1° intervallo laterali lato; margine laterali medio subanguste explanato-marginato.* — Long. 2,1-2,3 mm.

Oblong, nettement plus de deux fois et demie aussi long que large dans sa plus grande largeur, médiocrement convexe, brillant, couvert d'une pubescence double, flave, éparse, peu inclinée, entremêlée, principalement sur les côtés du prothorax et des élytres, de poils beaucoup plus longs, dressés; couleur d'un testacé un peu jaunâtre; dernier article des antennes blanchâtre, articles 8 à 10 enfumés; tête et prothorax très faiblement rougeâtres; tarses testacé clair; sur chaque élytre deux taches transversales : la 1re noire, un peu avant le milieu, contiguë à la suture et n'atteignant pas le bord latéral, arquée à la base, sinuée au sommet, en forme de lobe arrondi au côté externe, la 2e avant le sommet, enfumée, suturale, transversalement oblongue. Antennes grêles; 1er article trois fois plus long que large, 2e allongé, 3e, 4e et 5e subégaux, plus de deux fois plus longs que larges, 9e un peu allongé, 10e subtransversal, 11e subconique, presque deux fois plus long que large. Tête un peu plus de deux fois plus large que longue, convexe, couverte d'une ponctuation dense sur l'occiput, s'atténuant et s'effaçant en avant, longitudinalement et fortement impressionnée-striolée de chaque côté vers la base de l'antenne, striée en arc peu marqué entre ces bases, légèrement infléchie en avant; épistome subtrapézoïdal, moins de deux fois plus large à la base que long; labre petit; yeux gros, saillants, à grosses facettes; tempes nulles. Prothorax plus large dans sa plus grande largeur que la tête, un peu rétréci en avant, fortement à la base, fortement arqué sur les côtés, présentant son maximum de largeur vers les trois quarts de la longueur à partir de la base, à peine deux fois plus large dans sa plus grande largeur que long, couvert d'une ponctuation très serrée, plus forte que celle de l'occiput, transversalement et assez fortement impressionnée devant la base. Bord antérieur à peine arqué dans le milieu, subsinué aux extrémités, bordé par un léger bourrelet lisse; angles antérieurs obtus, non émoussés; marges latérales assez largement explanées, lisses, armées chacune de sept dents étroites : la 1re à l'angle postérieur, à peine allongée, les 2e, 3e et 4e séparées entre elles par une distance sensiblement égale à la distance de la 1re à la 2e, la 2e plus de trois fois plus longue que large, la 3e un peu plus courte, la 4e deux fois plus longue que large, les 5e, 6e et 7e presque contiguës, la 5e suballongée, les 6e et 7e petites, la dernière placée à l'angle antérieur; base subarquée, bordée par un étroit bourrelet lisse, armée de chaque côté vers l'extrémité d'un petit denticule. Écusson égal environ au cinquième de la base du prothorax. Élytres subtronqués à la base, assez largement arrondis aux épaules, arrondis sur les côtés, présentant leur maximum de largeur au delà du milieu de la longueur, atténués ensuite vers l'extrémité, assez largement arrondis ensemble au sommet, un peu moins de deux fois plus longs que larges ensemble dans leur plus grande largeur, fortement striés-ponctués; stries à peine atténuées vers l'extrémité; intervalles des stries, sur le disque, plus étroits que les points; 1er intervalle latéral, l'intervalle marginal non compté, large; stries suturales devenant subcontiguës à la suture un peu avant le sommet; points des stries marginales assez serrés; marges latérales faiblement denticulées dans la partie basilaire, assez largement rebordées-explanées vers le milieu. Prosternum lisse sur le milieu et les marges latérales, fortement ponctué de chaque côté de la partie médiane lisse; sillon latéral des hanches antérieures bien marqué, atteignant presque le bord latéral; métasternum fortement ponctué sur les côtés, longitudinalement sillonné, lisse de chaque côté du sillon; 1er segment de l'abdomen assez densément et fortement ponctué, subégal au métasternum, saillant en angle aigu entre les hanches postérieures. Hanches intermédiaires contiguës.

Java. Collection A. Grouvelle.

Psammoecus cephalotes, n. sp. — *Oblongus, subelongatus, convexus, nitidus, pilis dilute flavis, modice elongatis, plus minusve erectis subdense vestitus; pilis multo longioribus praecipue ad prothoracis elytrorumque latera intermixtis; antennis, praeter articulos 6-10 plus minusve infuscatos, capite prothoraceque dilute rufo-testaceis; elytris testaceis, singulo duabus maculis nigris notato : 1a humerali, minima, 2a suturali, medio stricta, in dimidia parte apicali, apicem haud attingente, extus antice posticeque in lobos contrarie arcuatos, apice dilatatos, producta. Antennae elongatae; articulo 1° ter longiore quam latiore, 2° modice elongato, 3° sesquilongiore quam latiore, 4° duplo longiore quam latiore, 5° quam 4° paulo breviore, 6° et 7° subaequalibus, modice elongatis, 8° quadrato, 9° et 10° transversis, 11° parum elongato, subovato, apice acuminato. Caput transversum, subdense et haud fortiter punctatum, utrinque ad antennae basin vix striolatum, inter antennarum bases substriatum; fronte ante antennarum bases haud producta; epistomo transverso, subinflexo, parce punctato; labro minimo; oculis prominulis; temporibus vix manifestis. Prothorax transversus, antice quam postice minus angustatus, subdense et quam caput fortius punctatus; angulis anticis obtusis, vix hebetatis; lateribus arcuatis, singulo quinquedenticulato : duobus denticulis anticis minutissimis, ceteris longioribus quam basi latioribus; angulis posticis obtusis; basi vix pulvinato-marginata. Elytra basi prothorace duplo latiora, humeris rotundata, duplo longiora quam simul in maxima latitudine latiora, punctato-striata; striis ad latera impressioribus, ad apicem attenuatis; intervallis striarum in disco quam punctis latioribus; marginibus lateralibus medio parum explanatis.* — Long. 2,2 mm.

Ovale, presque trois fois aussi long que large dans sa plus grande largeur, convexe, brillant, couvert d'une pubescence flave pâle, médiocrement longue, assez dense, plus ou moins dressée, entremêlée de poils plus longs, surtout sur les côtés du prothorax et des élytres; antennes, sauf les articles 6 à 10 plus ou moins enfumés, tête et prothorax roux testacé clair; élytres testacés, chacun marqué de deux taches noires : la 1re humérale, petite, la 2e sur la moitié apicale de la longueur, contre la suture, n'atteignant pas le sommet, étroite au milieu, prolongée, en dehors aux extrémités, par deux lobes arqués, dilatés à l'extrémité, donnant, sur l'ensemble des deux élytres, l'impression d'une tache en forme d'X, à branches inférieures moins développées. Antennes allongées; 1er article trois fois plus long que large, 2e médiocrement allongé, 3e une fois et demie plus long que large, 4e deux fois plus long que large, 5e un peu plus court que 4e, 6e et 7e subégaux, médiocrement allongés, 8e carré, 9e et 10e transversaux, 11e subovale, un peu plus long que large, acuminé à l'extrémité. Tête plus de deux fois plus large que longue, subconvexe, assez densément ponctuée sur le front, striolée de chaque côté vers la naissance de l'antenne; strie interantennaire marquée; front vu de dessus, non saillant en avant; épistome un peu infléchi, trapézoïdal, environ deux fois plus large à la base que long, très éparsement ponctué; labre petit; yeux gros; tempes à peine marquées. Prothorax à peu près aussi large en avant qu'à la base, un peu plus étroit en avant que la tête avec les yeux, environ deux fois plus large dans sa plus grande largeur que long: ponctuation sensiblement aussi dense que celle de la tête, un peu plus forte. Bord antérieur arqué, bordé par une étroite marge lisse; angles antérieurs obtus: côtés arqués, chacun armé de cinq denticules: les deux antérieurs très petits, les trois autres nettement plus longs que larges à la base; angles postérieurs obtus, sans denticule; base bordée par une faible impression transversale. Écusson environ cinq fois moins large que la base du prothorax, bien arrondis aux épaules, faiblement élargis sur les côtés, présentant leur plus grande largeur vers le milieu de la longueur, puis atténués vers l'extrémité, arrondis ensemble au sommet, environ deux fois aussi longs que larges ensemble dans leur plus grande largeur, ponctués-striés; stries mieux marquées sur les marges latérales, atténuées vers le sommet; stries suturales contiguës à la suture vers le sommet; intervalles des stries un peu plus larges sur le disque que les points; intervalles latéraux 1 et 2 plus larges que les points; points de la strie marginale assez serrés. Marges latérales à peine explanées au milieu. Prosternum très éparsement ponctué au milieu, lisse sur les côtés en avant du sillon latéral des hanches antérieures; ce sillon étroit, bien marqué, atteignant le bord latéral. Métasternum longitudinalement sillonné, lisse de chaque côté du sillon, densément ponctué vers les angles postérieurs. Premier segment de l'abdomen plus long que le métasternum, saillant en angle aigu entre les hanches postérieures, peu densément et peu fortement ponctué. Hanches intermédiaires faiblement séparées.

Australie Nord : Port Darwin, 2 exemplaires. Collection du British Museum.

Psammoecus ornatus, n. sp. — *Oblongus, latiusculus, modice convexus, nitidus, pilis flavis modice elongatis, valde inclinatis, subdense vestitus; capite, prothorace et antennis, praeter articulos 6-10 plus minusve infuscatos, rufo-testaceis; elytris nigris, singulo ochraceo-testaceo bimaculato : 1ª macula subbasilari, transversa, suturali, latus non attingente, 2ª anteapicali, oblonga, propius suturae quam lateri. Antennae elongatae; articulo 1° paulo duplo longiore quam latiore, 2° modice elongato, 3°-6° subaequalibus, sesquilongioribus quam latioribus, 7° modice elongato, 8° et 9° subquadratis, 10° subtransverso, 11° sesquilongiore quam latiore, subovato, apice acuminato. Caput transversum, subdense punctatum, utrinque ad antennae basin suboblique striolatum, inter antennarum bases striatum; fronte ante antennarum bases arcuatim subproducta; epistomo transverso, subinflexo, parcissime punctato; labro minimo; oculis prominulis, granis minutis; temporibus minimis, sed manifestis. Prothorax transversus, antice quam postice minus angustatus, densissime et quam capite fortius punctatus; angulis anticis fortiter rotundatis; lateribus arcuatis, octodenticulatis, tribus denticulis anticis approximatis, haud minimis, sensim majoribus, ceteris praeter ultimum paulo majoribus; angulis posticis obtusis; basi subpulvinato-marginata. Scutellum rufum. Elytra basi prothorace duplo latiora, ovata, lateribus sat dilatata, apice conjunctim subacuminata, sesquilongiora quam simul in maxima latitudine latiora, punctato-striata, punctis ad apicem attenuatis; striarum* *intervallis in disco paulo latioribus; lateribus medio late explanatis.* — Long. 3-3,5 mm.

Ovale, un peu moins de deux fois et demie aussi long que large dans sa plus grande largeur, médiocrement convexe, brillant, couvert d'une pubescence flave, subcouchée, médiocrement longue et dense; antennes, sauf les articles 6 à 10 plus ou moins enfumés, tête, prothorax et écusson roux testacé; élytres noirs, marqués chacun de deux taches testacé jaunâtre; la 1re rapprochée de la base, formant, avec la tache correspondante de l'autre élytre, une bande transversale, atteignant environ le premier tiers de la longueur de l'élytre, s'arrêtant avant les bords latéraux, dessinant à sa marge apicale, sur la suture, un angle obtus très ouvert; la 2e un peu avant le sommet, oblongue, comprise entre la strie suturale et la 7e strie. Antennes allongées, progressivement un peu épaissies vers l'extrémité; 1er article un peu plus de deux fois plus long que large, 2e médiocrement allongé, 3e à 6e subégaux, environ une fois et demie plus longs que larges; 7e allongé, 8e et 9e subcarrés, 10e subtransversal, 11e subovale, environ une fois et demie aussi long que large, acuminé à l'extrémité. Tête environ deux fois plus large que longue, subconvexe; ponctuation assez dense et assez forte sur le front, formant de courtes strioles de chaque côté, vers la base de l'antenne; front vu de dessus, faiblement saillant en avant des bases des antennes; strie interantennaire marquée; épistome trapézoïdal, plus de deux fois plus large à la base que long, éparsement ponctué; labre petit; yeux saillants, à facettes petites; tempes marquées, mais très petites. Prothorax un peu plus large en avant que la tête, plus rétréci à la base qu'au sommet, moins de deux fois plus large dans sa plus grande largeur que long; ponctuation très dense, plus forte que celle de la tête. Bord antérieur arqué, obtusément denticulé aux extrémités; angles antérieurs arrondis; côtés faiblement arqués, armés chacun de huit denticules : les trois antérieurs progressivement plus forts, le 3e aussi long que large, le 4e petit, les trois suivants un peu plus forts que le 3e, le 8e basilaire, médiocre; angles postérieurs obtus, marqués; base arquée, bordée par un bourrelet peu accentué. Écusson environ cinq fois moins large que la base du prothorax. Élytres environ deux fois plus larges à la base que le prothorax, arrondis aux épaules, élargis sur les côtés, présentant leur plus grande largeur un peu avant le milieu de la longueur, puis atténués vers l'extrémité et acuminés ensemble au sommet, un peu plus d'une fois et demie plus longs que larges dans leur plus grande largeur, ponctués-striés; stries mieux marquées sur les marges latérales, atténuées vers le sommet; intervalles des stries un peu plus larges sur le disque que les points, subconvexes, presque caréniformes sur les marges latérales; celles-ci assez fortement explanées dans le milieu. Prosternum peu densément ponctué au milieu, plus densément sur les côtés en avant du sillon latéral des hanches antérieures; celui-ci assez fin, prolongé jusqu'au bord latéral; métasternum marqué d'une impression triangulaire, s'élargissant de la base au sommet, peu profonde, très éparsement ponctué sur les côtés, plus densément vers les angles postérieurs. Premier segment de l'abdomen subégal au métasternum, assez éparsement et faiblement ponctué sur le milieu, s'avançant en angle obtus, subémoussé entre les hanches postérieures; celles-ci subconiques.

Archipel Papou : Waighiou. 2 exemplaires. Collection du British Museum.

Psammoecus crassus, n. sp. — *Oblongus, convexus, nitidulus, fulvo-pubescens, nigro-piceus; antennis pedibusque subpicco-testaceis, antennarum articulis 7-10 paulatim infuscatis; elytris rufo-ferrugineo bimaculatis : 1ª macula transversa, fere juxta basin, latera attingente, usque ad primum trientem longitudinis producta, 2ª discoidali, suborbiculari, propius apici quam 1ae maculae margini apicali. Antennae incrassatae; 1° articulo sesquilongiore quam latiore, 2° subelongato, 3°, 4° et 6° subaequalibus, fere sesquilongioribus quam latioribus, 5° quam 6° paulo longiore, 7° subquadrato, 8°, 9° et 10° paulatim transversioribus, 11° subconico, sesquilongiore quam latiore. Caput convexum, crebre punctatum, epistomo minus dense valdeque punctatum, utrinque ad antennae basin breviter striolatum, inter antennarum bases striatum; epistomo transverso; fronte inter antennarum bases haud producta; oculis magnis, retrorsum prominulis, temporibus nullis. Prothorax antice parum, postice paulo magis angustatus, fere duplo latior quam longior, capite latior, crebre et capite paulo minus fortiter punctatus, margine antico modice arcuato, tenuiter pulvinato-marginato; angulis anticis late rotundatis; lateribus arcuatis, denticulis minimis, irregulariter distantibus armatis; angulis posticis obtusis; basi subarcuata. Elytra ad basin prothorace minus duplo latiora, lateribus arcuata, modice ampliata, apice conjunctim subacuminata, fere duplo longiora quam in maxima latitudine latiora, punctato-striata; striis ad apicem parum attenuatis; 1° intervallo discoidali punctis haud latiore, ceteris paulo latioribus, omnibus subdepressis, 1° et 2° intervallo laterali punctis haud latiore, convexo; marginibus lateralibus medio subanguste explanato-marginatis.* — Long. 2,7-3 mm.

Oblong, environ deux fois et demie plus long que large dans sa plus grande largeur, convexe, médiocrement brillant, couvert d'une pubescence fauve testacé (les insectes examinés ne sont pas frais); noir de poix; antennes et pattes roux testacé, articles 7 à 10 des antennes progressivement plus enfumés; sur les élytres deux taches d'un roux ferrugineux : la 1re transversale, très près de la base, atteignant les bords latéraux, s'étendant environ jusqu'au premier tiers de la longueur des élytres, terminée en arc sur chaque élytre, la 2e suturale, suborbiculaire, un peu plus rapprochée du sommet des élytres que de la marge apicale de la 1re tache. Antennes épaisses; 1er article environ une fois et demie aussi long que large, 2e suballongé, 3e, 4e et 6e subégaux, un peu moins d'une fois et demie aussi longs que larges, 5e un peu plus long que 4e et 6e, 7e subcarré, 8e à 10e progressivement plus transversaux, 11e subconique, environ une fois et demie aussi long que large. Tête environ deux fois plus large que longue, convexe, couverte d'une ponctuation assez forte, très serrée sur l'occiput et le front, plus éparse et beaucoup plus faible sur l'épistome, relevée et brièvement striolée vers la base des antennes, striée entre celles-ci; front vu de dessus non saillant en avant; épistome moins long que large à la base, labre petit;

yeux gros, saillants, plus arqués en avant qu'à l'arrière, leurs granulations petites; tempes nulles. Prothorax nettement plus large dans sa plus grande largeur que la tête, faiblement rétréci au sommet, un peu plus fortement à la base, arrondi sur les côtés, présentant sa plus grande largeur vers le deuxième tiers de la longueur à partir de la base, presque deux fois plus large dans sa plus grande largeur que long, couvert d'une ponctuation très serrée, un peu moins forte que celle de la tête; bord antérieur arqué, bordé par un fin bourrelet peu accentué; angles antérieurs largement arrondis; côtés armés chacun de 7 à 8 denticules irrégulièrement espacés, inégaux, tous nettement moins longs que larges à la base; marges latérales nettement convexes; angles postérieurs obtus; base faiblement arquée, à peine visiblement rebordée par un étroit bourrelet. Écusson environ six fois moins large que le prothorax à la base. Élytres subtronqués à la base, arrondis aux épaules, alors presque deux fois aussi larges ensemble que le prothorax à la base, arqués sur les côtés et un peu élargis, présentant leur plus grande largeur un peu avant le milieu, subacuminés ensemble au sommet, environ deux fois plus longs que larges ensemble dans leur plus grande largeur, ponctués-striés; stries peu atténuées vers le sommet, à peine plus fortement marquées sur les marges latérales; 1er intervalle des stries à peine plus large que les points des stries, 2e, 3e et 4e progressivement un peu plus larges, tous subdéprimés; 1er intervalle latéral très nettement plus large que les points, 2e un peu moins large que le 1er et le 3e, à peine aussi large que les points, tous convexes; points de la strie marginale peu espacés; stries suturales marquées jusqu'au sommet; marges latérales presque étroitement rebordées-explanées au milieu. Prosternum assez fortement et densément ponctué en avant du sillon latéral des hanches antérieures; celui-ci bien marqué, atteignant le bord latéral; métasternum fortement strié dans la longueur, largement ponctué vers les angles postérieurs; 1er segment de l'abdomen à peu près aussi long que le métasternum, saillant en angle aigu sur celui-ci, très éparsement ponctué sur le milieu, plus densément sur les côtés. Hanches intermédiaires contiguës.

Nouvelle-Guinée : Andaï (Doherty). 2 exemplaires. Collection A. Grouvelle.

Le dernier article des palpes maxillaires de cette espèce, bien que sécuriforme, est nettement moins grand que chez les autres *Psammoecus*.

Psammoecus tereticollis, n. sp. — *Ovatus, convexus, nitidus, flavo-pubescens, rufus, antennis pedibusque dilutioribus, articulis 6-10 antennarum paulatim infuscatis; elytris fulvo-rufis, transversim nigro-maculatis : macula inter medium et longitudinis secundum trientem producta, latera non attingente, basi utrinque arcuata, apice utrinque modice rotundata et in suturam angulatim producta. Antennae subgraciles; 1° articulo magis duplo longiore quam latiore, 2° subelongata, 3° plus dimidio longiore quam latiore, 4° duplo longiore quam latiore, 5° et 6° subaequalibus, praecedente paulo longioribus, 7° quam 6° paulo breviore, 8° et 9° parum elongatis, 10° quadrato (11° deficit). Caput transversum, convexum, fortiter subdenseque punctatum, utrinque ad antennae basin oblique breviter striatum, inter antennarum* *bases arcuatim striatum; epistomo inflexo, sublaevi, transverso; fronte inter antennarum bases arcuatim producta; oculis prominulis, granis minimis; temporibus minutissimis, obtuse angulosis. Prothorax antice parum, postice valde angustatus, capite paulo latior, minus duplo latior quam longior, crebre et capite fortius punctatus; margine antico arcuato, praecipue in medio subpulvinato-marginato; angulis anticis late subrotundatis; lateribus arcuatis, denticulis minimis, irregulariter separatis, armatis; angulis posticis obtusis; basi subarcuata, subpulvinato-marginata. Elytra basi quam prothorax duplo latiora, lateribus arcuata, apice conjunctim acuminata, 1 et 1/2 tam elongata quam simul in maxima latitudine latiora, punctato-striata; striis ad apicem parum attenuatis; intervallis 1-3 quam punctis vix latioribus, subconvexis; 1° intervallo laterali punctis sublatiore; marginibus lateralibus medio anguste marginatis.* — Long. 2.7 mm.

Ovale, environ deux fois et demie aussi long que large dans sa plus grande largeur, convexe, brillant, couvert d'une pubescence flave (l'insecte examiné est frotté), rougeâtre: pattes et antennes plus claires; articles 6 à 10 des antennes progressivement plus enfumés; élytres roux fauve, marqués d'une tache transversale noire, commençant un peu avant le milieu, s'étendant environ jusqu'au deuxième tiers de la longueur, n'atteignant pas les bords latéraux, sinuée de chaque côté de la base, arrondie aux extrémités, sinuée vers les extrémités de chaque côté du sommet, saillante en angle aigu sur la suture. Antennes assez grêles, 1er article plus de deux fois plus long que large, 2e suballongé, 3e plus d'une fois et demie plus long que large, 4e deux fois plus long que large, 5e et 6e subégaux, un peu plus longs que le 4e, 7e subégal au 4e, 8e et 9e un peu allongés, 10e carré [11e manque]. Tête environ deux fois plus large que longue, convexe; ponctuation presque serrée, à peine plus éparse en avant du front, rare sur l'épistome: front relevé et obliquement striolé vers la base des antennes, strié entre celles-ci, un peu saillant en arc entre les naissances des antennes lorsque l'insecte est vu de dessus; épistome nettement moins large que long, infléchi: labre petit; saillie des yeux presque égale à leur diamètre longitudinal, facettes petites, tempes très petites, en angle obtus très ouvert. Prothorax un peu plus large dans sa plus grande largeur que la tête, un peu rétréci au sommet, fortement à la base, arrondi sur les côtés, présentant sa plus grande largeur un peu après le milieu de la longueur, environ une fois et demie plus large dans sa plus grande largeur que long, couvert d'une ponctuation très serrée, plus forte que celle de la tête. Bord antérieur arqué, bordé par un bourrelet médiocrement étroit, mieux marqué au milieu; obtusément denticulé aux extrémités; angles antérieurs très largement obtus, presque arrondis; côtés armés de sept denticules, tous moins longs que larges à la base, irrégulièrement espacés, les deux antérieurs sur l'angle, très petits, presque contigus; marges latérales convexes; angles postérieurs obtus; base arquée, bordée par un bourrelet faiblement accentué, mieux marqué aux extrémités. Écusson environ six fois moins large que la base du prothorax. Élytres subarrondis à la base, arrondis aux épaules, alors environ deux fois plus larges ensemble que le prothorax à la base, arqués sur les côtés, assez élargis, présentant leur plus grande largeur vers le milieu de la longueur, acuminés ensemble au sommet, environ une fois et demie plus longs que larges ensemble dans leur plus grande largeur, ponctués-striés; stries faiblement atténuées au sommet; à peine mieux marquées sur les marges latérales; intervalles discoïdaux subconvexes, plus larges que les points des stries; 1er intervalle latéral à peine plus large que les points, convexe, 2e aussi large que les points, également convexe; points de la strie marginale médiocrement espacés; stries suturales devenant contiguës à la suture au sommet; marges latérales finement denticulées à la base, subétroitement rebordées-explanées au milieu. Prosternum peu densément ponctué sur le milieu et sur les côtés en avant des sillons latéraux des hanches antérieures; ceux-ci modérément marqués, atteignant le bord latéral; métasternum longitudinalement et assez largement sillonné, lisse de chaque côté du sillon, densément et largement ponctué sur les angles postérieurs; 1er segment de l'abdomen un peu plus court que le métasternum, saillant en angle largement arrondi entre les hanches postérieures, assez densément ponctué sur le milieu, plus densément sur les côtés. Hanches intermédiaires contiguës.

Archipel Bangaï (Waterstradt). 1 exemplaire. Collection A. Grouvelle.

Psammoecus quadrinotatus, n. sp. — *Ovatus, elongatus, modice convexus, nitidulus, ater; antennis testaceis, articulis 6-10 paulatim infuscatis, 11° albido; singulo elytro ochraceo-testaceo bimaculato; 1ª macula a basi modice remota, transversa, suturam attingente et a latere modice admota, 2ª ante apicem, suboblonga. Antennae subgraciles; 1° articulo fere duplo longiore quam latiore, 2° parum elongato, 3°, 4° et 5° subaequalibus, plus duplo longioribus quam latioribus, 6° fere sesquilongiore quam latiore, 7° praecedente paulo breviore, 8° subquadrato, 9° transverso, 10° praecedente breviore, 11° subconico, fere sesquilongiore quam latiore. Caput valde transversum, subdepressum, occipite fronteque valde et subdense punctatum, epistomo sublaeve, utrinque ad antennae basin vix oblique striolatum, inter antennarum bases vix perspicue striatum; epistomo inflexo; transverso; fronte inter antennarum bases modice angulatim producta; oculis modice prominulis; temporibus manifestis, late rotundatis. Prothorax basin versus angustatus, minus duplo latior quam longior, capite paulo latior, fere sicut caput punctatus; apice modice arcuato, subpulvinato-marginato; angulis anticis sublate rotundatis; lateribus subarcuatis, irregulariter breviterque obtuse denticulatis; angulis posticis obtusis; basi truncata, subpulvinato-marginata. Elytra ad basin prothorace fere duplo latiora, lateribus modice ampliata, apice conjunctim breviter rotundata, duplo longiora quam simul in maxima latitudine latiora, punctato-striata; striis ad apicem parum attenuatis; primo intervallo striarum in disco punctis vix latiore, ceteris latioribus, omnibus subplanis; 1° intervallo laterali quam punctis latiore, subcarinato, 2° quam punctis haud latiore, convexo; marginibus lateralibus medio anguste explanato-marginatis.* — Long. 3.7 mm.

Ovale, environ trois fois aussi long que large dans sa plus grande largeur, médiocrement convexe, assez brillant; pubescence flave, assez longue, fortement redressée, assez dense, insérée sur les intervalles, entremêlée de quelques poils dressés insérés sur les intervalles alternes, et complétée par de longs poils dressés, insérés sur le premier intervalle latéral; coloration noire: antennes testacées, articles 6 à 10 progressivement plus enfumés, 11e blanchâtre; sur chaque élytres deux taches testacé jaunâtre : la 1re transversale, assez éloignée de la base, finissant vers le 1er tiers de la longueur, atteignant la suture et s'arrêtant vers la 2e strie latérale, la 2e avant le sommet, longitudinale, oblongue, rapprochée de la suture; pattes testacées. Antennes assez grêles : 1er article environ deux fois plus long que large, 2e peu allongé, 3e, 4e et 5e subégaux, plus de deux fois plus longs que larges. 7e un peu plus court que les précédents. 8e subcarré, 9e transversal, 10e un peu plus court que le précédent, 11e subconique, environ une fois et demie aussi long que large. Tête plus de deux fois plus large que longue, presque déprimée, fortement et très densément ponctuée sur l'occiput et le front, très faiblement sur l'épistome, relevée et presque longitudinalement striolée à la base de chaque antenne, à peine visiblement striée entre ces bases; front, vu de dessus, saillant subanguleusement en avant; épistome infléchi, moins long que large à la base; labre petit; saillie des yeux inférieure au diamètre longitudinal; granulations petites; tempes un peu marquées, largement arrondies. Prothorax rétréci à la base, subtrapézoïdal, environ aussi large en avant que long dans sa plus grande longueur, couvert d'une ponctuation à peine moins forte que celle de la tête, très serrée surtout sur les côtés. Bord antérieur médiocrement arqué, bordé par un étroit et faible bourrelet lisse dans le milieu, subgranuleux vers les extrémités; angles antérieurs arrondis; côtés à peine arqués armés de denticules moins longs que larges à la base, émoussés, irrégulièrement espacés; angles postérieurs obtus; base subtronquée, bordée par un faible bourrelet lisse, irrégulier. Écusson presque trois fois moins large que le prothorax à la base. Élytres subtronqués à la base, arrondis aux épaules, alors deux fois aussi larges ensemble que le prothorax à la base, arqués et faiblement élargis sur les côtés, présentant leur plus grande largeur vers le milieu de la longueur, assez étroitement arrondis ensemble au sommet, deux fois plus longs que larges ensemble dans leur plus grande largeur, fortement ponctués-striés; stries faiblement sillonnées au sommet, à peine plus fortement marquées sur les marges latérales; 1er intervalle discoïdal aussi large que les points, les autres nettement plus larges, tous subdéprimés: 1er intervalle latéral plus large que les points, subcariniforme, subtuberculeux à la base; 2e de la largeur des points, convexe; points de la strie marginale médiocres, assez rapprochés; stries suturales devenant contiguës à la suture, presque au sommet; marges latérales étroitement rebordées-explanées au milieu. Prosternum ponctué peu densément sur le milieu, plus densément sur les côtés devant les sillons latéraux des hanches antérieures; ceux-ci peu accentués. Métasternum coupé par un sillon longitudinal, plus large vers le sommet, ponctué vers les angles postérieurs. Premier segment de l'abdomen éparsement ponctué sur le disque, aussi long que le métasternum; saillie sur le métasternum assez largement arrondie. Hanches intermédiaires un peu écartées.

Poulo Pinang (Raffray). 1 exemplaire. Collection A. Grouvelle.

Psammoecus Raffrayi, n. sp. — *Breviter oblongus, modice convexus, nitidus, pube flava, subelongata, subtenui, inclinata, parce vestitus, pilis multo longioribus ad latera prothoracis elytrorumque intermixtis, castaneo-testaceus; articulis 7-9 antennarum subinfuscatis, duobus ultimis albidis; elytris prothorace dilutioribus, transversim subfusco bimaculatis : 1ª macula ante medium, latera haud attingente, 2ª ante apicem; pedibus testaceis. Antennae subincrassatae; 1° articulo fere ter longiore quam latiore, 2° subelongato, 3° parum elongato, 4° sesquilongiore quam latiore, 5° et 6° subaequalibus, quam 4° paulo longioribus, 7° parum elongato, 8° subelongato, 9° subtransverso, 10° parum transverso, 11° subconico, fere duplo longiore quam latiore. Caput transversum, occipite subdense, fronte parce punctatum, epistomo laevi, utrinque ad antennae basin profunde et haud breviter sulcatum, inter antennarum bases subarcuatim striatum; epistomo vix inflexo, transverso; labro minuto; oculis prominulis, granis validiusculis; temporibus nullis. Prothorax transversus, antice parum, postice valde angustatus, dense et capite fortius punctatus; margine antico subpulvinato-marginato, modice arcuato, ad extremitates subsinuato et denticulato; angulis anticis obtusis, lateribus valde rotundatis, septemdenticulatis : 1° denticulo parum elongato, 2° et 3° subaequalibus, elongatissimis, 4° paulo breviore quam 3°, 5° parum elongato, 6° et 7° minutis, approximatis, juxta angulum anticum; angulis posticis obtusis; marginibus lateralibus sublate explanatis et laevibus; basi modice arcuata, impressione transversa, sat valide marginata. Elytra ad basin prothorace minus duplo latiora, ovata, lateribus arcuata, ampliata, apice conjunctim acuminata, sesquilongiora quam simul in maxima latitudine latiora, valde punctato-striata; intervallis striarum in disco punctis angustioribus, convexis, ad latera latioribus et magis elevatis; margine laterali antice denticulato, medio haud anguste explanato.* — Long. 1,7-2 mm.

Oblong, moins de deux fois et demie aussi long que large dans sa plus grande largeur, médiocrement convexe, brillant, couvert d'une pubescence flave, double, médiocrement longue et fine, éparse, assez relevée, entremêlée, principalement sur les côtés de la tête et du prothorax, de poils beaucoup plus longs, dressés; couleur testacé un peu marron; articles 7 à 9 des antennes un peu enfumés, 10 et 11 blanchâtres; sur les élytres deux taches transversales, enfumées, n'atteignant pas les bords latéraux : la 1re devant le milieu, un peu arquée en arrière et un peu sinuée en avant, la 2e un peu avant le sommet; pattes testacé clair. Antennes un peu épaisses, 1er article presque trois fois aussi long que large, 2e suballongé, 3e un peu allongé, 4e une fois et demie aussi long que large, 5e et 6e subégaux, un peu plus longs que 4e, 7e un peu allongé, 8e suballongé, 9e subtransversal, 10e un peu transversal, 11e subconique, presque deux fois aussi long que large. Tête un peu plus de deux fois plus large que longue, convexe, couverte d'une ponctuation dense sur l'occiput, de plus en plus espacée en avant, lisse sur l'épistome, longitudinalement et fortement impressionnée de chaque côté vers la base de l'antenne, striée en arc peu marqué entre ces bases, légèrement infléchie en avant de cette strie ; épistome subtrapézoïdal, environ deux fois plus large à la base que long ; labre presque petit ; yeux gros, saillants, à grosses facettes ; tempes nulles. Prothorax plus large dans sa plus grande largeur que la tête, un peu rétréci en avant, fortement à la base, faiblement arqué au bord antérieur, obtus aux angles antérieurs et postérieurs, très fortement arrondi sur les côtés, présentant son maximum de largeur vers les trois quarts de la longueur à partir de la base, très faiblement arqué à la base, environ deux fois et un tiers plus large dans sa plus grande largeur que long, couvert d'une ponctuation en général très serrée, plus forte que celle de la tête, transversalement et assez fortement impressionnée devant la base. Bord antérieur bordé par un très faible bourrelet, subsinué aux extrémités et armé d'un petit denticule ; marges latérales explanées, armées chacune de sept dents épineuses : la 1re à l'angle postérieur environ une fois aussi longue que large, la 2e et la 3e également espacées avec la 1re, subégales, environ trois fois plus longues que larges, la 4e plus rapprochée de la 3e que celle-ci de la 2e, un peu plus courte que la 3e, la 5e encore plus courte aussi rapprochée de la 4e que celle-ci de la 3e, les 6e et 7e presque petites, triangulaires, contiguës, contre l'angle antérieur ; base bordée par un faible bourrelet lisse. Écusson plus large que long, égal environ au cinquième de la base du prothorax. Élytres subtronqués à la base, étroitement arrondis aux épaules, alors à peine plus larges que le prothorax dans sa plus grande largeur, y compris la denticulation, arrondis assez fortement sur les côtés, présentant leur plus grande largeur au delà du milieu de la longueur, atténués ensuite vers l'extrémité, assez largement acuminés ensemble au sommet, environ une fois et demie aussi longs que larges ensemble dans leur plus grande largeur, fortement striés-ponctués ; stries médiocrement atténuées vers l'extrémité ; intervalles des stries plus étroits que les points, sur le disque dans la moitié basilaire, convexes ; intervalles latéraux plus larges et encore plus relevés ; points de la strie marginale gros, espacés ; stries suturales distinctes de la suture jusqu'au sommet ; marges latérales denticulées à la base, assez largement rebordées-explanées vers le milieu. Prosternum lisse au milieu, fortement ponctué sur les côtés ; sillon latéral des hanches antérieures atteignant le niveau de l'explanation latérale ; métasternum fortement ponctué sur les côtés, longitudinalement strié ; 1er segment de l'abdomen presque lisse, plus long que le métasternum, saillant entre les hanches postérieures en angle très largement obtus, émoussé. Hanches intermédiaires très faiblement écartées.

Singapore (A. Raffray). Collection A. Grouvelle.

Psammoecus decoratus, n. sp. — *Oblongo-elongatus, convexus, nitidus, pilis flavis, sat elongatis, suberectis, subdense vestitus, rufo-testaceus ; antennarum articulis 6-10, elytrorum margine basilari et dimidia parte apicali, macula suborbiculari excepta, nigris. Antennae elongatae ; 1° articulo 2 et 1/2 tam elongato quam lato, 2° parum elongato, 3° magis sesquilongiore quam latiore, 4°, 5° et 6° subaequalibus, duplo longioribus quam latioribus,*

7° quam 6° paulo breviore, 8° et 9° quadratis, 10° subtransverso, 11° sesquilongiore quam latiore, suboblongo, apice subacuminato. Caput transversum, dense punctatum, utrinque ad antennae basin striolatum, inter antennarum bases vix perspicue striatum; fronte ante antennarum bases subproducta; epistomo transverso, subinflexo; labro minimo; oculis prominulis. Prothorax transversus, antice modice, postice valde angustatus, dense et quam caput validius punctatus; angulis anticis rotundatis; lateribus antice arcuatis, postice subrectis, obtuse octodenticulatis; denticulo prope basin majore; angulis posticis obtusis; basi subpulvinato-marginata. Elytra basi prothorace duplo latiora, ovata, apice conjunctim rotundata, duplo longiora quam simul in maxima latitudine latiora, punctato-striata; striarum intervallis in disco quam punctis latioribus; lateribus medio anguste marginatis. — Long. 2,7 - 3 mm.

Ovale, un peu moins de trois fois plus long que large dans sa plus grande largeur, convexe, brillant, couvert d'une pubescence flave, assez dense, assez longue, dressée, inclinée en arrière; antennes, sauf les articles 6 à 10 noirs, et pattes testacées, faiblement rougeâtres; tête et prothorax testacé rougeâtre; élytres noirs, sauf une bande transversale et une tache subapicale de la couleur de la tête. Antennes allongées; 1er article deux fois et demie aussi long que large, 2e un peu allongé, 3e plus d'une fois et demie plus long que large, 4e à 6e subégaux, deux fois plus longs que larges, 7e un peu plus court que 6e, 8e et 9e carrés, 10e subtransversal, 11e une fois et demie aussi long que large, suboblong, subacuminé. Tête plus de deux fois plus large que longue, convexe, densément ponctuée, presque lisse en avant des bases des antennes, obliquement striolée vers la base de chacune d'elles, à peine visiblement striée entre ces bases; front, vu de dessus, très peu saillant en avant; épistome trapézoïdal, environ deux fois plus large que long, un peu infléchi; labre petit; yeux gros, saillants, à facettes assez fortes; tempes nulles. Prothorax un peu moins large en avant que la tête, peu rétréci en avant, fortement à la base, environ une fois et demie plus large dans sa plus grande largeur que long, densément et plus fortement ponctué que la tête. Bord antérieur arqué, bordé par une très étroite marge lisse; angles antérieurs fortement arrondis; côtés arqués en avant, subrectilignes dans la partie basilaire, armés chacun de huit petits denticules obtus, trois vers l'angle antérieur, trois dans la partie médiane, peu marqués, et deux plus forts près de la base; angles postérieurs obtus; base arquée, bordée par un bourrelet peu accentué. Écusson environ cinq fois moins large que la base du prothorax. Élytres médiocrement arrondis aux épaules, environ deux fois plus larges à la base que la base du prothorax, un peu élargis sur les côtés, présentant leur plus grande largeur vers les deux premiers cinquièmes de la longueur, puis atténués vers l'extrémité, arrondis ensemble au sommet, environ deux fois plus longs que larges ensemble dans leur plus grande largeur, ponctués-striés; stries externes plus fortes que les internes; stries suturales devenant contiguës à la suture au sommet; intervalles des stries plus larges sur le disque que les points, intervalles latéraux subcarènes. Bords latéraux presque étroitement explanés dans le milieu; points de la strie marginale assez serrés. Bande basilaire claire des élytres atteignant le premier tiers de la longueur; tache subapicale orbiculaire, atteignant presque la suture, plus écartée du bord latéral, médiocrement éloignée du sommet, parfois plus développée en dehors. Prosternum peu densément ponctué sur le milieu, plus densément sur les côtés en avant du sillon latéral des hanches antérieures, celui-ci bien marqué, atteignant le bord latéral. Métasternum marqué d'une impression assez profonde, s'élargissant vers le sommet; ponctuation effacée sur les bords de cette impression, marquée et serrée vers les angles postérieurs. Premier segment de l'abdomen subégal au métasternum, éparsement et peu fortement ponctué, saillant en angle assez largement arrondi entre les hanches postérieures. Hanches intermédiaires subcontiguës.

Inde (Madure) : Shembaganur. 3 exemplaires. Collection du British Museum.

Psammoecus eximius, n. sp. — *Oblongo-elongatus, modice convexus, nitidulus, pube flava, subbrevi, subtenui, inclinata, subdense vestitus, ochraceo-testaceus; antennarum articulis 7-10 infuscatis, 11° subalbido; in singulo elytro duabus maculis fuscis : 1ª transversa, medio posita, latus haud attingente, antice posticeque extus dilatata, juxta suturam ad apicem producta et cum macula anteapicali transversa, suturali, extus rotundata, juncta. Antennae subgraciles, 1° articulo plus duplo longiore quam latiore, 2° fere sesquilongiore quam latiore, 3° et 4° subaequalibus, paulo plus duplo longioribus quam latioribus, 5° et 6° quam praecedentibus paulo brevioribus, 7° et 8° subelongatis, 9° et 10° subquadratis, 11° suboblongo, parum elongato, apice acuminato. Caput transversum, vix convexum, postice quam antice dense punctatum, utrinque ad antennae basin elevatum et suboblique striolatum, inter antennarum bases tenuiter striatum; fronte inter antennarum bases arcuatim subproducta; epistomo inflexo, laevi, transverso; labro minimo; oculis modice prominulis, granis haud minimis, temporibus nullis. Prothorax transversus, capite vix latior, antice aliquid, postice magis angustatus, dense et paulo fortius capite punctatus; margine antico medio arcuato, utrinque subsinuato, subpulvinato-marginato; angulis anticis rotundatis; lateribus arcuatis, septemdenticulatis : 1° denticulo in angulo postico minimo, 2° primo sat propinquo, subelongato, 3° quam 2° paulo longiore, 4° tertio quam quarto magis proximo, 3° paulo breviore, 5° juxta sextum, minutum, 6° et 7° contiguis, ad angulum anticum, minimis; angulis posticis obtusis, basi subrecta, subpulvinato-marginata. Elytra ad basin prothorace haud duplo latiora, ovata, lateribus arcuata, ampliata, apice conjunctim rotundata, vix duplo longiora quam simul in maxima latitudine latiora, punctato-striata; striis ad apicem parum attenuatis, striarum 1° intervallo discoidali punctis haud lato, ceteris latioribus, omnibus subplanis; 1° intervallo laterali latissimo, 2° lato; marginibus lateralibus ad basin tenuiter denticulatis, medio sublate explanato-marginatis.* — Long. 2,8 mm.

Ovale, environ deux fois et demie aussi long que large dans sa plus grande largeur, médiocrement convexe, assez brillant, couvert d'une pubescence flave assez courte et assez fine, inclinée, médiocrement dense, jaune testacé;

articles 7 à 10 des antennes enfumés, 11e blanchâtre; sur chaque élytre deux taches noirâtres : la 1re transversale, commençant sur le disque vers le milieu de la longueur, partant de la suture et n'atteignant pas le bord latéral, ondulée en arrière et en avant, terminée extérieurement par un lobe subtriangulaire, plus développée en avant qu'en arrière, prolongée sur la suture et réunie à la 2e tache; celle-ci transversale, subapicale, formant avec la tache correspondante de l'autre élytre une tache suboblongue; pattes testacées. Antennes modérément grêles. 1er article plus de deux fois plus long que large, 2e presque une fois et demie aussi long que large, 3e et 4e subégaux, un peu plus de deux fois plus longs que larges, 5e et 6e un peu plus courts que les précédents, 7e et 8e suballongés, 9e et 10e subcarrés, 11e suboblong, un peu allongé, acuminé à l'extrémité. Tête environ deux fois plus large que longue, faiblement convexe, couverte d'une ponctuation dense sur l'occiput, devenant un peu plus forte et moins serrée sur le front, presque effacée sur l'épistome, relevée et subobliquement striolée à la base de chaque antenne, à peine striée entre ces bases; front vu de dessus légèrement saillant en arc en avant; épistome infléchi, environ deux fois plus large à la base que long; labre petit; saillie des yeux presque égale à leur diamètre longitudinal, facettes à peine petites; tempes nulles. Prothorax un peu plus large, dans sa plus grande largeur, que la tête, faiblement rétréci en avant, plus fortement en arrière, arrondi sur les côtés, présentant sa plus grande largeur un peu au delà du milieu, à peine deux fois plus large dans sa plus grande largeur que long, couvert d'une ponctuation un peu plus forte que celle de la tête, un peu moins serrée en avant sur le disque; bord antérieur arqué, subsinué aux extrémités, bordé par une étroite marge lisse, à peine relevée, mieux marquée au milieu; angles antérieurs obtus; côtés armés chacun de 7 denticules émoussés : le 1er à l'angle postérieur, petit, le 2e plus rapproché du 1er que du 3e suballongé, le 3e un peu plus rapproché du 4e que du 2e, un peu plus long que celui-ci, le 4e et le 5e séparés par un espace sensiblement égal à l'espace qui les sépare du 3e et du 6e, le 4e à peine aussi long que large à la base, le 5e un peu plus court, le 6e et le 7e contigus, contre l'angle antérieur, petits; angles postérieurs obtus; base subtronquée, très légèrement relevée en bourrelet lisse. Écusson environ cinq fois moins large que la base du prothorax. Élytres subtronqués à la base, largement arrondis aux épaules, alors environ deux fois plus larges ensemble que le prothorax à la base, ovales, assez élargis sur les côtés, présentant leur plus grande largeur un peu au delà du milieu de la longueur, arrondis ensemble au sommet, un peu moins de deux fois plus longs que larges ensemble dans leur plus grande largeur, ponctués-striés; stries un peu atténuées vers le sommet, plus fortement marquées sur les marges latérales; 1er et 2e intervalles des stries à peine plus larges sur le disque que les points, 3e et 4e un peu plus larges, tous subconvexes; 1er intervalle beaucoup plus large que les points, 2e encore plus large que les points, mais moins large que le 1er; points de la strie marginale espacés; strie suturale marquée jusqu'au sommet; marges latérales finement denticulées à la base, assez largement rebordées-explanées au milieu. Prosternum grossièrement et très éparsement ponctué sur les côtés en avant du sillon latéral des hanches antérieures; celui-ci médiocrement marqué: métasternum longitudinalement strié, densément ponctué vers les angles postérieurs; 1er segment de l'abdomen sensiblement égal au métasternum, ponctué de chaque côté contre la marge apicale. Hanches intermédiaires subcontiguës. Saillie du 1er segment de l'abdomen arrondie.

Tonkin : environs de Lam Blaise(?). 1 exemplaire. Collection L. Bedel.

La tache subapicale peut sans doute se développer et devenir apicale. Les taches transversales semblent susceptibles de se souder aux extrémités externes par une étroite bande longitudinale. Ces constatations permettent de prévoir pour cet insecte d'importantes variations de couleur.

Psammoecus rotundicollis, n. sp. — *Oblongo-elongatus, convexus, nitidulus, pube flava, subelongata, tenui, inclinata, subdense vestitus, fulvo-testaceus; articulis antennarum 7-10 infuscatis; capite prothoraceque subrufescentibus; in elytris plaga nigra transversa, ultra medium, postice profunde emarginata, antice medio angulatim producta et utrinque sinuata. Antennae subincrassatae; 1° articulo duplo longiore quam latiore, 2° subquadrato, 3° parum elongato, 4° et 5° subaequalibus, fere sesquilongioribus quam latioribus, 6° quam 5° paulo longiore, 7° subelongato, 8° quadrato, 9° et 10° subtransversis, 11° subconico, parum elongato. Caput transversum, occipite dense, fronte subdense punctatum, epistomo laevi, utrinque ad antennae basin oblique breviter striolatum, inter antennarum bases striatum; epistomo subinflexo, transverso; labro minuto; oculis prominulis; temporibus nullis. Prothorax convexus, transversus, transversim suboblongus, densissime et quam caput fortius punctatus, juxta basin transversim anguste impressus; margine antico arcuato, angustissime marginato, ad extremitates obtuse denticulato; angulis anticis latissime rotundatis, obtuse denticulatis; lateribus subrectis, sat fortiter convergentibus, irregulariter et leviter denticulatis; angulis posticis late obtusis; basi vix arcuata. Elytra ad basin prothorace duplo latiora, ovata, lateribus parum ampliata, apice conjunctim subacuminata, duplo longiora quam simul in maxima latitudine latiora, punctato-striata; striis ad apicem attenuatis; intervallis striarum in disco et ad basin convexis, punctis vix latioribus; 1° intervallo laterali convexo, haud lato; margine laterali medio angustissime explanato-marginato.* — Long. 2,7 mm.

Allongé-oblong, environ trois fois aussi long que large dans sa plus grande largeur, convexe, médiocrement brillant, couvert d'une pubescence fauve, assez longue, fine, inclinée, assez dense; couleur fauve testacé; articles 7 à 10 enfumés; tête et prothorax un peu rougeâtres; sur les élytres au delà du milieu, une tache noire, commune, transversale, n'atteignant pas les bords latéraux, fortement échancrée en trapèze au bord postérieur, s'avançant anguleusement sur la suture au bord antérieur et assez fortement sinuée de chaque côté, donnant dans l'ensemble l'impression de trois taches, l'intermédiaire sur la suture, en forme de losange, les deux externes un peu avant l'intermédiaire, subcarrées, réunies par l'angle apical interne à l'angle externe correspondant de la tache intermédiaire. Antennes un peu épaisses; 1er article deux fois plus long que large. 2e subcarré. 3e un peu allongé. 4e et 5e subégaux. presque une fois et demie aussi longs que larges, 6e plus long que 5e. 7e suballongé. 8e subcarré, 9e et 10e subtransversaux. 11e subconique. peu allongé. Tête environ deux fois plus large que longue. convexe; ponctuation moyenne. serrée sur l'occiput. devenant plus éparse vers le front. effacée sur l'épistome; front relevé. brièvement striolé de chaque côté à la base de l'antenne, strié entre ces bases; épistome subtrapézoïdal, plus de deux fois plus large à la base que long, légèrement infléchi en avant; yeux saillants, à petites facettes; tempes presque nulles; base de la tête coupée transversalement derrière les yeux. Prothorax un peu plus large dans sa plus grande largeur que la tête, convexe, arqué au bord antérieur. fortement et largement arrondi aux angles antérieurs; bords latéraux subrectilignes, convergents; angles postérieurs obtus; base subtronquée: dans l'ensemble forme oblongue, transversale, présentant sa plus grande largeur vers le troisième quart de la longueur, un peu plus de deux fois plus large dans sa plus grande largeur que longue. Ponctuation très dense, plus forte que celle de la tête. Bord antérieur très étroitement rebordé, obtusément denticulé aux extrémités; angles antérieurs et côtés armés de denticules inégalement espacés, très petits en avant, un peu plus forts sur la partie basilaire; base bordée par une impression relativement étroite, bien marquée. Écusson environ sept fois moins large que la base du prothorax. Elytres tronqués à la base, largement arrondis aux épaules, alors moins de deux fois plus larges ensemble que le prothorax à la base, ovales, faiblement élargis sur les côtés, présentant leur maximum de largeur à peine au delà du milieu de la longueur, atténués ensuite vers l'extrémité et subacuminés ensemble au sommet, nettement plus de deux fois plus longs que larges ensemble dans leur plus grande largeur, fortement striés-ponctués; stries atténuées au sommet; intervalles des stries sur le disque, vers la base, à peine plus larges que les points, convexes; 1er intervalle latéral (l'intervalle marginal non compté) de la largeur des points. très convexe; stries suturales devenant subcontiguës à la suture près du sommet; points de la strie marginale médiocres, un peu espacés; marges latérales très étroitement rebordées-explanées. Prosternum fortement ponctué; sillons latéraux des hanches antérieures modérément marqués; métasternum marqué d'une impression longitudinale triangulaire; 1er segment de l'abdomen subégal au métasternum, grossièrement et peu densément ponctué. Hanches intermédiaires nettement séparées: saillie du 1er segment de l'abdomen entre les hanches postérieures formant un angle obtus, très ouvert.

Indes néerlandaises : Talang. 2 exemplaires. Collection A. Grouvelle.

Psammoecus personatus, n. sp. — *Oblongus, modice convexus, nitidus, pube flava, subelongata, subtenui, inclinata, subdense vestitus, subsordide testaceus; articulis 6-10 antennarum infuscatis; capite prothoraceque* *sordide rufis: pedibus dilute testaceis; singulo elytro, ultra medium, nigro maculato. Antennae modice elongatae; 1° articulo paulo plus duplo longiore quam latiore, 2° parum elongato, 3° et 4° subaequalibus, fere duplo longioribus quam latioribus, 5° quam 4° paulo longiore, 6° sesquilongiore quam latiore, 7° parum elongato, 8° subelongato, 9° subquadrato, 10° subtransverso, 11° subconico, sesquilongiore quam latiore. Caput transversum, occipite dense, fronte subdense punctatum, utrinque ad antennae basin oblique striolatum, inter antennarum bases striatum; epistomo inflexo, subtransverso, parce punctulato; labro minimo; oculis prominulis, granis minutis; temporibus manifestis. Prothorax transversus, antice modice, postice valde angustatus, densissime et fortius capite punctatus, ante basin transversim impressus; margine antico subarcuato, anguste subpulvinato-marginato, ad extremitates obtuse subdenticulato; angulis anticis obtusis; lateribus fortiter rotundatis, quinquedenticulatis; 1° denticulo ab angulo postico sat distante, duplo longiore quam ad basin latiore, 2° ante medium, quam 1° longiore, 3° post medium at 1° subaequali, 4° et 5° approximatis, sat minimis, ultimo in angulo antico; angulis posticis obtusis; basi subarcuata, vix pulvinato-marginata. Elytra ad basin prothorace minus duplo latiora, ovata, lateribus modice ampliata, apice conjunctim rotundata, sesquilongiora quam simul in maxima latitudine latiora, punctato-striata; striis ad apicem attenuatis; intervallis striarum, in disco, punctis latioribus, subplanis, ad latera punctis haud latioribus, convexis; margine laterali medio anguste explanato-marginato.* — Long. 2.5 mm.

Oblong, environ deux fois et demie plus long que large dans sa plus grande largeur, médiocrement convexe, brillant, couvert d'une pubescence assez dense, formée de poils flaves, de longueur moyenne, assez fins, inclinés en arrière; couleur testacé un peu sale; 6e à 10e articles des antennes enfumés; tête et prothorax d'un roux sale; sur chaque élytre, après le milieu, une tache noirâtre, suborbiculaire, discoïdale; tarses testacé clair. Antennes médiocrement longues, relativement épaisses; 1er article un peu plus de deux fois plus long que large, 2e un peu allongé, 3e et 4e subégaux, presque deux fois plus longs que larges, 5e un peu plus long que le 4e, 6e une fois et demie aussi long que large, 7e un peu allongé, 8e suballongé, 9e subcarré, 10e subtransversal, 11e subconique, environ une fois et demie aussi long que large. Tête environ deux fois plus large que longue, peu convexe, couverte d'une ponctuation dense sur l'occiput, s'atténuant et s'espaçant en avant, obliquement et brièvement striolée, impressionnée de chaque côté vers la base de l'antenne, striée entre ces bases, légèrement infléchie en avant; front, vu de dessus, non saillant entre les bases des antennes; épistome subtrapézoïdal, presque aussi long que large à la base; labre petit; yeux saillants à facettes moyennes; tempes marquées. Prothorax plus large dans sa plus grande largeur que la tête, un peu rétréci en avant, fortement à la base, fortement arqué sur les côtés, présentant sa plus grande largeur vers les deux tiers de la longueur à partir de la base, un peu plus de deux fois plus large dans sa plus grande largeur que long, couvert d'une ponctuation très serrée, plus forte que celle de la base de la tête, transversalement et assez fortement impressionné devant la base. Bord antérieur faiblement arqué, bordé par un étroit bourrelet lisse, subdenticulé aux extrémités; angles antérieurs obtus (abstraction faite de la denticulation); marges latérales très étroitement rebordées-explanées, armées chacune de cinq dents étroites : la 1re en avant de l'angle postérieur, deux fois plus longue que large à la base, la 2e plus longue que la 1re, avant le milieu, plus éloignée de la 1re que celle-ci de l'angle postérieur, la 3e subégale à la 1re également éloignée de la 2e et de la 4e, la 4e et la 5e presque petites, rapprochées, la dernière sur l'angle antérieur; angle postérieur obtus; base à peine arquée, peu visiblement bordée par un étroit bourrelet lisse. Écusson égal environ au septième de la longueur de la base du prothorax. Élytres subtronqués à la base, assez largement arrondis aux épaules, ovales, présentant leur maximum de largeur au delà du milieu, atténués ensuite vers l'extrémité, arrondis ensemble au sommet, environ une fois et demie aussi longs que larges ensemble dans leur plus grande largeur, striés-ponctués; stries atténuées vers l'extrémité; intervalles des stries sur le disque beaucoup plus larges que les points, faiblement convexes; stries des marges latérales accentuées, intervalles de la largeur des points, un peu élevés; stries suturales devenant contiguës à la suture avant le sommet; points des stries marginales médiocres, assez serrés, marges latérales denticulées à la base, très étroitement rebordées-explanées au milieu. Prosternum lisse au milieu, ponctué sur les côtés; sillon latéral des hanches antérieures entier, bien marqué; métasternum longitudinalement sillonné, éparsement et peu fortement ponctué. Premier segment de l'abdomen éparsement pointillé, moins long que le métasternum, saillant en angle largement obtus entre les hanches postérieures. Hanches intermédiaires subcontiguës.

Madère : Funchal. Collection A. Fauvel.

Un exemplaire de la même espèce a été trouvé par M. Puel sur des bananes importées en Camargue.

Psammoecus parallelus, n. sp. — *Oblongo-elongatus, subangustus, convexus, nitidulus, pilis flavis subdense vestitus, testaceus: singulo elytro nigro bimaculato : 1a macula discoïdali, post medium, suborbiculari, minima; 2a suturali, ante apicem elongata, angustata. Antennae graciles; articulis 6-10 paulatim magis infuscatis, ultimo subinfuscato; 1° plus duplo longiore quam latiore, 2° elongato, quam 3° breviore, 3° sesquilongiore quam latiore, 4° plus duplo longiore quam latiore, 5° praecedente paulo breviore, 6° et 7° subaequalibus, quam 5° paulo brevioribus, 8° et 9° subquadratis, 10° subtransverso, 11° elongato, ovato, apice acuminato. Caput transversum, dense punctatum, utrinque ad antennae basin sublonge striolatum, inter antennarum bases subarcuatim striatum; fronte ante antennarum bases vix producta; epistomo subinflexo, vix transverso, parce punctulato; labro minimo; oculis prominulis; temporibus manifestis. Prothorax transversus, antice modice, postice validius angustatus, dense et quam capite minus fortiter punctatus; margine antico arcuato; angulis anticis obtusis, haud hebetatis; lateribus* *rotundatis, septemdenticulatis; duobus denticulis anticis minimis, approximatis, juxta angulum anticum; 3e, 4e et 5e remotis, paulatim majoribus; ultimo longiore quam latiore, 6o et 7o vix minimis, subapproximatis, juxta basin; angulis posticis obtusis; basi truncata, haud pulvinato-marginata. Elytra basi modice arcuata, humeris rotundata, quam prothoracis basi duplo latiora, ovata, lateribus parum ampliata, apice conjunctim brevius rotundata, plus duplo longiora quam simul latiora, punctato-striata; striarum intervallis in disco quam punctis latioribus; lateribus angustissime marginato-explanatis.* — Long. 2,8 mm.

Allongé, en ovale peu accentué, un peu plus de trois fois plus long que large dans sa plus grande largeur, convexe, un peu brillant, couvert d'une pubescence flave (l'insecte examiné n'est pas frais), testacé; articles 6 à 10 des antennes progressivement plus noirs, article 11 légèrement enfumé; sur chaque élytre deux taches noires : la 1re discoïdale, vers les 3/5 de la longueur à partir de la base, petite, suborbiculaire; la 2e suturale, vers le dernier cinquième de la longueur, allongée, étroite. Antennes grêles, progressivement un peu plus épaisses vers l'extrémité; 1er article plus de deux fois plus long que large, 2e allongé, mais plus court que 3e, celui-ci une fois et demie plus long que large, 4e plus de deux fois plus long que large, 5e un peu plus court que le précédent, 6e et 7e subégaux, plus courts que le 5e, 8e et 9e subcarrés, 10e subtransversal, faiblement élargi, 11e une fois et un tiers plus long que large, subovale, acuminé à l'extrémité. Tête environ deux fois plus large que longue, un peu convexe, densément couverte de gros points, très éparsement ponctuée en avant des naissances des antennes, assez longuement et obliquement striolée vers la base de chacune d'elles, striée entre ces bases; front, vu de dessus, faiblement saillant-arrondi entre ces bases; épistome trapézoïdal, presque aussi long que large à la base, un peu infléchi; labre petit; yeux gros, assez saillants, tempes marquées. Prothorax un peu rétréci en avant, fortement à la base, un peu moins large en avant que la tête avec les yeux, arrondi sur les côtés, présentant sa plus grande largeur vers les 3/5 de la longueur à partir de la base, moins de deux fois plus large que long. Bord antérieur arqué, subsinué aux extrémités, très finement rebordé au milieu; angles antérieurs obtus; côtés à peine visiblement bordés-explanés, chacun avec sept denticules : les deux premiers contigus, petits, contre l'angle antérieur, les trois suivants progressivement plus grands, les deux premiers plus espacés, le dernier plus long que large, le 6e et le 7e plus forts que le 1er et le 2e, moins rapprochés, contre l'angle postérieur; celui-ci obtus; base tronquée, non rebordée. Ponctuation dense, moins forte que celle de la tête, laissant contre la base une étroite marge non ponctuée. Écusson environ quatre fois plus étroit que la base du prothorax. Élytres arqués à la base, arrondis aux épaules, alors deux fois plus larges que le prothorax à la base, très faiblement élargis sur les côtés, présentant leur plus grande largeur vers les 3/5 de la longueur à partir de la base, puis atténués vers l'extrémité et brièvement arrondis ensemble au sommet, plus de deux fois plus longs que larges ensemble dans leur plus grande largeur, ponctués-striés; stries un peu plus fortes sur les côtés;

intervalles des stries plus larges sur le disque que les points, encore plus larges sur les marges latérales; points de la strie marginale un peu espacés; stries suturales devenant contiguës à la suture avant le sommet. Marges latérales très étroitement rebordées-explanées vers le milieu. Prosternum presque lisse au milieu, assez densément et un peu fortement ponctué sur les côtés, en avant du sillon latéral des hanches antérieures; celui-ci assez fin, atteignant presque le bord latéral; métasternum longitudinalement sillonné, lisse de chaque côté du sillon, plus largement ponctué vers les angles postérieurs; 1er segment de l'abdomen subégal au métasternum, éparsement et peu fortement ponctué, saillant en angle aigu, largement émoussé entre les hanches postérieures. Hanches intermédiaires contiguës.

Afrique australe (Mashonaland): Salisbury (Marshall), 1 exemplaire. Collection du British Museum

II. — DESCRIPTIONS D'ESPÈCES NOUVELLES DU GENRE *CRYPTAMORPHA* WOLL.

[CUCUJIDAE]

Cryptamorpha Dumbrelli, n. sp. — *Oblongo-elongata, convexa, nitida, flavo-pubescens, nigro-picea; antennis pedibusque rufo-piceis, elytris transversim testaceo-ochraceo bimaculatis : 1ª macula paulo post basin, modice elongata, latera attingente, 2ª apicali, sat magna. Antennae subincrassatae: 1° articulo vix elongato, 2° quadrato, 3°, 4° et 5° subelongatis, 6° quadrato, 7°-10° paulatim magis transversis et subincrassatis, 11° breviter suboblongo, apice pulvinato. Caput transversissimum, convexiusculum, parcissime punctatum; epistomo sublaevi, utrinque ad antennae basin stria subrecta, basin capitis attingente notatum, inter antennarum bases vix perspicue striatum; epistomo inflexo, transverso; fronte, desuper inspecta, ante antennarum bases arcuatim producta; oculis prominulis, granis minimis; temporibus nullis. Prothorax antice vix, postice paulo magis angustatus, 1 et 1/4 latior quam longior, capite vix latior, dense et capite fortius punctatus: spatio angusto, discoidali, in linea media haud punctato; margine antico modice arcuato, versus extremitates subsinuato; angulis anticis subobtusis, haud hebetatis; lateribus subangulosis, vix perspicue denticulatis; angulis posticis obtusis; basi subrecta. Elytra ad basin prothorace paulo latiora, lateribus parum ampliata, apice conjunctim late rotundata, minus duplo longiora quam in maxima latitudine latiora, punctato-striata, striis ad apicem attenuatis, ad latera fortius punctatis; intervallis discoidalibus planis, punctis latioribus; 1° et 2° intervallo laterali quam punctis paulo latioribus, convexis; juxta scutellum stria addita brevi: marginibus lateralibus medio anguste explanato-marginatis.* — Long. 2,7 mm.

Oblong, subparallèle, environ deux fois et trois quarts plus long que large dans sa plus grande largeur, convexe, brillant, noir de poix : antennes, bouche et pattes plus rougeâtres; sur les élytres deux bandes transversales jaunes : la 1re un peu en avant de la base, s'élargissant sur les marges latérales, la 2e au sommet, assez grande, rejoignant la 1re sur les marges latérales; pubescence flave, composée sur la tête et le prothorax de poils très courts, fins, peu serrés, plutôt rares et sur les élytres de poils plus épais, moins courts, inclinés, disposés en ligne sur chaque strie, et de poils fins, encore un peu plus longs, espacés, insérés sur les intervalles des stries. Antennes un peu épaisses, concolores, faiblement et progressivement subépaissies dans la moitié apicale : 1er article épais très faiblement allongé, 2e carré, 3e, 4e et 5e suballongés, 6e carré, 7e à 10e devenant progressivement plus transversaux, 11e suboblong, à peine allongé, terminé par un bouton subconique émoussé. Tête plus de deux fois plus large que longue, faiblement convexe, très éparsement ponctuée sur le front, presque lisse sur l'épistome, relevée et striée de chaque côté, vers la base de l'antenne, d'une strie convergente vers la base, presque droite, atteignant le sommet de la tête; épistome modérément infléchi, très nettement moins long que large à la base, séparé du front par une strie peu marquée; front vu de dessus, un peu saillant en arc en avant des bases des antennes; labre très petit; saillie des yeux égale environ à leur diamètre longitudinal, facettes petites; tempes nulles. Prothorax faiblement rétréci au sommet, un peu plus fortement à la base, subanguleux sur les côtés, présentant sa plus grande largeur vers le milieu de la longueur, environ une fois et un quart aussi large dans sa plus grande largeur que long, couvert d'une ponctuation plus forte et plus dense que celle de la tête, laissant libre sur le disque un espace longitudinal étroit. Bord antérieur médiocrement arqué, subsinué aux extrémités; angles antérieurs obtus, subdenticulés; côtés armés de denticules irrégulièrement espacés, peu visibles; angles postérieurs obtus, non émoussés; base subtronquée, étroitement et faiblement rebordée aux extrémités. Écusson très transversal, lisse. Élytres subtronqués à la base, arrondis aux épaules, alors environ d'un tiers plus larges ensemble que le prothorax à la base, à peine arqués, élargis sur les côtés, assez largement arrondis ensemble au sommet, moins de deux fois aussi longs que larges ensemble dans leur plus grande largeur, ponctués-striés; stries atténuées vers le sommet, un peu plus marquées sur les marges latérales; intervalles discoïdaux, à l'exception du 1er, plus larges que les points des stries, plans; intervalles latéraux 1er et 2e, surtout le premier, un peu plus larges que les points des stries, convexes; points de la strie marginale rapprochés; un rudiment de strie supplémentaire, à la base, de chaque côté de l'écusson; stries suturales devenant contiguës à la suture au sommet; marges latérales étroitement rebordées-explanées au milieu. Prosternum assez fortement ponctué; ponctuation éparse sur le disque, serrée en avant des sillons latéraux des hanches antérieures; ceux-ci nettement marqués, recourbés à l'extrémité et rejoignant presque l'angle antérieur; métasternum longitudinalement impressionné sur le disque, éparsement ponctué de chaque côté de l'impression, densément et plus fortement sur les marges latérales. Premier segment de l'abdomen plus court que le métasternum, éparsement pointillé; saillie sur le métasternum en angle aigu. Hanches intermédiaires contiguës.

Australie (N. S. Wales): Garston. Communiqué par MM. Lea et Dumbrell. 2 exemplaires conservés dans la collection A. Grouvelle.

Cryptamorpha Blackburni, n. sp. — *Oblongo-elongata, modice convexa, nitidula, flavo-pubescens, rufo-ferruginea, elytris circa scutellum et vix post medium disci tenuiter subinfuscatis. Antennae subincrassatae; 1° articulo parum elongato, 2° quadrato, 3° et 4° parum elongatis, 5° et 6° subelongatis, 7° subquadrato, 8°-10° paulatim brevioribus, 11° breviter suboblongo, apice pulvinato. Caput transversum, convexiusculum, parce punctatum, epistomo sublaeve; utrinque ad antennae basin striatum, striis retrorsum convergentibus, subarcuatis, basin capitis attingentibus; epistomo inflexo transverso; fronte inter antennarum bases subarcuatim striata et desuper* *inspecta arcuatim producta; oculis prominulis, temporibus nullis. Prothorax antice vix, postice subfortiter angustatus, 1 et 1/2 latior quam longior, capite paulo latior, tenuiter alutaceus, subdense sed capite paulo minus fortiter punctatus; spatio angusto in linea media haud punctato; apice modice arcuato, versus extremitates subsinuato: angulis anticis obtusis, brevissime bidentatis; lateribus arcuatis, denticulis minutis, irregulariter dispositis armatis; angulis posticis obtusis, subbreviter dentatis; basi subarcuata. Elytra basi prothorace modice latiora, lateribus parum ampliata, apice conjunctim late rotundata, plus duplo longiora quam in maxima latitudine latiora, tenuiter punctato-striata: striis juxta apicem et ad latera magis impressis; intervallis discoidalibus, latis, planis, vix perspicue coriaceis; intervallis lateralibus subconvexis; juxta scutellum stria addita brevi; marginibus lateralibus medio haud anguste explanato-marginatis.* — Long. 2.5 mm.

Oblong, un peu plus de trois fois plus long que large dans sa plus grande largeur, médiocrement convexe, assez brillant, roux ferrugineux très légèrement assombri autour de l'écusson et sur les élytres après le milieu, couvert d'une pubescence formée de poils flaves, fins, courts, dressés et peu serrés sur la tête et le prothorax; de poils plus épais, plus courts, inclinés, disposés en ligne sur les stries des élytres et enfin de poils fins, plus longs, dressés, peu serrés, insérés en ligne sur les intervalles des stries. Antennes un peu épaisses, concolores, faiblement et progressivement épaissies dans la moitié apicale vers l'extrémité; 1er article épais, un peu plus long que large, 2e carré, 3e et 4e un peu allongés, 5e et 6e un peu plus courts que les précédents, 7e subcarré, 8e à 10e devenant progressivement plus transversaux, 11e suboblong, terminé par un bouton conique tronqué. Tête environ deux fois aussi large que longue, très faiblement convexe, couverte d'une ponctuation à peine serrée sur l'occiput et le front, presque effacée sur l'épistome; relevée et striée de chaque côté, vers la base de l'antenne, d'une strie convergente vers la base, un peu arquée, atteignant le sommet de la tête; épistome infléchi moins long que large à la base, subtronqué, séparé du front par une strie subarquée, bien marqué; front, vu de dessus, un peu saillant en arc en avant des bases des antennes; labre visible, petit; saillie des yeux égale environ au diamètre longitudinal, à granulations petites; tempes nulles. Prothorax à peine rétréci au sommet, assez fortement à la base, arrondi sur les côtés, présentant sa plus grande largeur vers le 2e tiers de la longueur à partir de la base, environ une fois et demie aussi large dans sa plus grande largeur que long, finement alutacé, couvert d'une ponctuation un peu plus forte que celle de la tête, confuse sur les côtés, disposée en lignes irrégulières, arquées de chaque côté du disque, laissant sur celui-ci un espace longitudinal, étroit, lisse; bord antérieur modérément arqué; angles antérieurs obtus, armés de deux très petits denticules contigus; côtés armés en dehors des extrémités de 6 petits denticules irrégulièrement espacés; angles postérieurs obtus, présentant au sommet un denticule émoussé, environ aussi long que large à la base. Écusson très transversal, lisse. Élytres subtronqués à la base, assez brièvement arrondis aux épaules, alors environ une fois et demie plus larges ensemble que le prothorax à la base, très faiblement arqués-élargis sur les côtés, assez largement arrondis ensemble au sommet, plus de deux fois plus longs que larges ensemble dans leur plus grande largeur, finement ponctués-striés; stries mieux marquées au sommet et sur les côtés; intervalles discoïdaux plans, beaucoup plus larges que les points des stries; intervalles latéraux un peu plus larges que les points, convexes; points de la strie marginale rapprochés; un rudiment de strie supplémentaire à la base de chaque côté de l'écusson; stries suturales se rapprochant de la suture vers le sommet et devenant plus enfoncées; marges latérales assez nettement rebordées-explanées au milieu. Prosternum très éparsement ponctué sur le milieu, densément vers les angles antérieurs, en avant des sillons latéraux des hanches antérieures; ceux-ci assez bien marqués, rejoignant presque l'angle antérieur; métasternum coupé par un sillon longitudinal, assez fortement ponctué vers les angles postérieurs; 1er segment de l'abdomen plus court que le métasternum, lisse sur le milieu, ponctué sur les côtés; saillie du 1er segment de l'abdomen sur le métasternum en angle aigu. Hanches intermédiaires très faiblement écartées.

Australie : Swan River. Communiqué par M. Lea. Plusieurs exemplaires conservés dans la collection A. Grouvelle.

Cryptamorpha Leai, n. sp. — *Oblongo-elongata, modice convexa, nitidula, flavo-pubescens, rufo-picea; antennis, pedibus et in elytris duabus maculis transversis dilutioribus : 1a macula basilari, elongata, utrinque juxta basin scutelli, 2a ultra medium. Antennae subincrassatae. 1° articulo parum elongato, 2° quadrato, 3° et 4° subelongatis, 5°, 6° et 7° subaequalibus, subquadratis, 8°-10° paulatim brevioribus, 11° breviter oblongo, apice pulvinato. Caput transversum, convexiusculum, subdense punctatum, epistomo sublaevi, utrinque ad antennae basin striatum; striis retrorsum subconvergentibus, subrectis, basin capitis vix attingentibus; fronte inter antennarum bases striata et desuper inspecta subangulatim producta; epistomo modice inflexo, transverso; oculis prominulis, granis subminimis; temporibus nullis. Prothorax antice parum, postice paulo magis angustatus, 1 et 1/2 tam latus quam in maxima latitudine elongatus, capite paulo latior, vix perspicue alutaceus, densius et paulo fortius capite punctatus, spatio angusto, discoidali, in linea media haud punctato; apice modice arcuato, ad extremitates subsinuato; angulis anticis obtusis, breviter bidenticulatis; lateribus arcuatis, denticulis minutis, irregulariter dispositis armatis; angulis posticis obtusis, subbreviter dentatis; basi subarcuata. Elytra basi prothorace modice latiora, lateribus vix ampliata; apice conjunctim late rotundata, 2 et 1/2 longiora quam simul in maxima latitudine latiora, haud tenuiter punctato-striata, punctis juxta basin paulo majoribus, ad latera minoribus, omnibus intervallis latis, depressis, subcoriaceis, tenuiter unilineato-punctatis; juxta scutellum stria addita brevi; marginibus lateralibus medio anguste explanato-marginatis.* — Long. 2.8 mm.

Oblong, allongé, presque parallèle, nettement plus de trois fois plus long que large dans sa plus grande largeur, médiocrement convexe, assez brillant.

roux de poix; antennes, pattes, base des élytres, moins la région scutellaire, et une bande transversale sur celles-ci avant le sommet plus claires; pubescence flave, comprenant sur la tête et le prothorax des poils fins, courts, dressés, peu serrés et sur les élytres des poils également courts, plus épais, inclinés, disposés en ligne sur les stries et des poils plus fins, dressés, insérés en ligne sur les intervalles des stries. Antennes un peu épaisses, concolores, faiblement et progressivement épaissies vers l'extrémité dans la moitié apicale; 1er article épais, peu allongé, 2e carré, 3e et 4e suballongés, 5e, 6e et 7e subégaux, subcarrés, 8e à 10e progressivement plus transversaux, 11e suboblong, terminé par un bouton conique, subtronqué. Tête environ deux fois plus large que longue, modérément convexe, relevée et striée de chaque côté vers la base de l'antenne: stries subconvergentes vers la base, presque droites, n'atteignant pas le sommet de la tête; épistome médiocrement infléchi, très nettement moins long que large à la base, séparé du front par une strie subarquée, bien marquée; front, vu de dessus, un peu saillant en arc en avant; ponctuation un peu écartée, presque effacée sur l'épistome; labre très petit; saillies des yeux égales environ à leur diamètre longitudinal, facettes assez petites; tempes nulles. Prothorax rétréci faiblement au sommet, un peu plus fortement à la base, arrondi sur les côtés, présentant sa plus grande largeur avant le deuxième tiers de la longueur à partir de la base, environ une fois et demie aussi large dans sa plus grande largeur que long, à peine visiblement alutacé, couvert d'une ponctuation plus dense et un peu plus forte que celle de la tête, laissant sur le disque un espace longitudinal, étroit, lisse; bord antérieur médiocrement arqué, à peine subsinué aux extrémités; angles antérieurs obtus, armés de deux très petits denticules contigus; côtés armés, en dehors des extrémités, de 6 très petits denticules irrégulièrement espacés; angles postérieurs obtus, terminés par un denticule aigu, environ aussi long que large à la base. Écusson très transversal, lisse. Élytres subtronqués à la base, assez brièvement arrondis aux épaules, alors environ d'un quart plus larges ensemble que le prothorax à la base, à peine arqués-élargis sur les côtés, assez largement arrondis ensemble au sommet, très nettement plus de deux fois plus longs que larges ensemble dans leur plus grande largeur, ponctués-striés; stries mieux marquées vers la base, plus finement sur les marges latérales; tous les intervalles des stries plans, beaucoup plus larges que les points des stries; points de la strie marginale modérément rapprochés; un rudiment de strie supplémentaire à la base de chaque côté de l'écusson; stries suturales rapprochées de la suture au sommet, nettement marquées; marges latérales assez étroitement rebordées-explanées au milieu. Prosternum presque lisse sur le milieu, éparsement ponctué sur les côtés devant les sillons latéraux des hanches antérieures; ceux-ci assez bien marqués, recourbés à l'extrémité et rejoignant presque l'angle antérieur; métasternum longitudinalement sillonné, densément ponctué aux angles postérieurs. Premier segment de l'abdomen plus court que le métasternum, éparsement ponctué sur le milieu, plus densément sur les côtés; saillie sur le métasternum en angle aigu. Hanches intermédiaires un peu écartées.

Australie (N. S. Wales) : Tamworth. Communiqué par M.-A. Lea. 1 exemplaire conservé dans la collection A. Grouvelle.

Cryptamorpha villosa, n. sp. — *Oblongo-elongata, convexa, capite prothoraceque opaca, elytris nitidula, longe griseo-pubescens, subhirsuta, brunnea; capite prothoraceque rufescentibus, hoc lateribus subinfuscato. antennis dilute brunneis, pedibus subpiceo-testaceis, genibus subinfuscatis. Antennae subgraciles; 1° articulo parum elongato, 2° quadrato, 3°, 4°, 6° et 7° fere sesquilongioribus quam latioribus, 5° quam vicinis paulo longiore, 8°, 9° et 10° parum elongatis, 11° suboblongo, fere duplo longiore quam latiore, apice subacuminato. Caput transversum, convexiusculum, crebre punctatum, epistomo minus dense, utrinque ad antennae basin, in linea media, stria subrecta basin capitis attingente notatum, inter antennarum bases striatum; epistomo inflexo, transversissimo; fronte inter antennarum bases haud producta; oculis modice prominulis, temporibus nullis. Prothorax antice posticeque parum angustatus, 1 et 1/4 latior quam longior, capite paulo latior, crebre et minus fortiter capite punctatus: margine antico parum arcuato, stricte subpulvinato; angulis anticis obtusis, subhebetatis; lateribus modice arcuatis, juxta basin subsinuatis, obtuse irregulariterque vix perspicue denticulatis; angulis posticis obtusis; basi modice arcuata, anguste vix subpulvinato-marginata. Elytra ad basin prothorace latiora, lateribus parum ampliata, apice conjunctim rotundata, plus duplo longiora quam in maxima latitudine latiora, punctato-striata; striis ad apicem attenuatis; intervallis discoidalibus subplanis, punctis paulo latioribus; intervallis lateralibus 1 et 2 quam punctis haud latioribus, convexis; juxta scutellum stria addita subbrevi: marginibus lateralibus haud marginato-explanatis.* — Long. 3.5-4 mm.

Oblong, allongé, environ trois fois plus long que large dans sa plus grande largeur, convexe, opaque sur la tête et le prothorax, médiocrement brillant sur les élytres, brun; tête et prothorax rougeâtres, marges latérales de ce dernier enfumées; antennes brun clair, pattes testacées, légèrement teintées de couleur de poix, enfumées aux genoux; pubescence grise, assez longue et assez dense, en partie redressée. Antennes médiocrement grêles, à peine épaissies vers l'extrémité; 1er article épais, un peu allongé, 2e carré, 3e, 4e, 6e et 7e subégaux, presque une fois et demie aussi longs que larges, 5e un peu plus long que les précédents, 8e à 10e un peu allongés, 11e suboblong, subacuminé au sommet, environ deux fois aussi long que large. Tête deux fois plus large que longue, faiblement convexe, très densément ponctuée sur le front, presque lisse sur l'épistome, relevée et striée de chaque côté vers la base de l'antenne, stries droites, longitudinales, atteignant le sommet de la tête; épistome médiocrement infléchi, presque deux fois plus large à la base que long, séparé du front par une strie bien marquée; front, vu de dessus, non saillant en avant; labre bien visible; saillie des yeux inférieurs à leur diamètre longitudinal, facettes moyennes; tempes nulles. Prothorax faiblement rétréci au sommet, un peu plus fortement à la base, faiblement arrondi sur les côtés, ceux-ci sinués à la base, présentant sa plus grande largeur vers le milieu de la longueur, environ une fois et un quart aussi large dans sa plus grande largeur que long, couvert d'une ponctuation très serrée, moins forte que celle de la tête. Bord antérieur modérément arqué, bordé par un bourrelet faible et étroit; angles antérieurs obtus, subémoussés; côtés presque parallèles dans la moitié antérieure, convergents dans la moitié basilaire, à peine visiblement armés de petits denticules irréguliers et irrégulièrement espacés; angles postérieurs obtus: base faiblement arrondie, bordée par un bourrelet très faible et très étroit. Écusson très transversal, presque lisse. Élytres tronqués à la base, arrondis aux épaules, alors de moitié plus larges que le prothorax à la base, à peine arqués, élargis sur les côtés, présentant leur plus grande largeur vers le 2e tiers de la longueur à partir de la base, arrondis ensemble au sommet, plus de deux fois plus longs que larges ensemble dans leur plus grande largeur, ponctués-striés; stries atténuées vers le sommet; intervalles discoïdaux un peu plus larges que les points des stries, subdéprimés; intervalles latéraux 1 et 2 convexes, un peu plus larges que les intervalles discoïdaux; points de la strie marginale rapprochés; un rudiment de strie supplémentaire, à la base, de chaque côté de l'écusson; stries suturales devenant contiguës à la suture au sommet; marges latérales à peine rebordées-explanées au milieu. Prosternum densément ponctué sur le milieu, très densément sur les côtés; sillons latéraux des hanches antérieures se perdant dans la ponctuation avant les marges latérales; métasternum longitudinalement impressionné, ponctué au milieu: impression bordée de chaque côté par une étroite bordure lisse, reste de la surface densément ponctué. Premier segment de l'abdomen plus court que le métasternum, densément ponctué; saillie sur le métasternum en angle aigu. Hanches intermédiaires très faiblement écartées.

Australie du Sud : Berchep; N. S. Wales : Tamworth. Communiqué par M. A. Lea. Plusieurs exemplaires conservés dans la collection A. Grouvelle.

Tableau des **Cryptamorpha** connus de l'auteur.

1. Saillie prosternale sans inflexion, dépassant notablement les hanches .... 2.
— Saillie prosternale infléchie de suite après les hanches .... 3.
2. Élytres moins de trois fois aussi longs que larges ensemble .... **Desjardinsi** Guér.
— Élytres plus de trois fois plus longs que larges ensemble .... **tenella** Grouv.
3. 1er segment de l'abdomen au moins aussi long que le métasternum .... **delicatula** Blackb.
— 1er segment de l'abdomen moins long que le métasternum .... 4.
4. Antennes moniliformes .... 5.
— Antennes ayant une partie des articles allongés .... 7.
5. Côtés du prothorax sans denticules entre les angles antérieurs et postérieurs .... **Dumbrelli**, n. sp.
— Côtés du prothorax denticulés .... 6.
6. Tête deux fois plus large que longue .... **Blackburni**, n. sp.

— Tête plus de deux fois plus large que longue........... **Leai.** n. sp.
7. Prothorax longitudinalement convexe; angles antérieurs arrondis.. **sculptifrons** Reitt.
— Prothorax subdéprimé; angles antérieurs assez bien marqués... 8.
8. Intervalles des stries des élytres au plus aussi larges que les points des stries.. 9.
— Intervalles des stries des élytres plus larges que les points des stries; parfois 1er intervalle à peine plus large.............. 10.
9. Tête plus fortement ponctuée que le prothorax; celui-ci aussi long que large. Élytres jaunâtre un peu enfumé.... **infans** Grouv.
— Tête moins fortement ponctuée que le prothorax; celui-ci plus long que large. Élytres testacé un peu ferrugineux.......... .... **triguttata** Waterh.
10. Pubescence assez longue, lanugineuse; forme relativement large. .... **villosa.** n. sp.
— Pubescence plus ou moins courte, non lanugineuse............ 11.
11. Ponctuation du pronotum laissant des intervalles au moins aussi larges que les points; prothorax plus long que large, assez fortement rétréci à la base................. **brevicornis** White.
— Ponctuation du pronotum très serrée......................... 12.
12. Front saillant, éparsement ponctué. Prothorax carré... **optata** Olliff
— Front mat........ .... 13.
13. Prothorax plus long que large. Insecte jaune testacé.......... .... **opacifrons** Grouv.
— Prothorax carré. Insecte ferrugineux................ **Olliffi** Blackb.

Dans ce tableau ne figurent pas les espèces suivantes que je n'ai plus sous les yeux ou que je ne connais pas :

C. figurata Grouv. 1903, Rev. d'Ent., XXII, p. 193 et 194. — Espèce très voisine de *C. Desjardinsi* Guér.

C. curvipes Broun 1880, Manual N. Z. Col., p. 221. — Espèce très voisine de *C. brevicornis* White.

C. lateritia Broun 1880, l. c., p. 222. — Peut-être type d'un nouveau genre.

C. Lindi Blackb. 1888, Trans. R. S. S. Austr., X, p. 198; *C. Victoriae* Blackb. 1888, l. c., p. 199; *C. Macleayi* Blackb., 1892, Trans. R. S. S. Austr., XV, p. 31, et *C. peregrina* Blackb. 1903, Trans. R. S. S. Austr., XXVII, p. 153. Ces quatre dernières espèces me sont inconnues.

C. lateralis Grouv., 1899, Ann. Soc. ent. Fr., LXVIII [1899], p. 179, doit être placé dans le genre *Psammoecus*.

III. — Descriptions d'espèces nouvelles de Clavicornes de l'Afrique australe.

NITIDULIDAE

Pria nigricans, n. sp. — *Ovata, convexa, nitida, pube tenui, flavo-cinerea dense vestita, nigricans, ex parte plus minusve rage ochraceo-infuscata; corpore subtus, antennarum basi pedibusque fusco-fulvis. Antennae sat elongatae; clava apud marem quadriarticulata, apud feminam triarticulata. Caput transversum, fronte convexiusculum, dense punctulatum, inter antennarum bases impressum margine antico subexplanato, antice truncato; oculis sat prominulis. Prothorax transversus, antice angustatus, lateribus arcuatus, basi subparallelus, dense punctulatus; margine antico truncato: angulis anticis fere rotundatis; lateribus haud anguste concavo-explanatis. Scutellum subtriangulare, apice rotundatum, densissime punctulatum. Elytra lateribus arcuata, apice separatim late rotundata, circiter 1 et 1/5 longiora quam simul latiora, dense punctulata: lateribus tenuiter marginatis.* — Long. 1.8 mm.

Ovale, environ deux fois et un tiers plus long que large dans sa plus grande largeur, convexe, brillant, très finement alutacé : pubescence flave cendré, fine, serrée ; couleur noirâtre, par places vaguement jaune enfumé : base des antennes, pattes et dessous du corps fauve enfumé. ♂ Antennes assez allongées ; 1er article environ deux fois plus long que large, 2e presque une fois et demie plus long que large, 3e beaucoup plus long que le 2e, 5e un peu plus long que le 4e, 6e et 7e suballongés, 8e en forme de tronc de cône renversé, commençant une massue lâche de 4 articles, plus dilatée en dedans qu'en dehors, plus de deux fois plus longue que large. ♀ Antennes semblables à celles du mâle, mais articles plus courts et 8e article, bien qu'un peu dilaté, très nettement plus étroit que le 9e. Tête transversale : front un peu convexe, très densément pointillé, biimpressionné entre les bases des antennes : marge antérieure subexplanée, subtronquée : bords latéraux convergents en avant entre le prothorax et la base des antennes, échancrés par les yeux : ceux-ci présentant une saillie transversale nettement plus grande que la moitié de l'orbite. Prothorax rétréci en avant, arqué sur les côtés, parallèle contre la base, nettement moins de deux fois plus large à la base que long, très densément et un peu plus faiblement ponctué que la tête. Bord antérieur tronqué ; angles antérieurs vus de dessus presque arrondis, vus de face obtus ; côtés bordés par une marge médiocrement étroite, concave, atteignant le sommet, moins accentuée vers la base, se réfléchissant en une légère explanation le long de celle-ci ; angles postérieurs vus de dessus presque droits, vus de face obtus : base subtronquée, brièvement échancrée de chaque côté de l'écusson. Écusson en forme de triangle curviligne, émoussé au sommet, densément pointillé, égal à la base environ au quart de la longueur totale de la base du prothorax. Élytres, à la base, de la largeur du prothorax, émoussés aux épaules, arqués sur les côtés, très faiblement élargis, présentant leur plus grande largeur vers le milieu de la longueur, arrondis séparément et largement au sommet, environ une fois et un cinquième plus longs que larges ensemble dans leur plus grande largeur, plus finement et moins densément pointillés que le prothorax; côtés continuant presque la courbure des côtés du prothorax; marges latérales médiocrement infléchies, étroitement rebordées. Stries suturales marquées vers le sommet, effacées à la base. Pattes larges; tibias postérieurs environ deux fois et demie plus larges que longs; bord extérieur des tibias antérieurs à peine visiblement crénelé. Saillie prosternale carénée entre les hanches. Lignes marginales des hanches intermédiaires arquées près de l'extrémité de la hanche, atteignant l'épisterne avant son milieu. Premier segment de l'abdomen plus court que le métasternum.

Afrique australe (Péringuey). 5 exemplaires. Collections du Musée du Cap et A. Grouvelle.

Vient se placer à côté de *P. Weisei* Grouv. dans le tableau publié dans la Rev. d'Ent., XXVII [1908], p. 144 (1909). Se sépare de cette espèce par ses élytres plus courts.

Meligethinus dolosus, n. sp. — *Aequaliter oblongus, modice convexus, nitidulus, pube flava, tenuissima, dense vestitus, ochraceo-testaceus. Antennae praecipue apud marem graciles; 3° articulo elongatissimo, clava apud marem quadriarticulata, apud feminam triarticulata. Caput depressum, dense et haud profunde punctatum; punctis plus minusve transverse confluentibus; margine antico truncato; lateribus ante oculos valde emarginatis, juxta oculos sat prafunde emarginatis, convergentibus; oculis modice prominulis. Prothorax antice angustatus, lateribus arcuatus et antrorsum attenuatus, basi plus duplo latior quam longior, dense tenuiterque punctatus; punctis plus minusve transverse ordinatis; margine antico subtruncato; angulis anticis subrotundatis; lateribus tenuiter marginatis; angulis poticis acutis, retrorsum parum productis; basi arcuata. Scutellum transversum, lateribus arcuatum, apice obtusum. Elytra lateribus arcuata, apice conjunctim rotundata, fere 1 et 1/2 longiora quam simul in maxima latitudine latiora, dense tenuiterque punctata et transversim reticulata.* — Long. 2,2-2,5 mm.

Régulièrement oblong, un peu plus de deux fois plus long que large dans sa plus grande largeur, convexe, médiocrement et régulièrement convexe, un peu brillant, couvert d'une pubescence flave, très fine, serrée, jaune testacé. Antennes grêles; massue de quatre articles chez le mâle, de trois chez la femelle; ♂. 1er article environ trois fois plus long que large, 2e moins épais, deux fois plus long que large, 3e au moins trois fois plus long que large, 4e et 5e subégaux, environ deux fois plus longs que larges, 6e et 7e subégaux, à peine allongés, plus étroits que les trois suivants, ceux-ci subégaux, transversaux, le dernier un peu plus étroit que les deux précédents;

♀, antennes semblables à celles du mâle, mais 8e article moins large, amorçant à peine la massue. Tête environ deux fois plus large au niveau des yeux que longue, à peine convexe sur le front, couverte d'une ponctuation fine, dessinant des rides serrées, plus ou moins transversales; épistome un peu abaissé par rapport au front, subdéprimé, très finement pointillé, tronqué au bord antérieur, parallèle sur les côtés, rejoignant le bord antérieur de l'œil par un sinus très prononcé; marges latérales du front convergentes en avant, échancrées par les yeux, ceux-ci saillants, à petites facettes. Prothorax fortement rétréci en avant, arqué sur les côtés, atténué depuis la base vers l'avant, nettement plus de deux fois plus large à la base que long, couvert d'une ponctuation semblable à celle du front, mais ne dessinant pas de rides transversales sur le milieu du disque; bord antérieur faiblement échancré (l'insecte vu de dessus); angles antérieurs brièvement arrondis; côtés finement rebordés, rebord marginal à peine marqué à la base; angles postérieurs aigus, un peu saillants en arrière; base largement sinuée. Écusson en forme de triangle curviligne, environ deux fois plus large à la base que long, très densément pointillé. Élytres anguleux aux épaules, arqués sur les côtés, à peine élargis, arrondis ensemble au sommet, à peine une fois et demie plus longs que larges ensemble à la base, densément couverts de fines rides ponctuées, plus ou moins transversales; stries suturales effacées à la base; bords latéraux finement rebordés; marges latérales fortement infléchies contre l'épaule. Pattes plutôt larges. Stries marginales des hanches intermédiaires atteignant l'épisterne vers le milieu de sa longueur; stries marginales des hanches postérieures infléchies-arquées avant l'extrémité.

Afrique australe : Keutani (H. E. Abernethy), 5 exemplaires; Bulawayo (H. C. Read), 1 exemplaire.

Collection du Musée du Cap et collection A. Grouvelle.

Apria, n. gen. — *Antennae graciles, subelongatae; 1° articulo incrassato, arcuato, intus haud lobato; 3° quam 2° paulo longiore, 5° apud marem incrassato; clava spissa, articulis 1 et 2 aliquid disjunctis.*

Labrum profunde excisum.

Palporum maxillarium ultimus articulus elongatus, filiformis.

Prothorax basi haud marginatus.

Elytra confuse punctata.

Processus prosternalis coxas superans.

Coxae posticae remotae; primi segmenti abdominalis processu late obtuse anguloso.

Abdominis ultimum segmentum utrinque subimpressum.

Tibiae anticae extus tenuissime denticulatae, in summo margine haud carinatae.

Nouveau genre venant se placer entre les *Meligethes* et les *Pria*; remarquable par la structure des antennes du mâle.

Apria singularis, n. sp. — *Oblonga, convexa, nitidula, ochraceo-testacea, tenuiter flavo pubescens. Antennae subelongatae; 3° articulo sesquilongiore quam latiore, 5° quam vicinis crassiore; clava oblonga, articulis 1 et 2 disjunctis. Caput transversum, fronte convexiusculum, dense tenuiterque punctatum, utrinque ad antennae basin punctato-impressum, antice sinuatum et utrinque ante antennae basin emarginatum. Prothorax transversus, antice sat fortiter, postice vix angustatus, quam caput minus dense sed paulo magis fortiter punctatus; lateribus arcuatis, marginatis; angulis posticis obtusis, vix hebetatis; basi subtruncata, ad extremitates tenuissime marginata. Scutellum triangulare, transversum. Elytra ovata, 1 et 1/4 longiora quam simul in maxima latitudine latioria, apice separatim obtuse acuminata, juxta suturam separatim breviter arcuata et dein truncata.* — Long. 2-2,6 mm.

Oblong, environ deux fois plus long que large dans sa plus grande largeur, convexe, un peu brillant, couvert d'une pubescence flave, fine, assez dense; jaune testacé; élytres à peine visiblement assombris. Antennes un peu allongées; 1er article épais, dilaté, arrondi en dedans, un peu plus long que large, 2e un peu épaissi, environ une fois et un tiers plus long que large, 4e allongé, 5e plus épais que les 4e et 6e, suballongé, 6e à 8e progressivement plus épais, 6e subcarré, 7e transversal, 8e très transversal; massue oblongue; environ une fois et demie plus longue que large; 1er article un peu séparé des suivants, 2e un peu plus long que les autres, dernier plus étroit que le précédent. Tête un peu moins de deux fois plus large au niveau des yeux que longue avec les mandibules, convexe sur le front, longitudinalement subdéprimée sur l'épistome, densément et finement ponctuée, ponctuée-impressionnée de chaque côté vers la naissance de l'antenne; bord antérieur sinué; bords latéraux échancrés presque en quart de cercle en avant des yeux, presque droits entre les yeux, convergents en avant; yeux assez saillants. Prothorax assez fortement rétréci en avant, très faiblement à la base, un peu plus de deux fois plus large dans sa plus grande largeur que long, un peu plus fortement et un peu moins densément ponctué que la tête; bord antérieur faiblement échancré; angles antérieurs arrondis; marges latérales assez étroitement rebordées-explanées; angles postérieurs obtus, à peine émoussés; base subtronquée, à peine visiblement rebordée aux extrémités. Écusson triangulaire, un peu plus de deux fois plus large à la base que long, ponctué. Élytres subtronqués à la base, arrondis aux épaules, alors un peu plus larges que le prothorax à la base, arqués sur les côtés, un peu élargis, obtusément et séparément acuminés au sommet chez le mâle, arrondis séparément contre la suture, puis transversalement tronqués chez la femelle, environ une fois et un quart plus longs que larges dans la plus grande largeur, plus densément ponctués que le prothorax; bords latéraux étroitement rebordés. Pygidium densément ponctué. Pattes assez larges; tibias antérieurs très finement crénelés sur le bord externe et armés à l'extrémité de ceux-ci d'une petite dent transversale. Lignes marginales des hanches postérieures recourbées un peu avant l'extrémité.

Afrique australe : Keutaui (H. P. Abernethy). 3 exemplaires. Collection du S. African Museum et collection A. Grouvelle.

Apria Peringueyi, n. sp. — *Oblonga, modice convexa, nitidula, dense tenuiterque flavo-pubescens, ochraceo-testacea; elytris circa scutellum et juxta suturam apicemque infuscatis. Antennae breves, graciles; 3° articulo duplo longiore quam latiore; clava triarticulata, oblonga, subpiriformi. Caput transversum, fronte convexiusculum, dense tenuiterque punctulatum; antice truncatum et utrinque ante antennae basin profunde sinuatum. Prothorax transversus, antice fortiter angustatus, angulis anticis et lateribus arcuatus, basi parallelus, quam caput paulo minus dense sed paulo magis fortiter punctatus; margine antico truncato; lateribus anguste marginatis; angulis posticis rectis; basi subtruncata. Scutellum subtriangulare, transversissimum. Elytra ovata, 2 et 1/5 longiora quam simul latiora, apice fere conjunctim subtruncata. Pygidium apertum, apice subrotundatum.* — Long. 1.8 mm.

Oblong, près de trois fois plus long que large dans sa plus grande largeur, médiocrement convexe, un peu brillant, couvert d'une pubescence flave, très fine, couchée, serrée, mais ne masquant pas la couleur du tégument; jaune testacé; élytres rembrunis autour de l'écusson, contre la suture et le bord apical. Antennes grêles, plutôt courtes; 1er article épais, plus long que large, 2e encore un peu épaissi, suballongé; 3e un peu plus de deux fois plus long que large, 4e nettement plus long que large, 5e suballongé, 6e à 8e subcarrés, s'épaississant progressivement; massue subpiriforme, plus d'une fois et demie plus longue que large; 1er article plus long que les deux autres. Tête environ deux fois plus large au niveau des yeux que longue, convexe sur le front, peu saillante en avant des bases des antennes, densément et très finement pointillée; bord antérieur tronqué, bords latéraux échancrés, presque en quart de cercle, en avant des yeux, presque droits, convergents en avant entre les yeux, ceux-ci médiocrement saillants. Prothorax fortement rétréci en avant, à peine visiblement, à la base, un peu plus de deux fois plus large que long, un peu plus fortement, mais un peu moins densément ponctué que la tête; bord antérieur tronqué, angles antérieurs et côtés arrondis, ces derniers bordés par un fin bourrelet et une étroite marge concave, n'atteignant pas la base; angles postérieurs presque droits; base tronquée et brièvement ciliée au milieu, à peine visiblement sinuée de chaque côté. Écusson subtriangulaire, près de trois fois plus large à la base que long, très densément pointillé. Élytres arqués, rebordés à la base, anguleux, subdentés aux épaules, arqués, très peu élargis sur les côtés, formant avec les côtés du prothorax un angle très largement obtus, presque subtronqués ensemble au sommet, environ une fois et un cinquième plus longs que larges ensemble dans leur plus grande largeur, un peu plus densément et moins fortement ponctués que le prothorax; marges latérales bordées par une très étroite cannelure et par un très fin bourrelet. Pygidium découvert, arrondi au sommet, largement rebordé, très finement ponctué. Pattes larges. Lignes marginales des hanches intermédiaires atteignant l'épisterne vers le milieu de sa longueur. Lignes marginales des hanches postérieures infléchies un peu avant l'extrémité.

Afrique australe : Keutaui (H. P. Abernethy). 1 exemplaire. Collection du S. African Museum.

Meligethes curtus, n. sp. — *Breviter oblongus, convexus, nitidus, tenuiter cinereo-pubescens, ater; elytris apicem versus vix brunneo tinctis; antennis pedibusque piceo-testaceis, plus minusve dilutis. Caput transversissimum, fronte convexum, antice truncatum, crebre punctulatum. Prothorax antice valde angustatus, lateribus rotundatus, juxta basin fere parallelus, basi fere 2 et 1/2 latior quam longior, crebre et quam caput magis tenuiter punctatus; margine antico utrinque subsinuato; angulis anticis late obtusis; lateribus angustissime marginatis; angulis posticis modice obtusis; basi medio retrorsum subproducta, utrinque breviter subsinuata et arcuata. Scutellum subtriangulare, transversissimum, crebre tenuissimeque punctulatum. Elytra basi quam prothorax haud latiora, lateribus rotundata, apice conjunctim subtruncata, tam elongata quam simul in maxima latitudine lata, quam prothorax vix parcius et validius punctulata. Tibiae anticae denticulis paulatim apicem versus majoribus armatae. Striae marginales coxarum posticarum juxta coxae apicem inflexae.* — Long. 2 mm.

Maris metasternum apice late impressum.

Oblong, presque une fois et deux tiers plus long que large dans sa plus grande largeur, convexe, brillant, couvert d'une pubescence cendrée, fine, assez serrée; noir; élytres noirâtres, plus clairs vers l'extrémité; antennes testacées, pattes roux de poix, plus clair sur les pattes antérieures. Tête très transversale, convexe sur le front, très densément pointillée, tronquée au bord antérieur; côtés médiocrement sinués entre le bord antérieur et la base de l'antenne; yeux saillants, n'échancrant pas les marges latérales du front. Prothorax fortement rétréci en avant, arrondi sur les côtés, presque deux fois et demie plus large à la base que long, très densément et un peu plus finement ponctué que la tête. Bord antérieur tronqué au milieu, subsinué de chaque côté, très finement et très étroitement rebordé vers les extrémités; angles antérieurs largement obtus lorsqu'ils sont vus de dessus, un peu moins obtus lorsqu'ils sont vus de face; côtés bordés très finement et très étroitement; angles postérieurs faiblement obtus lorsqu'ils sont vus de dessus, arrondis lorsqu'ils sont vus de face; base saillante en arrière dans la partie médiane, brièvement sinuée de chaque côté, puis arquée, très brièvement et très étroitement rebordée aux extrémités. Écusson subtriangulaire, plus de deux fois plus large à la base que long, très finement pointillé. Élytres aussi larges à la base que le prothorax, arrondis aux épaules, arqués sur les côtés, élargis, continuant dans l'ensemble la courbure des côtés du prothorax, subtronqués séparément au sommet, environ aussi longs que larges ensemble dans leur plus grande largeur, couverts d'une ponctuation un peu plus éparse que celle du prothorax, atténuée vers le sommet; marges latérales très finement bordées en bourrelet; marges apicales très finement rebordées. Tibias antérieurs médiocrement élargis, arqués au bord externe et armés de denticules d'abord très petits, puis progressivement plus forts. Stries marginales des hanches intermédiaires rejoignant l'épisterne vers le deuxième tiers de sa longueur; stries marginales des hanches postérieures s'infléchissant à l'extrémité. Métasternum impressionné au sommet chez le mâle.

Orange River Colony : Kimberley (T.-H. Power). 3 exemplaires. Collection du S. African Museum et collection A. Grouvelle.

Meligethes singularis, n. sp. — *Oblongus, convexus, nitidulus, dense tenuiterque flavo-cinereo-pubescens, tenuissime alutaceus, subbrunneo-niger; capite late, prothoracis marginibus lateralibus, antennae clava, corpore subtus, pectore excepto, pedibusque rufis, vix infuscatis. Antennarum clava subpiriformis. Caput transversum, fronte depressum, antice truncatum, crebre tenuissimeque punctulatum. Prothorax antice fortiter angustatus, lateribus rotundatus, juxta basin parallelus, dense tenuiterque punctulatus, circiter 2 et 1/4 basi latior quam longior; margine antico vix emarginato; angulis anticis rotundatis; lateribus anguste subexplanato-marginatis; angulis posticis subacutis; basi medio truncata, utrinque sinuata. Scutellum subtriangulare, apice breviter rotundatum, alutaceum. Elytra basi quam prothorax haud latiora, lateribus arcuata, haud ampliata, apice separatim late rotundata, circiter 1 et 1/4 longiora quam simul basi latiora, tenuissime aspera; lateribus anguste subexplanato-marginatis. Tibiae anticae extus tenuiter denticulatae; denticulis ad apicem paulo majoribus. Striae marginales coxarum posticarum paulo ante apicem coxae inflexae.* — Long. 2 mm.

Maris metasternum ad apicem medio late vix impressum et in longitudinem vix sulcatum.

Oblong, un peu plus de deux fois plus long que large dans sa plus grande largeur, convexe, un peu brillant, alutacé, presque très finement chagriné, couvert d'une pubescence flave cendré, fine, très courte, assez dense; brun rougeâtre, plus clair sur la tête, les marges latérales du prothorax et le dessous du corps, sauf la poitrine; antennes, sauf la massue, encore plus claires. Massue des antennes près d'une fois et demie plus longue que large, piriforme. Tête moins de deux fois plus large que longue, presque déprimée sur le front, très densément et très finement pointillée, tronquée au bord antérieur; côtés parallèles, puis fortement sinués entre le bord antérieur et la base de l'antenne; yeux saillants échancrant les marges latérales du front. Prothorax fortement rétréci en avant, arrondi sur les côtés, parallèle à la base, environ deux fois et un quart plus large à la base que long, densément et finement pointillé. Bord antérieur très faiblement échancré; angles antérieurs arrondis; côtés bordés par une marge étroite, subexplanée, se continuant jusqu'à la base; angles postérieurs peu aigus lorsqu'ils sont vus de dessus, un peu obtus lorsqu'ils sont vus de face; base subtronquée au milieu, largement subsinuée vers les extrémités. Écusson subtriangulaire, brièvement arrondi au sommet. Élytres aussi larges à la base que la base du prothorax, rebordés à la base, anguleux, presque dentés aux épaules, arqués sur les côtés, continuant la courbure des côtés du prothorax, largement et séparément arrondis ensemble au sommet, environ une fois et un quart plus longs que larges ensemble à la base, couverts, sur les marges externes, vers la base, de très fines strigosités transversales, peu visibles; bords externes étroitement rebordés, subexplanés. Tibias antérieurs médiocrement élargis, arqués au bord externe et armés de denticules à peine visibles, un peu plus accentuées vers le sommet. Stries marginales des hanches intermédiaires rejoignant l'épisterne vers le milieu de sa longueur; stries marginales des hanches postérieures s'infléchissant un peu avant l'extrémité. Tibias postérieurs environ trois fois plus longs que larges. Métasternum du mâle largement subimpressionné au sommet et longitudinalement coupé par un sillon, s'arrêtant contre la marge apicale.

Afrique australe : Keutaui près Peglor. 1 exemplaire. Collection du S. African Museum.

COLYDIIDAE.

Microprius carinicollis, n. sp. — *Elongatus, parallelus, vix convexus, opacus, brevissime flavo-cinereo pubescens, ater; prothoracis marginibus, antennis pedibusque rufo-fuscis. Caput transversum, parallellum, juxta apicem arcuatim attenuatum, antice sinuatum, fronte antice oblique bistriolata, utrinque inter oculos, prope marginem lateralem, in longitudinem tenuiter carinata, medio parce punctata. Prothorax parum transversus, lateribus perparum arcuatus, crenulatus, antice quam postice paulo angustior; disco in longitudinem substriato, utrinque tricarinato; carinis externis juxta marginem lateralem, antice intus arcuato-inflexis, marginem anticum praetextantibus, conjunctis; intermediis externarum vicinis, antice intus arcuato-inflexis, antice, prope medium, cum externis in longitudinem junctis, postice carinula obliqua, brevi, continuatis; internis basilaribus, intus arcuatis, striam discoidalem fere attingentibus; margine antico truncato, utrinque sinuato: angulis anticis acutis, antrorsum productis; basi arcuata, inter carinas internas leviter producta, ad extremitates sinuata. Scutellum minutissimum. Elytra ter longiora quam simul latiora; singulo in longitudinem quinquecarinato : 1ª carina suturali, 2ª discoidali vix apicem attingente, 3ª discoidali et 4ª humerali paulo ante apicem junctis, 5ª laterali, apice cum margine laterali juncta; intervallis carinarum bilineato-punctatis.* — Long. 3 mm.

Allongé, parallèle, environ quatre fois plus long que large, médiocrement convexe, opaque, garni d'une pubescence formée de très petites soies flave cendré, placées principalement sur les parties saillantes du tégument : couleur noirâtre; marge antérieure de la tête et marges latérales du prothorax, antennes et pattes roux enfumé. Antennes courtes; 3ᵉ article subcarré. Tête presque deux fois plus large avec les yeux que longue, parallèle, atténuée-arquée dans la partie antérieure, sinuée au bord antérieur, obliquement impressionnée-striolée de chaque côté, entre les naissances des antennes, subconvexe entre ces impressions, subdéprimée sur le disque; celui-ci présentant, de chaque côté, près de la carène accompagnant le bord latéral, une faible carène longitudinale, presque réunie en avant à l'impression correspondante; intervalle entre ces carènes presque éparsement ponctué; yeux très médiocrement saillants. Prothorax plus large en avant que la tête, faiblement arqué sur les côtés, un peu rétréci en avant, médiocrement transversal; disque déprimé, substrié longitudinalement, présentant de chaque côté de cette strie trois carènes longitudinales plus ou moins granuleuses : la première externe, droite, limitant le disque, partant de la base, atteignant le bord antérieur en s'infléchissant en dedans, le rebordant sous forme de bourrelet et rejoignant l'autre carène externe; l'intermédiaire parallèle à la première, près d'elle, s'arrêtant en avant, un peu avant le sillon médian du disque, rejoignant alors le bourrelet du bord antérieur par une petite carène longitudinale, prolongée en arrière par une faible et courte carène infléchie en dehors; l'interne basilaire, atteignant environ la moitié de la longueur du prothorax, arquée en dedans et atteignant presque la strie médiane du disque; marges latérales très fortement infléchies en dehors des carènes latérales, assez largement subexplanées; disque plus ou moins densément granuleux entre les carènes intermédiaires. Bord antérieur subtronqué, échancré de chaque côté devant les yeux; angles antérieurs aigus, saillants en avant; côtés crénelés; angles postérieurs subaigus; base arquée en arrière entre les carènes externes, un peu saillante entre les carènes internes, un peu obliquement tronquée aux extrémités. Écusson petit, suborbiculaire. Élytres environ trois fois aussi longs que larges ensemble; sur chacun cinq carènes longitudinales accentuées, granuleuses, séparées par deux lignes de points enfoncés : 1re carène suturale et 2e (1re discoïdale) atteignant la marge apicale réfléchie; 3e discoïdale et 4e humérale réunies très près de la marge réfléchie, 5e latérale, se soudant au bourrelet marginal, notablement en avant de l'extrémité. Intervalles transversaux des doubles lignes ponctuées des intervalles des carènes, convexes. Des carènes fémorales divergentes sur le premier segment de l'abdomen.

Rhodesia : Sebakove. 1 exemplaire. Collection du S. African Museum.

CUCUJIDAE.

Nausibius abnormis, n. sp. — *Elongatus, subparallelus, modice convexus, opacus, pube tenui, flava dense vestitus, nigro-brunneus; prothoracis lateribus, antennis pedibusque plus minusve rufescentibus. Antennae breves; articulis 3o et 10o paulatim incrassatis, 11o stricto, quam praecedente breviore; apice subtruncato. Caput transversum, antice subtruncatum, lateribus inter oculos parallelum, antice arcuatim attenuatum, crebre tenuiterque punctatum, utrinque ad latus late impressum, fronte tuberculo minimo, elongato, laevi et nitido armata; oculis minimis; temporibus nullis. Prothorax transversus, parallelus, juxta basin parum angustatus, crebre tenuiterque punctatus; angulis anticis oblique truncatis, antrorsum modice rotundato-productis; lateribus quatuor dentibus valde obtusis armatis, dente basilari ante angulum posticum; disco in longitudinem haud valde tricarinato; marginibus lateralibus sat late explanatis et transversim undulatis. Elytra humeris rotundata, parallela, apice conjunctim rotundata, circiter 2 et 1/4 longiora quam simul latiora; singulo haud fortiter quadricarinato; intervallis crebre tenuiterque punctatis.* — Long. 5 mm.

Subparallèle, environ trois fois et demie plus long que large, médiocrement convexe, opaque : pubescence flave, très courte, serrée, ne masquant pas le tégument : brun noirâtre, plus ou moins rougeâtre sur les marges latérales du prothorax et des élytres, les antennes et les pattes ; plus clair sur les deux derniers articles des antennes ; ponctuation plutôt fine, très serrée. Antennes médiocrement épaisses pour le genre, courtes ; 1er article épais, transversal, 2e moins épais, subcarré ; 3e à 10e s'épaississant progressivement vers l'extrémité ; 3e un peu allongé, 4e à 8e subégaux, par suite progressivement plus transversaux ; 9e plus long que le 8e, 10e à peu près aussi long que large en avant, nettement plus de deux fois plus large en avant que le 3e, 11e très nettement plus étroit et moins long que le 10e. Tête environ une fois et demie plus large au niveau des yeux que longue, très faiblement bisinuée au bord antérieur, parallèle entre les yeux, arquée, rétrécie vers l'avant entre les yeux et le bord antérieur, impressionnée largement de chaque côté contre le bord latéral, relativement convexe sur le front, marquée sur le disque d'une courte carinule lisse, brillante. Yeux glabres, peu saillants lorsque l'insecte est vu de dessus, à facettes moyennes ; tempes nulles. Prothorax subrectangulaire, environ une fois et un tiers plus large que long, assez largement explané, transversalement ondulé sur les marges réfléchies ; coupé dans la longueur par trois faibles carènes obtuses. Bord antérieur échancré, très faiblement arqué de chaque côté ; angles antérieurs tronqués obliquement, arrondis, saillants en avant ; côtés armés de quatre larges dents très peu saillantes, obtuses : la première à partir de la base, un peu éloignée de l'angle postérieur, limitant en avant un court rétrécissement du prothorax ; angles postérieurs un peu obtus ; base arrondie, saillante en arrière dans le milieu, sinuée de chaque côté. Écusson très transversal, en angle très obtus au sommet. Élytres sinués à la base, assez largement arrondis aux épaules, parallèles, arrondis ensemble au sommet, environ deux fois et un quart plus longs que larges ensemble, présentant chacun sur le disque quatre faibles carènes longitudinales, obtuses ; les deux premières subentières, la 3e plus courte que la 4e ; intervalles des carènes ponctués en lignes faiblement bistriés ; marges latérales peu largement rebordées-explanées surtout vers le sommet. Base des élytres bordée par un étroit bourrelet. Bord antérieur du dessous de la tête tronqué, brièvement sinué, échancré vers les extrémités et terminé de chaque côté par une saillie en angle aigu, assez prononcée. Lignes fémorales des hanches postérieures s'avançant sur le premier segment de l'abdomen en formant un angle obtus, émoussé, peu saillant. Tibias postérieurs très fortement incurvés.

Sud de la Rhodesia : Empandeni (Rév. P. O'Neil). 1 exemplaire. Collection du S. African Museum.

PASSANDRIDAE

Ancistria (**s. str.**) **africana**, n. sp. — *Elongatissima, subcylindrica, elytrorum disco haud depressa, nigra ; antennis pedibusque rufo-piceis. An-*

tennae subincrassatae; articulis 5°-10° intus paulatim dilatatis, 11° quam praecedente paulo angustiore. Caput parallelum, antice attenuatum, plus dimidio longius quam latius, disco subdense, ad latera parcius sed validius oblique strigoso-punctatum; sulco intermedio valido, postice sat longe abbreviato, sulcis externis postice parallelis, antice convergentibus. Prothorax plus duplo longior quam in maxima latitudine latior; angulis anticis vix manifestis; lateribus juxta apicem arcuatis, dein subparallelis, tandem basin versus attenuatis; angulis posticis obtusis; disco, praeter spatium elongatum angustum, subparce, margine antico densius et minus valide punctato; pulvino basilari lato, subdeplanato, stria marginali medio carinula brevi secta. Elytra saltem sexies longiora quam simul latiora, apice late conjunctim rotundata, juxta suturam sublonge anguloso-disjuncta et longe excavata, disco tenuiter striata, ad latera dense et parum irregulariter lineato-punctata; striis ad latera paulatim tenuioribus, ad apicem impressioribus; intervallis ad basin quam striis vix latioribus, planis, transversim striolatis, apicem versus paulatim plus minusve elevatis; intervallo suturali integro, apice subelevato; 1° ante depressionem apicalem evanescente, 2° depressionem attingente, apice valde elevato, 3° quam 1° vix longiore, 4° quam 2° breviore, 5° post basin depressionis apicalis elevato et dein pulvinum apicalem efficiente. Caput subtus subparce punctatum, antice subimpressum. Primus articulus tarsorum intermediorum cum tibia subaequalis [ceterae tibiae desunt]. — Long. 9 mm.

Subcylindrique, à peine déprimé sur le disque des élytres, environ dix fois plus long que large, un peu brillant, noir; antennes et pattes brun rougeâtre. Antennes un peu épaisses, dépassant légèrement le bord antérieur du prothorax; 1er article fortement dilaté arrondi en dedans, environ aussi long que large, 2e un peu plus épais que les suivants, faiblement transversal, 3e à 6e progressivement et très faiblement épaissis, 3e et 4e subégaux, un peu plus d'une fois et demie plus longs que larges, 5e suballongé, 6e environ aussi long que large, 7e à 10e dilatés en dedans, 7e à 10e subégaux, transversaux progressivement, un peu plus larges, 10e environ une fois et demie plus long que large; 11e un peu plus étroit que les précédents, environ aussi long que large. Tête suboblongue, subparallèle dans la partie basilaire, plus d'une fois et demie plus longue que large dans sa plus grande largeur, couverte d'une ponctuation strigeuse, oblique, plus forte vers les côtés, effacée sur le milieu de la partie antérieure du disque; sillon médian progressivement accentué en avant, longuement écourté vers l'arrière; sillons externes parallèles en arrière, arqués en dedans en avant, se réunissant en avant du sillon médian; stries latérales s'effaçant près de la base de l'antenne; tempes nettement plus longues que le diamètre longitudinal de l'œil. Prothorax presque arrondi aux angles antérieurs, subparallèle jusque vers le milieu de la longueur, puis atténué vers la base, un peu plus large en avant qu'à la base, plus de deux fois plus long que large dans sa plus grande largeur; ponctuation laissant libre sur le disque un espace longitudinal étroit, écourté aux extrémités, peu serrée de chaque côté de cet espace, plus dense sur les marges latérales, serrée et plus fine sur la marge antérieure; strie marginale des bords latéraux, atteignant presque le bord antérieur: angles postérieurs obtus; base arquée en arrière, bordée par un bourrelet assez large, subdéprimé, limité en avant par une strie coupée au milieu par une fine carinule. Écusson assez grand, suborbiculaire, convexe. Élytres sinués-rebordés à la base, dentés aux épaules, alors à peine plus larges que le prothorax a la base, médiocrement arrondis aux épaules, alors un peu plus larges que le prothorax dans sa plus grande largeur, parallèles, largement arrondis ensemble, et assez longuement déhiscentes au sommet: longuement excavés à l'extrémité; près de six fois plus longs que larges ensemble, finement striés sur le disque, ponctués en lignes écourtées et un peu irrégulières sur les marges latérales; stries progressivement moins marquées vers les marges latérales, plus accentuées vers le sommet; intervalles plans, aussi larges que les stries sur le disque, ponctués en lignes, striolés transversalement entre les points, devenant progressivement plus convexes, vers le sommet: excavation apicale comprenant pour chaque élytre une marge concave, un peu plus longue que large. Intervalle sutural entier, subélevé dans la partie apicale; 1er intervalle s'arrêtant avant la dépression apicale; 2e atteignant cette dépression, fortement élevé vers l'extrémité; 3e un peu plus long que le 1er; 4e plus court que le 2e, mais nettement plus long que le 3e; 5e s'élevant après la dépression apicale, s'abaissant avant l'extrémité et se réunissant à l'intervalle sutural en enfermant au sommet la dépression apicale. Dessous de la tête assez densément et fortement ponctué, subimpressionné en avant. Pièces jugulaires brusquement épaissies dans le prolongement du bourrelet marginal du menton. Partie enfoncée du mésosternum impressionnée. Premier article des tarses intermédiaires subégal au tibia.

Rhodesia : Sebakove (D. Dods). 1 exemplaire. Collection du South African Museum.

Le genre *Ancistria* Er. n'était pas représenté en Afrique jusqu'à ce jour. L'*A. africana*, à part sa coloration, vient se placer à côté des *A. retusa* F. et *A. magna* Grouv. dans le tableau des Annales de la Société entomologique de France, LXXXI [1912], p. 491-493. Il se sépare, de suite, de ces espèces, par sa forme beaucoup plus allongée.

Un exemplaire d'*Ancistria* provenant du Natal (collection Pascoe) se trouve dans la collection du British Museum; il appartient, très probablement, à cette espèce.

CRYPTOPHAGIDAE

Ocholissa Peringueyi, n. sp. — *Oblonga, convexa, nitida, aliquot pilis albido-cinereis, in elytrorum lateribus erectis, instructa, rufo-ferruginea, pedibus diluta. Antennae sat elongatae, moniliformes; 3° articulo quam 2° breviore; clava laxata, ultimo articulo quam 1° et 2° multo longiore. Caput transversum, ante antennarum bases productum, truncatum; fronte convexiuscula, dense punctata; labro inflexo, magno. Prothorax antice quam postice paulo augustior, lateribus subrectus, antice rotundatus, circiter 2 et*

1/2, in maxima latitudine, latior quam longior, subdense punctatus; margine antico arcuato; angulis anticis rotundatis, sicut latera tenuiter marginatis; angulis posticis obtusis; basi medio arcuata, utrinque sinuata, tenuiter marginata. Scutellum minimum, transversissimum, apice late rotundatum. Elytra humeris rotundata, lateribus arcuata, subampliata, apice conjunctim rotundata, paulo plus duplo longiora quam simul in maxima latitudine latiora, lineato-punctata: lineis suturam versus substriatis, punctis ad apicem attenuatis; marginibus lateralibus valde inflexis, tenuiter marginatis. — Long. 2,6 mm.

Oblong, plus de deux fois et demie plus long que large dans sa plus grande largeur; convexe, brillant, orné sur les marges latérales des élytres de quelques poils blanc cendré, dressés; roux ferrugineux, pattes plus claires. Antennes assez longues, un peu épaisses: 1er article épais, un peu plus long que large, 2e encore un peu épais, à peine plus long que large, 3e à 8e maniliformes, 3e plus court que le 2e; massue presque quatre fois plus longue que large; 1er et 2e article subégaux, transversaux, 3e près de deux fois plus long que large, terminé par une partie subacuminée, pubescente. Tête moins de deux fois plus large, au niveau des yeux, que longue avec les mandibules, un peu convexe sur le front, convexe dans la longueur, assez saillante en avant des bases des antennes, tronquée au bord antérieur, longuement sinuée de chaque côté, entre le bord antérieur et la base de l'antenne, assez densément ponctuée sur la base du front; moins fortement en avant; yeux n'échancrant pas les marges latérales du front, celles-ci convergentes en avant; saillie des yeux faible, granulations petites. Prothorax un peu plus rétréci en avant qu'à la base, arrondi aux angles antérieurs, présentant sa plus grande largeur près du sommet, à peine arqué sur les côtés, environ une fois et demie plus long que large dans sa plus grande largeur, finement rebordé sur les angles antérieurs et sur les côtés; angles postérieurs obtus; base arquée au milieu, sinuée de chaque côté, finement rebordée; ponctuation assez forte, assez serrée. Écusson petit, très transversal, largement arrondi au sommet. Élytres arrondis aux épaules, alors sensiblement aussi larges que le prothorax dans sa plus grande largeur, arqués sur les côtés, un peu élargis, présentant leur plus grande largeur au delà du milieu de la longueur, arrondis ensemble au sommet, un peu plus de deux fois plus longs que larges ensemble dans leur plus grande largeur, ponctués en lignes laissant des intervalles plus larges que les points; lignes suturales et 1res dorsales substriées; points des lignes atténués vers le sommet; marges latérales arrondies et fortement infléchies, étroitement rebordées.

Afrique australe (Péringuey). 5 exemplaires. Collection du South African Museum et collection A. Grouvelle.

Peut-être conviendrait-il d'établir pour l'*O. Peringueyi* un nouveau genre.

Le genre *Ocholissa* Pasc. 1853, *Journ. of Ent.* II, p. 85, placé par son auteur parmi les *Colydiidae*, a été reporté parmi les *Cryptophagidae* par

Champion, 1913, *Trans. Ent. Soc. Lond.* [1913], p. 90. Il ne peut exister aucun doute, à mon avis, sur l'opportunité de l'exclusion des *Ocholissa* de la première de ces deux familles, mais leur admission dans la deuxième soulève bien des objections.

Faute de renseignements suffisants, on peut admettre l'opinion de Champion; mais les *Ocholissa* n'en restent pas moins tellement isolés au milieu des *Cryptophagidae* qu'il faudra, très probablement, créer pour eux une division supérieure à une division générique.

V. — Descriptions d'espèces nouvelles d'*Heterocerus* d'Afrique.

Heterocerus Peringueyi, n. sp. — *Oblongus, saltem 2 et 1/2 longior quam latior, convexus, nitidulus, pube pruinosa, flavo-cinerea, in capite prothoraceque densiore vestitus, niger; prothoracis margine antico anguste et lateribus ad angulos anticos longius fulvo-ochraceis: elytris maculis pluribus subfusco-ochraceis ornatis; antennis, praeter basin, et pedibus fere totis nigris. Caput subelongatum, fronte convexiusculum, antice subtruncatum, inter antennarum bases subtiliter striatum, densissime punctulatum; labro transverso, antice subtruncato. Prothorax valde transversus, antice fortiter, postice vix angustatus, dense punctulatus; angulis anticis subrectis; lateribus antice brevissime subparallelis, dein rotundatis; angulis posticis obtusis; basi utrinque haud marginata. Elytra humeris rotundata, parallela, apice breviter conjunctim rotundata, circiter sesquilongiora quam simul latiora, dense et quam prothorax validius punctulata; elytro singulo maculis sex subochraceis ornato; 1ª macula juxta basin suturamque elongata, magna; 2ª humerali, elongata, angusta, apicem versus intus inflexa; 3ª minima, oblonga, inter primam et secundam; 4ª paulo post medium, discoidali, valde lunulata, extus apicem versus retrorsum reflexa; 5ª minima, subapicali; 6ª apicali, latus longe praetegente Corpus subtus nigrum; lateribus prothoracis et segmentorum abdominalium subfusco-fulvo marginatis.* — Long. 4.5 mm.

Oblong, au moins deux fois et un tiers plus long que large, convexe, un peu brillant, noir, varié principalement sur la base des élytres de fauve rougeâtre; pattes presque complètement noires. Antennes de 10 articles. Tête un peu moins longue, avec les mandibules, que large avec les yeux; légèrement convexe sur le front, assez déprimée sur l'épistome, très finement striée entre les naissances des antennes, couverte d'une pubescence très courte, très serrée, plus claire en avant; bord antérieur tronqué; côtés à peine sinués en avant des yeux, ceux-ci non saillants, plutôt petits à facettes très petites; labre plus de deux fois plus large à la base que long, subsinué au bord antérieur, arrondi aux angles antérieurs. Prothorax à peine rétréci à la base, fortement en avant, étroitement bordé de fauve rougeâtre sur la marge antérieure, assez largement sur les angles antérieurs et la partie antérieure des côtés, couvert d'une ponctuation très serrée et très fine, entremêlée de points, un peu plus forts; pubescence très courte, très serrée et très fine, en majeure partie sombre, plutôt flave cendré vers le sommet et les côtés, entremêlée vers les angles antérieurs et les marges latérales de quelques longs poils dressés. Bord antérieur arqué en avant, subsinué de chaque côté, frangé de petites soies flave cendré; angles antérieurs un peu obtus; côtés d'abord très brièvement droits, subparallèles.

puis fortement arrondis jusqu'à la base; angles postérieurs arrondis; base arquée en arrière, rebordée; marge basilaire brièvement et fortement infléchie surtout vers les extrémités, presque étroitement explanée sur les angles postérieurs. Écusson triangulaire, allongé, un peu enfoncé. Élytres arrondis aux épaules, parallèles, brièvement arrondis ensemble au sommet, environ une fois et demie plus longs que larges ensemble, couverts d'une ponctuation moins serrée et plus forte que celle du prothorax et d'une pruinosité flave cendré, ne masquant pas la couleur du tégument. Chaque élytre bordé en dehors de fauve jaunâtre, plus largement dans la partie apicale, très étroitement vers la base, marqué en plus de cinq taches de la même couleur : la 1re contre la base, l'écusson et la suture, allongée, s'étendant très étroitement contre la base; la 2e humérale, se soudant à la base à la bordure latérale, s'élargissant en s'infléchissant en dedans et atteignant environ le tiers de la longueur de l'élytre; la 3e oblongue, allongée, entre les deux premières; la 4e après le milieu, en forme de croissant resserré, ouvert vers l'arrière, ayant sa branche externe plus longue, dilatée en dehors à l'extrémité; la 5e petite, antéapicale. Ces diverses taches varient; la tache scutellaire peut se réduire à une étroite bordure suturale et à deux taches placées sur une ligne parallèle à la suture; les autres peuvent se souder par les extrémités. Calus huméraux accentués par une dépression au côté interne. Dessous de corps noir, roux sur les marges du prosternum et des segments de l'abdomen, densément et assez brièvement pubescent; pubescence flave cendrée. Marges externes des plaques fémorales des hanches postérieures peu relevées, rebordées, non striées. Lignes fémorales des hanches intermédiaires infléchies à leur extrémité contre l'épistome.

Cap de Bonne-Espérance (Raffray, Péringuey). 3 exemplaires. Collection A. Grouvelle et collection du South African Museum.

Espèce voisine de *H. Fairmairei* Grouv., de Madagascar; distincte par sa pubescence moins fine, les élytres sans vestiges de stries, leur base à peine visiblement rebordée et les angles postérieurs du prothorax arrondis.

Heterocerus Nodieri, n. sp. — *Oblongus, circiter 2 et 1/3 longior quam latior, convexus, capite prothoraceque opacus, elytris fere nitidus, nigro-brunneus, elytris subfusco-rufo variegatus; antennis pedibusque fulvo-rufis. Caput fortiter transversum, fronte subdepressum, antice subsinuatum, lateribus ante oculos fortiter sinuatum, pube fusca, antice cinerea et longiore densissime vestitum, dense punctulatum; labro magno, apice rotundato. Prothorax transversissimus, antice valde, basin versus vix angustatus, lateribus rotundatus, juxta angulos anticos vix subparallelus; angulis anticis posticisque obtusis; basi marginata, margine basilari utrinque valde inflexo; pronoto dense punctulato, marginibus lateralibus fusco-rufo, dense fusco pubescente, aliquot pilis longioribus ad latera intermixtis. Elytra humeris rotundata, parallela, apice breviter rotundata, sesquilongiora quam simul latiora, subdense punctulata, pilis brevibus, stratis, subfusco-rufis, dense vestita, fusco-fulvo marginata; margine diluto ante humerum arcuatim dilatato, post medium latiore, dein intus in maculam strictam, arcuatam, apice suborbicularem producto et* *juxta apicem in lobum semicircularem, dilatatum. terminato. Corpus subtus nigro-brunneum; prosterno et metasterni abdominisque lateribus subfusco-rufis.* — Long. 2,7 mm.

Oblong, environ deux fois et un tiers plus long que large, convexe, mat sur la tête et le prothorax, presque brillant sur les élytres, noir brunâtre, varié principalement sur les élytres de roux un peu enfumé. Antennes et pattes roux fauve. Tête plus de deux fois plus large avec les yeux que longue avec les mandibules, subdéprimée sur le front, densément pointillée, couverte d'une pubescence un peu feutrée, sombre, cendrée en avant; bord antérieur subsinué; côtés subparallèles en avant; profondément sinués en avant des yeux, ceux-ci gros, un peu saillants à facettes moyennes; labre arrondi en avant, un peu moins de deux fois plus large à la base que long, laissant voir seulement l'extrémité des mandibules. Prothorax fortement rétréci en avant, à peine à la base, un peu plus de deux fois plus large dans sa plus grande largeur que long, bordé de roux enfumé sur les côtés, ponctué et pubescent sensiblement comme le front, orné de longs poils dressés sur les marges latérales. Bord antérieur arqué en avant, étroitement rebordé vers les extrémités; angles antérieurs vus de dessus, à peine indiqués, obtus, formant avec le bord antérieur et les côtés une courbe presque continue, vus de face, arrondis; angles postérieurs obtus; base arquée, rebordée, fortement enfoncée aux extrémités; troncature des angles postérieurs rougeâtre, anguleuse au sommet. Écusson triangulaire un peu plus long que large à la base, arrondi aux épaules. Élytres parallèles, brièvement arrondis ensemble au sommet, environ une fois et demie plus longs que larges ensemble, couverts d'une ponctuation fine, médiocrement serrée et d'une pubescence roux enfumé, courte, couchée, assez dense, ne masquant pas le tégument, très étroitement bordés de roux sombre à la base, un peu plus largement à partir de l'épaule vers le milieu de la longueur, présentant contre la bordure une tache arquée en dedans, plus largement rebordés jusqu'au sommet et marqués chacun de deux taches : la première ponctiforme, subdiscoïdale, réunie à la bordure latérale par une étroite bande oblique, très largement dilatée en tache rectangulaire à la jonction avec la bordure latérale; la 2e apicale, soudée à la marge latérale, s'avançant près de la suture, en forme de demi-ovale. Stries suturales non marquées. Calus huméraux nettement indiqués en dedans par une légère impression longitudinale, marqués d'une vague tache rouge. Dessous du corps brun, finement pubescent; prosternum, marges latérales de la poitrine et de l'abdomen roux enfumé. Stries fémorales des hanches intermédiaires arquées rejoignant les cavités des hanches postérieures avant leur extrémité. Plaques fémorales des hanches postérieures bordées en dehors par un bourrelet strié.

Ht-Sénégal : Badoumbé (Dr Nodier). Plusieurs exemplaires. Collection du South African Museum et collection A. Grouvelle.

Heterocerus dilutipennis, n. sp. — *Oblongus, circiter 2 et 1/2 longior quam latior, convexus, subopacus, capite prothoraceque in maxima parte nigricans; elytris albido-testaceis; antennis praeter basin infuscatis, pe-*

dibus testaceis; singulo elytro duabus maculis subfuscis notato. Caput fortiter transversum, fronte convexiusculum, antice sinuatum, pube flavo-cinerea densissime vestitum, crebre punctulatum; labro transverso, subsemicirculari, mandibulas apice fere occultante. Prothorax transversus, antice fortiter, postice modice angustatus, lateribus valde rotundatus, crebre punctulatus; angulis anticis late, posticis minus late rotundatis; basi valde arcuata, marginata; marginibus lateralibus subanguste dilutioribus. Scutellum infuscatum. Elytra humeris rotundata, parallela, apice conjunctim subbreviter rotundata, circiter 2 et 1/2 longiora quam simul latiora, dense et quam prothorax minus fortiter punctata, dense subtiliterque flavo-pubescentia; in singulo elytro 1ª macula prope scutellum et juxta suturam obliqua, 2ª ante apicem transversa, suturam attingente, in formam litterae Z. Corpus subtus infuscatum, subglabrum; prosterno dilutiore; abdominis marginibus apiceque ochraceis. — Long. 3-7 mm.

Oblong, environ deux fois et demie plus long que large, convexe, presque opaque, tête et prothorax en majeure partie noirâtres; élytres testacés, blanchâtres, marqués chacun de deux taches noirâtres, mal définies; antennes testacées à la base; pattes testacées, les antérieures très légèrement enfumées. Antennes de 10 articles, insérées en dedans des yeux. Tête environ deux fois plus large, au niveau des yeux, que longue avec les mandibules, légèrement convexe sur le front, densément pointillée, couverte d'une pubescence un peu feutrée, cendrée; bord antérieur subsinué; côtés subparallèles en avant, profondément sinués en avant des yeux, ceux-ci rougeâtres, relativement gros, un peu saillants à facettes moyennes; labre subsemicirculaire, noir, orné de très petits poils cendrés, cachant presque complètement les mandibules: celles-ci armées chacune à la base, en dehors, d'une forte dent arquée en avant. Prothorax fortement rétréci en avant, à peine à la base, un peu plus de deux fois et demie plus large dans sa plus grande largeur que long, étroitement bordé de roux enfumé, ponctué sensiblement comme la tête, couvert d'une pubescence courte, fine, flave cendré plus accentuée sur la partie antérieure, entremêlée sur les côtés de quelques longs poils dressés. Bord antérieur arqué en avant dans le milieu, longuement subsinué de chaque côté; angles antérieurs vus de dessus arrondis, vus de face obtus, émoussés; côtés arqués; angles postérieurs arrondis; base fortement arquée, finement rebordée aux extrémités; troncature des angles postérieurs anguleuse en avant, rougeâtre. Écusson noir, triangulaire, plus long que large. Élytres arrondis aux épaules, parallèles, assez brièvement arrondis ensemble au sommet, environ une fois et demie plus longs que larges ensemble, couverts d'une ponctuation fine, peu serrée et d'une pubescence formée de poils flaves, très courts, assez serrés, mais ne masquant pas la couleur du tégument. Taches noirâtres des élytres peu marquées, comprenant près de la base une bande transversale en forme de V très ouvert vers la base, avant le sommet une bande transversale, presque en forme de M à branches internes ouvertes vers la base, et sur chaque élytre, entre ces deux taches, une très vague tache noirâtre. Stries suturales légèrement marquées. Calus huméraux à peine indiqués. Dessous du corps enfumé, presque glabre; prosternum plus clair; marges et extrémités de l'abdomen jaunâtres. Stries fémorales des hanches intermédiaires contiguës à la hanche. Plaques fémorales des hanches postérieures bordées par un léger bourrelet non strié.

Colonie du Cap : Port Elisabeth (Drege). 1 exemplaire. Collection du South African Museum.

Remarquable par la coloration pâle de ses élytres qui rappelle celle de l'*Heterocerus albipennis* Kuw.

V. — FAMILLE DES *CRYPTOPHAGIDAE*.

Notes synonymiques et rectifications à la nomenclature

Diplocoelus costulatus Chevr. 1864, Ann. Soc. ent. Fr., 4, III [1863], p. 615, appartient au genre *Anobocoelus* Sharp. Le *type* est conservé dans ma collection.

A. costulatus Chevr. est très voisin de *A. optatus* Sharp 1902, Biol. Centr.-Amer., Col. II, 1, p. 625 : il se distingue de cette espèce par les marges latérales plus largement réfléchies-rebordées et, comme conséquence, par la 1re ligne pubescente externe du prothorax plus éloignée du bord latéral.

Cnecosa Pasc. 1865, Journ. of Ent., II, p. 446. Ce genre, ayant le dernier article des palpes maxillaires fortement dilaté, doit être reporté parmi les *Erotylini*.

Chez une espèce voisine de *C. fulvida* Pasc. (*type* du genre) obligeamment communiquée par le British Museum, les cavités des hanches antérieures sont entièrement fermées.

Hapalips guadalupensis Grouv. 1908, Ann. Soc. ent. Fr., LXXVII [1908], p. 61 = ♀ *H. angulosus* Grouv., l. c., p. 58.

Le genre *Loberina* Grouv. 1902, Ann. Soc. ent. Fr., p. 485 [1902], est extrêmement voisin de *Hapalips* Reitt. ; je ne crois pas qu'il y ait lieu de le maintenir.

Telmatophilus analis Reitt. 1876, Stett. ent. Zeit., XXXVII, p. 364, doit être rapporté au genre *Micrambina* Reitt.

Telmatophilus vestitus Broun 1910, Bull. N. Zeal. Ins., n. 1, p. 25, a les tarses très peu dilatés et par suite ne peut être considéré comme un véritable *Telmatophilus*.

Telmatophilus olivaceus Broun 1893, Manual N. Zeal. Col., V, p. 1104. Cette espèce n'est pas un véritable *Telmatophilus*. Elle s'écarte de ce genre par ses yeux non contigus au bord antérieur du prothorax, l'absence de toute denticulation sur ses côtés et le premier segment de l'abdomen un peu plus long que le second.

Glysonotha Motsch. 1863, Bull. Soc. Nat. Moscou [1863], II, p. 430 = *Loberus* LeC. 1861, Class. Col. N. Amer., pars 1, p. 98 (sine sp.) ; 1862, New sp. Col. ; I, p. 70 (*L. impressus*).

L'identité des deux genres, déjà signalée par Reitter, ne peut faire aucun doute.

Loberus pictus Montrouz. (*Mycetophagus*) 1860, Ann. Soc. ent. Fr., 3, VIII [1860], p. 264. Cette espèce, ayant les cavités des hanches antérieures en partie fermées, doit être écartée du genre *Loberus* LeC. Les côtés de son prothorax épaissis, subsillonnés et la courte saillie aiguë de la strie marginale de ses hanches postérieures la rejettent vers les formes voisines des *Hapalips*.

Le dimorphisme des mâles de cette espèce semble un souvenir des relations ancestrales des *Diphyllini* et des *Cryptophagini*.

Philophloeus Germain 1855, Ann. Univ. Chile [1855], p. 395. Ce genre, établi par Germain pour *P. oblongus* et *aeneus*, n'a pas été mentionné dans le Catalogue de Gemminger et Harold. D'après l'examen de *types* de Germain, le *P. oblongus* appartient au genre *Diplocoelus* Guérin, et a été redécrit sous le nom de *D. tessellatus* Reitter 1877, Wien ent. Zeit., XXVII, p. 187 et 190, et le *P. aeneus* appartient à un genre différent de *Diplocoelus*, publié par Reitter sous le nom de *Loberoschema* 1896, Deutsche Ent. Zeitschr., XXI, p. 160.

Il y a donc lieu :

1° de mettre *Philophloeus* en synonymie de *Diplocoelus* Guérin et de *Loberoschema* Reitt.;

2° de placer *P. oblongus* Germain parmi les *Diplocoelus*, en lui donnant comme synonymie *tessellatus* Reitt. 1877, Verh. zool.-bot. Ges. Wien. XXVII, p. 187 et 190.

L'inscription du *P. oblongus* Germain parmi les *Diplocoelus* entraîne le changement de nom du *P. oblongus* Reitt.

Diplocoelus oblongus ‡ Reitt. 1877, Verh. zool.-bot. Ges. Wien, XXVII, p. 188 (non Germain 1855) = **D. subjectus**, nov. nom.

Cryptophilus Alluaudi Grouv. 1896, Ann. Soc. Ent. Fr., LXV, p. 89, ayant les cavités des hanches antérieures entièrement ouvertes, ne peut être maintenu parmi les *Cryptophilus*; c'est un véritable *Cryptophagus* sans callosité aux angles antérieurs du prothorax et sans denticule sur ses côtés; mais pour laisser entière au genre *Cryptophagus* sa physionomie si nettement définie par la denticulation des côtés du prothorax, il faut placer le *C. Alluaudi* Grouv. dans un genre nouveau.

Nous adopterons pour ce genre le nom suivant :

Cryptophagops, nov. gen., type : *C. Alluaudi* Grouv. (*Cryptophilus*).

Cryptophagorum facies communis, sed prothorac angulis anticis haud callosis et lateribus haud dentatis. Maris tarsi postici quadriarticulati.

Le *C. Alluaudi* a le bourrelet latéral du pronotum très légèrement épaissi sur sa tranche externe.

Cryptophagus rubellus Broun 1880, Manual N. Zeal. Col., p. 225 = *Micrambina Helmsi* Reitt. 1880, Verh. Nat. Ver. Brünn, XVIII, p. 177, sep. p. 13.

Synonymie établie sur des exemplaires provenant des deux auteurs.

Cryptophagus vestitus Broun 1880, Manual N. Zeal. Col., p. 226 = *Micrambina insignis* Reitt. 1880. Verb. Nat. Ver. Brünn, XVIII, p. 177, sep. p. 13.

Paramecosoma maculosum Broun 1881, Manual N. Zeal. Col., p. 670, doit être rapporté à un genre voisin des *Xenoscelinus* Grouv.

Cryptophagus (*Mnionomus*) *baldensis* Er. 1846, Naturg. Ins. Deutschl., III, p. 353; *montanus* Ch. Bris. 1863, Matér. Cat. Grenier, p. 75; *gracilis* Reitt.. 1875, Revis. Cryptoph.. p. 12 et 17.

Pour justifier la séparation de ces trois espèces, les auteurs ont invoqué la taille et la forme plus ou moins allongée de l'insecte, la présence ou l'absence d'un point enfoncé de chaque côté de la base de son prothorax, le degré plus ou moins grand de sa convexité, le profil plus ou moins aigu des angles postérieurs de son prothorax, etc., caractères imprécis. surtout pour des *Cryptophagidae*, perdant en général toute valeur avec la connaissance d'un nombre important d'exemplaires.

Ganglbauer et Reitter regardaient les trois espèces qui nous occupent comme très rares; de là sans doute leur conclusion quant à leur séparation comme espèces distinctes. En fait, le *C. baldensis* Er. reste localisé dans la région du Monte Baldo, mais le *C. montanus* Bris. se rencontre dans toutes les Pyrénées depuis les Hautes-Pyrénées jusqu'aux Pyrénées-Orientales, et le *C. gracilis* Reitt. se récolte assez fréquemment dans les Alpes, les Apennins et se retrouve, mais rarement, dans les montagnes de la Grande-Chartreuse, du Jura et du Bugey (C. Rey).

L'étude de la forme *gracilis* Reitt. pouvant se faire sur de nombreux exemplaires de provenances très diverses, il est possible de juger de l'amplitude de ses variations et, à cet égard, il faut reconnaître qu'on ne peut invoquer, comme caractères distinctifs d'espèces voisines, pas plus la longueur et l'épaisseur des antennes que les différences de longueur et de convexité du corps et le développement plus ou moins grand de la pubescence.

Les deux points enfoncés de la base du pronotum sont eux-mêmes variables, parfois ils se réduisent à de simples traces, alors que l'inverse se produit chez la forme *montanus* Ch. Bris.

Pour moi, il résulte de l'étude de tous les matériaux que j'ai pu réunir qu'il faut considérer les *C. baldensis* Er., *montanus* Ch. Bris. et *gracilis* Reitt. comme des formes différentes d'une même espèce à habitat très étendu (1). Le *C. Straussi* Gangbl. est très probablement dans le même cas.

Le nom de *baldensis* Er. resterait seul et les noms de *montanus* Ch. Bris., *gracilis* Reitt. et *Straussi* Ganglb. tomberaient en synonymie.

Antherophagus ochraceus Sharp 1900, Biol. Centr.-Amer., Col. II, 1, p. 595 = *A. ochraceus* var. *subnitidus* Grouv. 1911, Bull. Muséum, Paris [1911], n. 3, p. 106.

Les *types* des deux auteurs ont été comparés.

(1) Il serait très intéressant de voir des *C. montanus* provenant d'Espagne.

SYNONYMIES DONNÉES PAR **J. Sahlberg**.

Cryptophagus serricollis ‡ Reitt. 1887 (non Reitt. 1880), Best.-Tab., XVI, p. 33 (nota) = *C. longitarsis* J. Sahlb. 1901, Acta Soc. Fr. Fenn., XIX, 3, p. 14.

C. sparsus Rey 1889, L'Échange, nº 53, p. 36. Bonne espèce.

C. vulpinus Reitt. 1887, Best.-Tab., XVI, p. 30 (nota), = *C. subfumatus* Kr. 1856, Stett. Ent. Zeitg., XVII, p. 241.

C. behringensis J. Sahlb., 1885. Vegal ap., IV, p. 29. Bonne espèce, distincte de *C. lapponicus* Gyll. 1827. Ins. Svec. IV, p. 286.

C. lapponicus ‡ Reitt. (non Gyll. 1827) 1887, Best.-Tab., XVI, p. 32, est synonyme de *C. behringensis* J. Sahlb. 1885, l. c., p. 29.

C. plagiatus Poppius 1902. Medd. Soc. Fenn., XXVI, p. 189 = *C. dorsaliformis* Reitt. 1897, Deutsche Ent. Zeitschr., p. 212.

C. subtilis C. G. Thoms. 1873, Opusc. V, p. 530 = *C. fumatus* Gyll. 1808, Ins. Svec., I, p. 117.

C. brunneus Gyll. 1808, Ins. Svec., I, p. 174. Appartient à un genre nouveau probablement voisin de Lyctides.

VI. — DESCRIPTIONS DE GENRES NOUVEAUX ET D'ESPÈCES NOUVELLES DE *CRYPTOPHAGIDAE*

Gen. **PSEUDOHAPALIPS** Champion,
1913, Trans. Ent. Soc. Lond. [1913], p. 112.

Oblongo-elongatus. glaber.

Antennae subelongatae, infra frontis marginem insertae; tribus primis articulis sensim minus incrassatis; 5° quam 4° et 6° paulo crassiore, clava triarticulata, laxata.

Caput antice brevius inflexum, lateribus tenuissime elevato-marginatum, inter antennas valde transversim impressum; epistomo apud marem elevato, aliter atque aliter producto; temporibus nullis.

Prothorax basi striato-marginatus et medio transversim impressus; lateribus incrassatis et valde sulcatis, antice vix callosis, tribus denticulis minutissimis armatis.

Elytra basi vix marginata, substriato-punctata, juxta scutellum striolata.

Maxillae apice bicuspidatae.

Ultimus articulus palporum maxillarium longior, subfusiformis; labialium intus dilatatus, apice oblique truncatus.

Processus prosternalis modice angustatus, coxas superans, apice vix inflexus.

Acetabulae anticae magna ex parte apertae.

Coxae intermediae quam posticae magis remotae.

Primum segmentum abdominis metasterno brevius, 2° segmento longius, 2° et 3° simul sumptis brevius; processu acuto.

Lineae marginales coxarum intermediarum intus breviter acutissime productae, juxta striam pleuro-sternalem inflexae; lineae femorales coxarum posticarum plus minusve elongatae.

Pedes vix robusti: tarsis brevibus, tribus primis articulis dilatatis, 4° minuto, imbricato.

Tarsi maris pentameri.

Le dimorphisme de la forme de la tête dans le genre *Pseudohapalips*, tout à fait exceptionnel chez les *Cryptophaginae*, est plus fréquent chez les *Diphyllinae;* peut-être rappelle-t-il des formes intermédiaires de ces deux sous-familles.

Pseudohapalips capito, n. sp. — *P. lamellifero* Sharp *simillimus sed sulco interantennali multo minus impresso et epistomo apud marem dilatato, supra antennarum bases extenso, et ad angulos posticos in duos lobos superpositos diviso.* — Long 4,7 mm.

Aspect du *P. lamellifer* Sharp, distinct par son sillon interantennaire peu marqué et par la structure particulière de l'épistome chez le mâle. Cette pièce est dilatée, s'avance en avant en forme de chaperon étroitement infiéchi au bord antérieur, largement biimpressionné sur le disque, s'étendant sur les bases des antennes, divisé vers les angles postérieurs en deux lobes superposés, peu écartés. Denticulation des côtés du prothorax plus accentuée.

Guyane française : St-Laurent du Maroni (Le Moult). 1 exemplaire mâle. Collection A. Grouvelle.

Gen. **ACRYPTOPHAGUS**, n. gen.

Oblongo-elongatus, pubescens.

Antennae elongatae, infra frontis marginem insertae; tribus primis articulis sensim attenuatis, 5° et 7° quam vicinis paulo crassioribus; clava triarticulata, laxata.

Caput antice brevius inflexum, utrinque haud marginatum; temporibus nullis.

Prothorax basi impresso-marginatus et utrinque punctato-impressus; lateribus extus incrassatis et sulcatis, antice subcallosis, medio et praecipue ante basin denticulatis.

Elytra basi marginata; punctato-lineata; lineis suturalibus juxta scutellum confusis, ex parte duplicatis.

Maxillae apice bicuspidatae.

Ultimus articulus palporum maxillarium longior, fusiformis, labialium incrassatus, apice acuminatus.

Processus prosternalis coxas superans, sublatus, haud inflexus, apice truncatus.

Acetabulae coxarum anticarum ex parte occlusae.

Coxae intermediae quam posticae magis remotae.

Primum abdominis segmentum metasterno brevius, 2° segmento longius, 2° et 3° simul sumptis brevius; processu acuto, valde hebetato.

Pedes subrobusti; tarsis brevibus; tribus primis articulis dilatatis, quarto minimo, imbricato.

Lineae marginales coxarum intermediarum intus breviter acutissime productae, juxta striam pleurosternalem longe inflexae: lineae femorales coxarum posticarum manifestae.

Tarsi in utroque sexu pentameri; articulis 1, 2, 3 dilatatis, 4° minuto, imbricato.

Ce genre vient se placer entre les *Hapalips* et les *Loberus*. La fermeture nettement incomplète des cavités des hanches antérieures le sépare de ces deux genres; la denticulation des côtés du prothorax rappelle jusqu'à un certain point celle des *Cryptophagus* vrais.

Acryptophagus loberinus, n. sp. — *Oblongus, circiter 3 et 1/2 longior quam in maxima latitudine latior, modice convexus, tenuiter flavo-griseo pubescens; capite prothoraceque rufo-piceis, elytris fuscis, singulo, rufo vix infuscato, late bimaculato: 1ª macula humerali, elongata, apice suturam versus plus minusve extensa, 2ª, ante apicem, communi; antennis pedibusque dilute piceis. Antennae elongatae, subincrassatae. Caput transversum, fronte convexiusculum, subdense punctulatum, antice brevius inflexum, lateribus ad ocu* *lorum bases subsinuatum; oculis prominulis, medium capitis haud attingentibus. Prothorax modice convexus, lateribus medio obtusissime angulosus, antice posticeque modice attenuatus, in maxima latitudine circiter duplo latior quam longior, disco quam caput parcius validiusque punctatus, punctis ad latera validioribus et sparsioribus; margine antico truncato, extremitatibus antrorsum acute producto; lateribus pulvino incrassato et canaliculo subangusto marginatis, antice callosis, callo extus subtruncato, vix producto, apice obtusissime anguloso; pulvino laterali medio et ante basin validius anguloso-dentato; angulis posticis subacutis; basi utrinque ante scutellum late subsinuata; margine basilari transversim impressa, impressione medio recta, a basi remota, utrinque angustissima, basi juncta. Scutellum subpentagonale, transversum. Elytra basi subtruncata, marginata, humeris dentata, lateribus modice ampliata, apice separatim rotundata, circiter 2 et 1/2 longiora quam simul in maxima latitudine latiora, tenuiter punctato-lineata; intervallis planis, alternis latioribus, unilineato-punctulatis, punctis irregulariter densatis; marginibus lateralibus sublate subexplanato-marginatis.* — Long. 3,5-4 mm.

Oblong, environ trois fois et demie plus long que large dans sa plus grande largeur, médiocrement convexe, brillant; pubescence flave cendré, fine, peu allongée, disposée en lignes sur les élytres; tête et prothorax roux enfumé; élytres noirâtres, présentant chacun deux taches rouges, un peu assombries : la 1re humérale, allongée, s'élargissant dans la partie apicale vers la suture, se réunissant parfois à la tache correspondante de l'autre élytre, la 2e vers le sommet, assez allongée, atteignant la suture et parfois le bord latéral et le sommet. Antennes et pattes testacées, légèrement teintées de couleur de poix. Antennes allongées, un peu épaisses, dépassant la base du pronotum ; 1er article subtransversal, dilaté-arrondi en dedans; 2e subcarré, 3e presque une fois et demie plus long que large, 4e à peine allongé, 5e suballongé, à peine plus épais que le 4e et le 6e, 6e à 8e s'épaississant progressivement, 6e et 8e subcarrés, 7e un peu allongé; massue suboblongue, lâche, presque trois fois plus longue que large, 1er article transversal, 2e nettement plus court, 3e à peine plus long que large, subacuminé dans la partie apicale. Tête un peu plus de deux fois plus large, avec les yeux, que longue, médiocrement convexe, subsinuée vers les insertions des antennes, brièvement infléchie en avant, presque densément pointillée; yeux saillants, n'atteignant pas le milieu de la longueur de la tête; facettes grosses. Prothorax convexe, un peu plus large au bord antérieur que la tête, très obtusément anguleux vers le milieu des côtés, atténué en avant et en arrière du milieu, environ deux fois plus large dans sa plus grande largeur que long; ponctuation plus forte et plus éparse sur le disque que sur le front, plus forte et plus serrée vers les bords latéraux. Bord antérieur tronqué, saillant aux extrémités en angle aigu; côtés brièvement et assez fortement arqués contre l'angle antérieur, calleux, bordés par un bourrelet accentué, s'élargissant sur l'angle antérieur, et par une cannelure assez étroite; calus antérieur peu saillant, subtronqué en dehors, terminé vers l'arrière en angle obtus; bourrelet latéral subanguleux au milieu, armé avant la base d'une dent assez marquée, intervalle entre cette dent et la base sinué; angles postérieurs aigus base largement sinuée de chaque côté de l'écusson; bordée au milieu par une large impression transversale, lisse sur sa marge basilaire, se terminant de chaque côté par une impression ponctiforme, et se réunissant à une strie marginale rapprochée de la base; convexité discoïdale accentuée contre le bord de l'impression transversale. Écusson subpentagonal, un peu plus de deux fois plus large que long, à peine ponctué. Élytres subsinués séparément à la base, un peu plus larges aux épaules que la base du prothorax, nettement rebordés, présentant aux épaules une petite dent arquée en arrière, arqués sur les côtés, médiocrement élargis, présentant leur plus grande largeur vers le premier quart de la longueur à partir de la base, arrondis séparément au sommet, environ deux fois et demie plus longs que larges ensemble dans leur plus grande largeur, finement ponctués en lignes, celles-ci atténuées, devenant confuses vers le sommet; lignes suturales enfoncées dans la partie apicale, confuses, subdédoublées sur la région scutellaire, lignes ponctuées plus accentuées vers les côtés, points allongés; intervalles plans, intervalles alternes plus larges marqués d'une ligne de points plus ou moins serrés. Marges latérales fortement infléchies, séparées de la marge réfléchie par un profond sillon; marge réfléchie subconcave, assez large. Calus huméraux peu marqués. Lignes fémorales des hanches intermédiaires écourtées divergentes; lignes des hanches postérieures presque entières, parallèles. Tibias élargis vers l'extrémité. Antennes de la femelle moins longues et un peu moins épaisses.

Bolivie : Province de Cochabamba (Ph. Germain). 3 exemplaires. Collection A. Grouvelle.

Gen. **HAPALIPS** Reitt.

Reitter, 1877, Verh. nat. Ver. Brünn, XV. p. 122 (*Rhizophagidae*). — Gorh. [1898], Biol. Centr.-Am., Col, VII, p. 250 (*Languriides*). — Fowl [1908], Gen. Col. Wystmann, fasc. 78, *Languriinae*, p. 39. — Grouv., Ann Soc. ent. Fr. [1908], p. 58 (*Cryptophagidae*). — Champ., Trans. Ent. Soc. Lond. [1913], p. 96 (*Cryptophagidae*).

Le genre *Hapalips*, établi par Reitter pour quelques espèces rappelant jusqu'à un certain point les *Rhizophagus*, a été successivement reporté parmi les *Languriidae* et les *Cryptophagidae*.

Dans cette dernière famille, il semble à sa véritable place; mais il faut reconnaître qu'il ne présente pas, au moins jusqu'à ce jour, de liaison bien précise avec les diverses tribus qui la composent.

Le genre *Hapalips* reste relativement isolé; il est d'ailleurs peu homogène; dans l'ensemble il semble se rapprocher tout autant des *Cryptophilini* et des *Loberus*, de la tribu des *Telmatophilini*, que des *Leucohimatium* et des *Haplolophus*; provisoirement nous le placerons dans le catalogue des *Cryptophagidae*, auprès des *Telmatophilus* et des *Loberus*.

Étant donné cet ensemble d'incertitudes, il nous a semblé utile de donner une nouvelle description du genre, rappelant l'ensemble de ses caractères, rectifiant diverses erreurs de la description originelle et appelant, autant que possible, l'attention des auteurs sur les points de comparaison que comporte son étude.

Plus minusve elongatus.

Glaber vel pubescens.

Antennae breves vel subelongatae; plus minusve incrassatae, infra frontis marginem insertae; articulis 1° et 3° paulatim minus incrassatis; 5° quam 4° et 6° vix crassiore; 7° et 8° quam praecedente saepe paulo latioribus; clava triarticulata, modice laxata.

Caput antice brevius inflexum, ad antennarum bases aliquoties subsinuatum, temporibus nullis.

Prothorax basi striato-marginatus et rarius (1) *transversim impressus; lateribus margine exteriore incrassatis, subsulcatis, integris vel subdentato-undulatis.*

Elytra basi saepe marginata, punctato-lineata vel punctato-striata; rarissime confuse punctata, juxta scutellum striolata.

Mandibulae bicuspidatae.

Mentum extremitatibus sinuatum et acute productum.

Palpi maxillares articulo ultimo elongato, apice plus minusve attenuato, labiales articulo ultimo brevi, plus minusve subovato.

Processus prosternalis modice angustus, coxas superans, apice aliquoties inflexus.

Acetabulae coxarum anticarum plus minusve omnino clausae (2).

Coxae intermediae posticaeque subaequaliter parum remotae.

Abdominis 1um segmentum metasterno brevius, 2° segmento longius, sed 2° et 3° simul sumptis brevius; processu acuto.

Lineae marginales coxarum intermediarum intus brevissime acutissimeque productae, juxta striam pleuro-sternalem longe inflexae; lineae femorales coxarum posticarum saepissime manifestae.

Pedes plus minusve subincrassatae, tibiae apicem versus saepe dilatatae.

Tarsi in utroque sexu quinquearticulati; articulis 1°-3° dilatatis, 4° minuto, imbricato.

Hapalips dux, n. sp. — *Elongatissimus, apice attenuatus, subdepressus, nitidus, glaber, capite prothoraceque fusco-rufus, elytris fusco-ochraceus; prothoracis disco, elytrorum marginibus suturalibus, antennis, basi excepta, pedibusque infuscatis. Antennae breves, articulis 6-8 quam procedentibus vix angustioribus; clavae duobus primis articulis quam tertio magis transversis. Caput transversum, fronte et epistomo separatim convexiusculum; illa parce, hoc densius et tenuius punctulatis; lateribus ad antennarum insertionem subsi-*

(1) Les espèces qui présentent ce caractère doivent probablement être séparées des *Hapalips*.

(2) Les cavités des hanches antérieures sont fermées par le prolongement des épimères prothoraciques. Ce prolongement s'avance plus ou moins près de la saillie prosternale et parfois s'engage en dessous. Sur les insectes que nous avons examinés, nous n'avons pas vu de soudure réelle entre le prolongement de l'épimère et la saillie prosternale.

nuatis; oculis minimis, a margine prothoracis remotis. Prothorax antice quam postice paulo latior, vix longior quam in maxima latitudine latior. disco quam fronte paulo parcius validiusque punctulatus; punctis ad latera densioribus; margine antico subtruncato, extremitatibus oblique truncato; angulis anticis obtusis, vix hebetatis; lateribus subrectis, juxta basin arcuatis, pulvino tenui et canaliculo stricto marginatis, aliquot pilis ciliatis; angulis posticis obtusis; basi medio subtruncata, utrinque late subsinuata, anguste striato-marginata. Scutellum subpentagonale, laeve, tenuissime asperum. Elytra basi vix marginata, humeris rotundata, tunc quam prothorax vix latiora, lateribus subrecta, apicem versus attenuata, apice conjunctim brevius rotundata, circiter quater longiora quam simul in maxima latitudine latiora, punctato-lineata, juxta scutellum longius striolata; lineis punctatis 3-5 magis impressis striatis; marginibus lateralibus medio latius marginatis. Pedes robusti; tibiae apice latae. — Long. 6.5 mm.

Très allongé. atténué vers le sommet des élytres, presque six fois plus long que large dans sa plus grande largeur. subdéprimé. brillant. glabre: tête et prothorax roux enfumé, élytres jaune enfumé: disque du prothorax. marges suturales des élytres. antennes. sauf la base et l'extrémité rougeâtres. et pattes enfumés. Antennes courtes. épaisses: 1er et 2e article transversaux. 3e subglobuleux. 4e et 5e très transversaux. 6e à 8e encore plus transversaux. très sensiblement de la largeur des précédents: massue accentuée. médiocrement lâche. s'épaississant légèrement vers l'extrémité. moins de deux fois et demie plus longue que large dans sa plus grande largeur: 1er et 2e articles subégaux. très transversaux. 3e subglobuleux. Tête moins de deux fois plus large avec les yeux que longue. médiocrement et séparément convexe sur le front et sur l'épistome. ceux-ci séparés par une impression arquée. écourtée aux extrémités. placée entre les bases des antennes: ponctuation fine et éparse sur le front. plus forte et plus serrée vers les yeux. très fine. assez serrée sur l'épistome. très forte et très serrée entre les yeux et le prothorax: bords latéraux subsinués à la naissance des antennes: yeux petits. éloignés du bord du prothorax. échancrant à peine les marges latérales du front; à facettes très petites. Prothorax longitudinalement déprimé. subparallèle. arqué. atténué dans la partie basilaire. à peine plus long que large dans sa plus grande largeur. ponctué plus fortement et plus densément sur le disque que le front. irrégulièrement plus serrée sur les marges latérales: ponctuation laissant libre. sur le disque. un espace longitudinal étroit. Bord antérieur presque droit contre la base de la tête. obliquement subtronqué aux extrémités; angles antérieurs obtus. à peine émoussés: côtés bordés par un fin bourrelet et par une cannelure très étroite. épaissis et subsillonnés latéralement; angles postérieurs obtus; base tronquée. saillante en arrière dans le milieu. largement subsinuée de chaque côté. bordée-striée. Écusson subpentagonal. plus de deux fois plus large que long. subopaque. Élytres subsinués à la base. arrondis aux épaules. alors presque plus larges que le prothorax dans sa plus grande largeur. presque droits sur les côtés. atténués vers l'extrémité. brièvement arrondis ensemble au sommet. environ quatre fois plus longs que larges ensemble dans leur plus grande largeur. ponctués en lignes, présentant une striole supplémentaire, allongée près de l'écusson ; 3e à 5e ligne ponctuées, ligne suturale comptée, plus accentuées, presque sillonnées; ponctuation très fine, subconfuse sur les marges latérales et vers le sommet. Marges latérales fortement infléchies, bordées par une marge concave très étroite aux extrémités, assez accentuée vers le milieu de la longueur. Calus huméraux un peu marqués. Saillie prosternale sans inflexion. Lignes fémorales du premier segment de l'abdomen écourtées, divergentes. Pattes robustes; tibias sinués aux bords externes et internes, fortement élargis à l'extrémité; angle apical externe saillant latéralement en angle; angle interne armé de deux petites épines. Tarses très courts.

Costa Rica (Biolley). 1 exemplaire. Collection A. Grouvelle.

Vient se placer à côté de l'*Hapalips dimidiatus* Champ. dans le tableau publié par G. G. Champion dans les Trans. Ent. Soc. Lond., 1913, p. 97.

Hapalips major, n. sp. — *Elongatissimus, parallelus, modice convexus, elytrorum disco subdepressus, nitidus, glaber, castaneus; pedibus dilutioribus. Antennae subbreves; articulis 6-8 quam praecedentibus vix angustioribus; clava intus magis dilatata, duobus primis articulis quam tertio magis transversis. Caput transversum, fronte convexiusculum, subdense punctulatum, utrinque ad antennarum insertionem subsinuatum; oculis modice prominulis, medium capitis longitudinem haud attingentibus, granis minimis. Prothorax antice quam postice paulo latior, angulis anticis rotundatus, lateribus vix arcuatus, paulo longior quam in maxima latitudine latior, disco plus minusve subdense sed quam caput paulo validius punctulatus; punctis ad latera majoribus; lateribus extus incrassatis, sulcatis, basin versus vix perspicue denticulatis; basi anguste striato-marginata. Scutellum subtriangulare, laeve. Elytra basi quam prothorax paulo latiora, marginata, humeris obtusa, lateribus subparallela, apice conjunctim rotundata, fere quater longiora quam simul latiora, tenuiter lineato-substriata; punctis ad latera plus minusve confusis apice minoribus, confusis. Pedes robusti; tibiis apice latis.* — Long. 7,5 mm.

Subparallèle, presque six fois plus long que large, médiocrement convexe, subdéprimé sur le disque des élytres, brillant, glabre, marron; pattes plus claires. Antennes presque courtes, assez épaisses; 1er article subglobuleux, 2e transversal, 3e subcarré, 4e et 5e subégaux, transversaux, 6e et 7e à peine plus longs et plus étroits que le 5e, 8e subégal au précédent et un peu plus large; massue suboblongue, accentuée, plus dilatée en dedans qu'en dehors, environ deux fois et demie plus longue que large, 1er et 2e articles subégaux, très transversaux, 3e transversal, suboblong. Tête environ deux fois plus large avec les yeux que long, médiocrement convexe sur le front, presque densément pointillée, à peine visiblement alutacée, biimpressionnée entre les bases des antennes, tronquée au bord antérieur, finement rebordée sur les côtés, subsinuée vers l'insertion de l'antenne; yeux médiocrement saillants, n'atteignant pas le milieu de la longueur de la tête, échancrant, surtout à la base, les marges latérales du front; bords des orbites subrectilignes en avant, médiocrement convergents en avant; facettes petites. Prothorax médiocrement convexe, légèrement atténué vers la base, un peu plus long que large, ponctué un peu plus fortement que la tête; points moins régulièrement serrés, plus forts vers les marges latérales, laissant libre sur le disque un espace longitudinal, étroit, écourté aux extrémités. Bord antérieur subsinué, contre la tête, très finement rebordé, arrondi avec les angles antérieurs; côtés à peine arqués, bordés par un bourrelet et une marge concave tous deux étroits; bourrelet à peine visiblement bidenticulé dans la partie basilaire, épaissi, sillonné latéralement; angles postérieurs obtus; base arquée au milieu, saillante en arrière, subsinuée de chaque côté, étroitement bordée-striée. Écusson subtriangulaire, un peu plus de deux fois plus large que long, lisse. Élytres subsinués et finement rebordés à la base, un peu plus larges que le prothorax à la base, en angle obtus subdenté aux épaules, subparallèles, arrondis ensemble au sommet, presque quatre fois plus longs que larges ensemble, finement ponctués en lignes substriées; points en partie confus sur les marges latérales, atténués et confus au sommet. Marges latérales fortement infléchies, étroitement rebordées; calus huméraux à peine marqués. Saillie prosternale sans inflexion. Lignes fémorales des hanches postérieures écourtées, divergentes. Pattes robustes; tibias sinués aux bords externes et internes, fortement élargis au sommet saillants latéralement en angle aigu à l'angle apical externe, présentant deux petites épines à l'angle apical interne. Tarses très courts.

Bolivie : Chaco. 1 exemplaire. Collection A. Grouvelle.

Espèce voisine d'*Hapalips dux* Grouv.

Hapalips intermedius, n. sp. — *Oblongus, circiter quater longior quam in maxima latitudine latior, convexus, nitidus, sublonge flavo-cinereo-pubescens, capite prothoraceque piceus, elytris fulvo-piceus, duabus maculis piceis, transversis ornatus : 1ª macula subbasilari, 2ª post medium. Antennae sat elongatae, subgraciles. Caput transversum, fronte convexiusculum, parce et plus minusve fortiter punctatum, antice inflexum, lateribus vix perspicue marginatis; oculis prominulis, medium capitis subattingentibus. Prothorax convexus, postice quam antice angustior, circiter 1 et 1/3 longior quam in maxima latitudine latior, disco quam fronte parcissime et paulo validius punctatus, punctis ad latera densioribus et validioribus, margine antico medio subtruncato, extremitatibus sat fortiter arcuato; angulis anticis, obtusis, hebetatis; lateribus subparallelis, vix undulatis, juxta basin arcuato-convergentibus, pulvino antice tenui, basin versus subincrassato et canaliculo subanguste marginatis; angulis posticis obtusis; basi aliquid arcuata, utrinque subsinuata, marginata; margine basilari anguste subconcavo. Scutellum vix pentagonale, transversum. Elytra basi subtruncata, marginata, humeris breviter rotundata, lateribus arcuata, subampliata, apice conjunctim breviter rotundata, plus 2 et 1/2 longiora quam simul in maxima latitudine latiora, tenuiter punctato-lineata; linearum intervallis planis; lateribus subanguste concavo-marginatis.* — Long. 3,5-4 mm.

Oblong, environ quatre fois plus long que large dans sa plus grande largeur, convexe, brillant; tête et prothorax brun de poix; élytres fauve teinté de nuance de poix, parfois un peu rougeâtre, coupés par deux taches transversales foncées, n'atteignant pas les côtés, interrompues parfois sur la suture : la première près de la base, la 2e un peu après le milieu. Pubescence fauve cendré, sublanugineuse, disposée en lignes sur les lignes ponctuées des élytres. Antennes assez allongées, peu épaisses; 1er article environ aussi long que large, arrondi en dedans, 2e suboblong, un peu plus long que large, 3e subégal au 2e, à peine plus épais que le 3e, celui-ci subcarré; 5e subcarré, légèrement plus épais que le 4e et le 6e, celui-ci transversal, 7e et 8e un peu plus épais que le 6e, transversaux, le premier un peu plus long que le second; massue suboblongue, environ deux fois et demie plus longue que large, 1er et 2e article très transversaux; 3e environ aussi long que large, émoussé à l'extrémité. Tête environ deux fois plus large avec les yeux que longue, légèrement convexe sur le front, infléchie de chaque côté au bord antérieur, éparsement et plus ou moins fortement pointillée, subtronquée au bord antérieur; côtés sans sinus en avant des bases des antennes, à peine visiblement rebordés; yeux saillants, atteignant presque le milieu de la longueur de la tête, échancrant faiblement les marges latérales du front; facettes plutôt fortes. Prothorax convexe, plus étroit à la base qu'au sommet, plus ou moins faiblement arqué, subparallèle en avant, en général plus arrondi dans la partie basilaire, environ une fois et un tiers plus large dans sa plus grande largeur que long, très éparsement et très finement ponctué sur le disque, progressivement plus densément et plus fortement ponctué sur les côtés. Bord antérieur subtronqué au milieu, dans l'ensemble fortement arqué en avant; angles antérieurs obtus, émoussés; côtés à peine visiblement ondulés, bordés par un bourrelet très fin en avant, un peu épaissi vers la base et par une gouttière irrégulièrement subétroite, réfléchie contre la base; angles postérieurs obtus; base faiblement arquée au milieu et subsinuée aux extrémités, rebordée; marge basilaire assez étroitement subconcave, présentant de chaque côté une impression submarginale. Écusson subpentagonal, subémoussé aux angles, environ deux fois plus large que long. Élytres subtronqués à la base, rebordés, brièvement arrondis aux épaules, arqués sur les côtés, très faiblement élargis, présentant leur plus grande largeur dans le premier tiers de la longueur à partir de la base, assez brièvement arrondis ensemble au sommet, plus de deux fois et demie plus longs que larges ensemble dans leur plus grande largeur, très faiblement gibbeuses dans la partie basilaire, finement ponctués en lignes atténuées au sommet; intervalles des lignes ponctuées plans. Marges latérales très fortement infléchies, bordées par une gouttière assez accentuée. Calus huméraux marqués. Lignes fémorales des hanches intermédiaires à peine saillantes; lignes marginales des hanches postérieures s'écartant légèrement de la hanche vers le milieu de sa longueur, donnant naissance à leur côté interne à des lignes fémorales divergentes, atteignant presque les deux tiers de la longueur du premier segment de l'abdomen. Tibias allongés, sublinéaires. Saillie prosternale sans inflexion carénée.

Bolivie : Province de Cochabamba (Ph. Germain). Plusieurs exemplaires. Collection A. Grouvelle.

Voisin comme aspect général d'*Hapalips longicornis* Reitt.; distinct par son prothorax sans saillie anguleuse et par ses élytres finement ponctués en lignes.

Hapalips longior, n. sp. — *Ovatus, apice acuminatus, plus 5 et 1/2 longior quam in maxima latitudine latior, modice convexus, nitidus, sublonge cinereo-pubescens, piceus, humeris dilutior; antennis pedibusque subpiceo-testaceis. Antennae subbreves, subincrassatae. Caput transversum, fronte convexum, dense punctulatum, antice brevius inflexum, inter antennarum bases sublate biimpressum; lateribus haud sinuatis, tenuiter elevato-marginatis; oculis prominulis, medium capitis haud attingentibus. Prothorax modice convexus, antice quam postice paulo angustior, lateribus undulato-arcuatus, in maxima latitudine sesquilatior quam longior, disco quam fronte parcius et paulo validius punctatus, punctis ad latera densioribus et validioribus; margine antico arcuato, extremitatibus breviter subsinuato; angulis anticis breviter rotundatis; lateribus pulvino tenui et canaliculo ante basin minus striato marginatis, antice tenuissime callosis, collo apice anguloso, dein duobus denticulis minutissimis armatis; intervallis inter callum et primum denticulum ac secundum denticulum et basin subsinuatis; angulis posticis obtusis; basi medio arcuata, utrinque subsinuata et marginata. Scutellum subpentagonale, transversum. Elytra basi subtruncata, haud marginata, humeris rotundata, lateribus arcuata, vix ampliata, apice separatim brevissime rotundata, plus 3 et 1/2 longiora quam simul in maxima latitudine latiora, tenuiter striato-punctata; punctis juxta apicem confusis; linearum intervallis vix convexis; lateribus substricte concavo-marginatis.* — Long. 4,5-4,8 mm.

Ovale, atténué vers l'extrémité des élytres, plus de cinq fois et demie plus long que large dans sa plus grande largeur, médiocrement convexe, brillant, brun, épaules plus claires; antennes et pattes et surtout ces dernières encore plus claires; pubescence cendrée, médiocrement allongée, inclinée, disposée en lignes sur les stries des élytres. Antennes médiocrement courtes, assez épaisses; 1er article subtransversal, arrondi, dilaté en dedans, 2e subtransversal, 3e un peu plus long que large, 4e et 6e subcarrés, 5e à peine plus épais et un peu plus long que le 4e et le 6e, 7e et 8e transversaux, un peu plus épais que le 6e; massue suboblongue, lâche, environ trois fois plus longue que large, 1er article subcarré, 2e très transversal, 3e subglobuleux. Tête environ deux fois plus large avec les yeux que longue, convexe sur le front, infléchie en avant, finement rebordée, relevée sur les côtés, non sinuée, subtronquée au bord antérieur, finement et presque densément ponctuée; yeux saillants, entaillant à leur base les marges latérales du front, n'atteignant pas le milieu de la longueur de la tête; facettes moyennes. Prothorax un peu plus étroit en avant qu'à la base, arqué-subondulé sur les côtés, présentant sa plus grande largeur vers le premier quart de la longueur à partir de la base, environ une fois et demie plus large dans sa plus grande largeur que long, ponctué plus éparsement sur le disque que le front, mais plus fortement; ponctuation devenant plus forte et plus serrée vers les côtés. Bord antérieur arqué, brièvement sinué aux extrémités;

angles antérieurs brièvement arrondis; côtés bordés par un fin bourrelet et par une cannelure étroite en avant, plus large avant la base, médiocrement épaissies latéralement, présentant, en avant, un faible calus terminé vers l'arrière en angle obtus, et deux très petits denticules séparés le premier du calus de l'angle antérieur, le deuxième de la base par un sinus plus accentué pour le 2e intervalle; angles postérieurs obtus; base arquée, un peu saillante en arrière, subsinuée et striée-rebordée de chaque côté; marge basilaire subimpressionnée devant l'écusson, présentant de chaque côté une impression subbasilaire, un peu allongée, ponctuée d'un assez gros point enfoncé. Écusson subpentagonal, plus de deux fois plus large que long. Élytres arqués séparément à la base, non rebordés, brièvement arrondis aux épaules, arqués sur les côtés, à peine élargis vers le premier sixième de la longueur à partir de la base, puis atténués vers l'extrémité, brièvement et séparément arrondis au sommet, plus de trois fois et demie plus longs que larges ensemble, finement striés-ponctués; stries atténuées vers le sommet, devenant confuses à l'extrémité; stries suturales enfoncées au sommet, accompagnées d'une striole près de l'écusson; intervalles légèrement convexes, intervalles alternes ponctués de points très espacés. Marges latérales fortement infléchies, bordées par une cannelure médiocrement accentuée. Calus huméraux marqués. Lignes fémorales des hanches postérieures arquées, divergentes. Tibias nettement triangulaires. Saillie prosternale infléchie au sommet.

Brésil : Nouv. Fribourg (Gounelle). 2 exemplaires. Collection A. Grouvelle.

Hapalips curtus, n. sp. — *Oblongo-elongatus, convexus, nitidus, dilute brunneus, capite prothoraceque paulo obscurior, flavo-albido pubescens, setis in elytris brevibus, retrorsum arcuatis, in striis insertis. Antennae breves, incrassatae; 3° articulo quadrato, clava circiter duplo longiore quam latiore. Caput transversissimum, fronte convexiusculum, parce punctulatum et inter antennarum bases arcuatim productum, antice breve inflexum et truncatum; oculis magnis, subprominulis. Prothorax antice angustatus, lateribus subparallelus, antice breviter rotundatus, plus duplo latior quam longior, dense subvaldeque punctatus; margine antico arcuato, extremitatibus vix sinuato; angulis anticis obtusis; lateribus pulvino tenui et canaliculo antice stricto, basin versus paulatim paulo latiore marginatis; angulis posticis subacutis, retrorsum subproductis; basi medio arcuata, utrinque latissime obtuse angulosa, et in apice anguli punctato-impressa. Scutellum suboblongum, transversum. Elytra basi juxta scutellum submarginata, humeris obtuse angulosa, vix hebetata, lateribus arcuata, modicissime ampliata, apice separatim arcuata, circiter 2 et 1/2 longiora quam simul in maxima latitudine latiora; tenuiter striato-punctata; punctis apicem versus attenuatis; intervallis striarum planis, tenuissime rugosulis; striae suturales basi breviter divisae, apice impressae. Lineae femorales coxarum posticarum abbreviatae, divergentes.* — Long. 2.4-2.6 mm.

Oblong, plus de trois fois plus long que large dans sa plus grande largeur, convexe, brillant, brun clair; tête et prothorax plus foncés; pubescence flave blanchâtre, fine, couchée, rare sur la tête et le prothorax, sétiforme, courte, arquée en arrière sur les élytres, insérée sur leurs stries ponctuées. Antennes courtes, plutôt épaisses; 1er article épais, subcarré, 2e moins épais transversal, 3e encore moins épais, plus transversal, 4e et 5e subégaux plus courts que le 3e, 6e à 8e plus ou moins transversaux, s'épaississant progressivement et très faiblement, 6e à peine visiblement plus étroit que le 5e; massue oblongue, environ deux fois plus longue que large, 2e article moins transversal et plus long que le premier, 3e un peu moins long que large, acuminé, émoussé à l'extrémité. Tête plus de deux fois plus large avec les yeux que longue; front médiocrement convexe, subdensément pointillé, biponctué entre les bases des antennes, saillant en arc entre ces bases; épistome brièvement infléchi en avant de cette saillie, subtronqué au bord antérieur; labre bien visible; bords latéraux sans sinus à l'insertion de l'antenne; yeux gros médiocrement saillants, échancrant assez fortement les marges du front; directions des bords des orbites fortement convergentes en avant; facettes assez fortes; prothorax rétréci en avant, plus large au sommet que la tête, subparallèle sur les côtés, brièvement et fortement arqué contre l'angle antérieur, plus de deux fois plus large dans sa plus grande largeur que long, densément et assez fortement ponctué sur le disque, plus densément et plus fortement vers les côtés. Bord antérieur arqué, à peine subsinué aux extrémités; angles antérieurs obtus, un peu émoussés lorsqu'ils sont vus de dessus, plus émoussés lorsqu'ils sont vus de face, rebordés; côtés bordés par un fin bourrelet et par une cannelure très étroite sur l'angle antérieur, s'élargissant progressivement et modérément jusqu'à la base; angles postérieurs médiocrement aigus, un peu saillants en arrière; base arrondie, dans le milieu, formant ensuite de chaque côté un angle très obtus, marquée d'une impression ponctiforme au sommet de cet angle, moins largement rebordée en dehors de ce point et l'angle postérieur qu'en dedans. Écusson suboblong, plus de deux fois plus large que long. Élytres à la base de la largeur du prothorax, arqués séparément, subrebordés contre l'écusson, en angle obtus, à peine émoussé aux épaules, arqués sur les côtés, très faiblement élargis, présentant leur plus grande largeur au delà du milieu de la longueur, arrondis séparément au sommet, environ deux fois et demie plus longs que larges ensemble dans leur plus grande largeur, finement ponctués-striés; stries atténuées vers le sommet, un peu plus accentuées sur les marges latérales; stries suturales dédoublées sur la région scutellaire, bien marquées vers le sommet; calus huméraux accentués en dehors; marges latérales très fortement infléchies dans la partie basilaire, étroitement rebordées. Lignes fémorales des hanches postérieures, un peu écourtées, très divergentes. Premier segment de l'abdomen nettement moins long que le deuxième et le troisième réunis. Prothorax longitudinalement subdéprimé; élytres continuant presque la courbure du prothorax.

Guyane française : St-Laurent du Maroni (Le Moult), 3 exemplaires. Collection A. Grouvelle.

Vient se placer à côté de *Hapalips Batesi* Champ. et *Hapalips brevipes* Champ. dans le tableau des *Hapalips* publié par G. C. Champion, Trans. Ent. Soc. Lond., 1913, p. 97.

Hapalips setosus, n. sp. — *Oblongus, circiter 4 longior quam in maxima latitudine latior, convexus, nitidus, flavo-cinereo tenuiter setosus, dilute piceus; antennis pedibusque dilutior. Antennae subelongatae, subgraciles. Caput transversum, fronte convexiusculum et subparce punctatum, antice brevius inflexum; lateribus tenuissime marginatis, ante antennarum bases sinuatis; oculis modice prominulis, medium capitis haud attingentibus. Prothorax convexus, antice quam postice paulo angustior, lateribus arcuatus, in maxima latitudine circiter duplo latior quam longior, disco quam fronte sparsius et validius punctatus, punctis ad latera densioribus et validioribus; margine antico medio antrorsum truncato-producto, ad extremitates subsinuato; angulis anticis obtusis; lateribus pulvino tenui et canaliculo basin versus minus angusto marginatis, vix perspicue undulatis; angulis posticis obtusis; basi medio arcuato-producta, utrinque sinuata, marginata. Scutellum subpentagonale, transversissimum. Elytra basi separatim subarcuata, marginata, humeris angulosa, tenuiter denticulata, lateribus arcuata, aliquid ampliata, apice vix separatim rotundata, fere ter longiora quam simul in maxima latitudine latiora, striato-punctata; punctis juxta apicem attenuatis; striarum intervallis in disco depressis, ad latera vix convexis; lateribus tenuiter marginatis.* — Long. 3,5-4 mm.

Oblong, environ quatre fois plus long que large dans sa plus grande largeur, convexe, brillant, brun de poix clair; antennes et pattes encore plus claires; pubescence flave cendré, formée sur les élytres de soies courtes, fines, dressées, insérées sur les stries. Antennes un peu allongées, médiocrement épaisses; 1er article subcarré, subcylindrique, 2e et 3e un peu allongés, 4e, 5e et 6e subcarrés, ce dernier à peine plus étroit que le précédent, 7e et 8e subtransversaux, à peine plus larges que 6e; massue suboblongue, lâche, moins de trois fois plus longue que large, 1er article très transversal, 2e un peu moins, 3e moins long que large, émoussé à l'extrémité. Tête un peu plus de deux fois plus large avec les yeux que longue, subconvexe sur le front, alutacée, presque éparsement ponctuée sur le front, substriolée en avant des bases des antennes; bords latéraux non rebordés, à peine échancrés par les yeux, faiblement sinués en avant des naissances des antennes; marge antérieure brièvement infléchie, subtronquée; yeux moyennement saillants, n'atteignant pas le milieu de la longueur de la tête; facettes assez fortes. Prothorax convexe, un peu plus étroit en avant qu'à la base, arqué sur les côtés, présentant sa plus grande largeur un peu avant le milieu, environ deux fois plus large dans sa plus grande largeur que long, ponctué plus fortement et plus éparsement sur le disque que le front, plus densément et plus fortement sur les côtés. Bord antérieur subtronqué, sinué aux extrémités; angles antérieurs vus de dessus obtus, vus de face aigus; côtés à peine visiblement ondulés, bordés par un très fin bourrelet et par une cannelure presque nulle en avant, très étroite vers la base;

angles postérieurs obtus : base arquée en arrière au milieu, sinuée de chaque côté, étroitement rebordée, présentant de chaque côté une impression submarginale. Écusson subpentagonal, plus de deux fois plus large que long. Élytres faiblement et séparément arqués à la base, rebordés, en angle obtus faiblement denté aux épaules, arqués sur les côtés, un peu élargis, présentant leur plus grande largeur un peu avant le milieu de la longueur, arrondis presque séparément au sommet, un peu moins de trois fois plus longs que larges ensemble dans leur plus grande largeur, ponctués striés : stries atténuées et presque effacées contre le sommet : stries suturales progressivement plus marquées sur la moitié apicale, accompagnées d'une striole près de l'écusson ; intervalles des stries plans sur le disque, très légèrement convexes vers les côtés. Marges latérales très fortement infléchies. Calus huméraux nettement marqués. Lignes marginales des hanches postérieures s'avançant, en dedans, en angle très aigu jusqu'au milieu du 1er segment de l'abdomen. Tibias sublinéaires. Saillie prosternale légèrement infléchie au sommet.

République Argentine : Province de Buenos-Ayres (Ch. Bruch), 2 exemplaires. Collection A. Grouvelle.

Vient se placer à côté de l'*Hapalips obliteratus* Champ. dans le tableau publié dans les Trans. Ent. Soc. Lond. [1913], p. 97 : distinct par ses élytres striés.

Hapalips Simoni, n. sp. — *Ovatus, apice acuminatus, plus quinquies longior quam in maxima latitudine latior, modice convexus, nitidus, pube brevi flavo-cinerea vestitus, ferrugineus : antennis, praecipue ad apicem, pedibusque paulo dilutioribus. Antennae breviusculae, subincrassatae. Caput transversum, fronte et epistomo separatim convexiusculum, inter antennarum bases arcuatim subimpressum, plus minusve subdense punctatum; lateribus tenuiter marginatis, post oculos subsinuatis ; his medium capitis haud attingentibus. Prothorax, modicissime convexus, subquadratus, quam fronte densius et minus valide punctatus, punctis irregulariter sparsis, intervallis vix perspicue alutaceis ; margine antico subtruncato ; angulis anticis oblique subtruncatis : lateribus anguste marginatis : angulis posticis subobtusis ; basi medio modice arcuatim producta, utrinque subsinuata, stricte marginata. Scutellum subpentagonale, transversissimum. Elytra basi separatim arcuata, tenuiter marginata, humeris breviter rotundata, lateribus subrecta, apice brevius subconjunctim rotundata, circiter quater longiora quam basi latiora, striato punctata : striis apicem versus attenuatis et dein evanescentibus ; striarum intervallis subconvexis : lateribus anguste concavo-marginatis.* — Long. 4.5-5.2 mm.

Ovale, atténué vers l'extrémité des élytres, plus de cinq fois plus long que large dans sa plus grande largeur, médiocrement convexe, brillant, ferrugineux parfois un peu foncé, pattes et extrémité des antennes un peu plus clairs ; pubescence courte, dressée-inclinée, insérée sur les stries ponctuées des élytres. Antennes médiocrement courtes, un peu épaisses : 1er article subcarré, dilaté-arrondi en dedans, 2e subtransversal, 3e carré, à peine plus épais que les suivants, 4e transversal, 5e un peu plus long et à peine plus épais que le 6e, celui-ci très transversal, 7e subégal au 6e, 8e plus transversal et à peine plus large que le précédent; massue suboblongue, lâche, moins de trois fois plus longue que large, 1er et 2e article subégaux, très transversaux, 3e environ aussi long que large, légèrement émoussé à l'extrémité. Tête environ deux fois plus large avec les yeux que longue, légèrement convexe sur le front et l'épistome, ceux-ci séparés par une faible impression arquée, s'étendant entre les bases des antennes; infléchie au bord antérieur, finement rebordée sur les côtés, subsinuée en avant des bases des antennes, subtronquée au bord antérieur, couverte d'une ponctuation irrégulièrement espacée, plus fine sur l'épistome; yeux médiocrement saillants, échancrant légèrement les marges latérales du front, atteignant presque le milieu de la longueur de la tête; facettes plutôt petites. Prothorax à peine rétréci à la base, subcarré chez le mâle, légèrement transversal chez la femelle, à peine visiblement alutacé, couvert d'une ponctuation irrégulièrement espacée, plus dense et moins forte sur le disque que celle du front, plus forte et plus serrée sur les marges latérales. Bord antérieur subtronqué, obliquement coupé aux extrémités; côtés presque droits, finement rebordés; angles postérieurs subobtus; base médiocrement arquée vers l'arrière au milieu, longuement subsinuée de chaque côté, finement rebordée; impressions submarginales de la base à peine marquées. Écusson subpentagonal, plus de deux fois plus large que long. Élytres arqués séparément à la base, finement rebordés, brièvement arrondis aux épaules, atténués presque en ligne droite vers le sommet, brièvement arrondis presque ensemble à l'extrémité, environ quatre fois plus longs que larges ensemble à la base, ponctués-striés; stries atténuées vers l'extrémité, effacées contre le sommet, plus accentuées en dehors; stries suturales dédoublées à la base; intervalles lisses, un peu convexes. Marges latérales très fortement infléchies. Calus huméraux assez marqués. Lignes fémorales des hanches intermédiaires très courtes; lignes des hanches postérieures divergentes, n'atteignant pas le milieu du premier segment de l'abdomen. Tibias triangulaires. Saillie prosternale sans inflexion. Dernier segment abdominal du mâle longitudinalement concave dans sa partie apicale, présentant un petit tubercule au milieu de son bord extrême.

Venezuela : San Esteban (E. Simon). 5 exemplaires. Collection A. Grouvelle.

Vient se placer dans le groupe des *Hapalips brevipes* Champ. et *Hapalips Batesi* Champ., dans le tableau des Trans. Ent. Soc. Lond. [1913], p. 97.

Hapalips similis, n. sp. — *Oblongus, circiter quater longior quam in maxima latitudine latior, modice convexus, nitidus, glaber, piceus; capitis margine antico, prothoracis marginibus lateralibus anguste, humeris et praecipue antennis pedibusque dilutioribus. Antennae modice elongatae, subincrassatae. Caput transversum, fronte convexiusculum et parce punctulatum, inter antennarum bases sat fortiter biimpressum; margine antico brevius inflexo, subtruncato, tenuissime punctulato; lateribus post oculos haud sinuatis, tenuiter marginatis; oculis prominulis, medium capitis attingentibus. Prothorax con-*

vexus, lateribus arcuatus, antice posticeque aequaliter angustatus, circiter in maxima latitudine sesquilatior quam longior, fronte paulo densius validiusque punctatus; margine antico truncato, ad extremitates breviter et sat profunde sinuato; angulis anticis antrorsum hebetato-subproductis; lateribus pulvino tenui et canaliculo concavo marginatis, antice undulatis, postice bisubsinuatis et late subdentatis; angulis posticis acutis; basi arcuata, utrinque subsinuata, marginata. Scutellum subpentagonale, transversissimum. Elytra basi subtruncata, marginata, humeris obtuse angulosa, subdenticulata; lateribus arcuata, vix ampliata, apice conjunctim rotundata, fere ter longiora quam simul in maxima latitudine latiora, sat tenuiter striato-punctata; striis apicem versus valde attenuatis; intervallis planis, vix perspicue asperis, ex parte tenuiter parceque punctulatis; lateribus stricte marginatis. — Long. 3.6-4 mm.

Ovale, environ quatre fois plus long que large dans sa plus grande largeur, médiocrement convexe, glabre, brillant, brun de poix; bord antérieur de la tête, extrêmes marges latérales du prothorax et épaules brun rougeâtre; antennes et pattes plus claires. Antennes très faiblement allongées, peu épaisses; 1er article subcylindrique, un peu allongé, 2e et 3e subégaux, le 2e suballongé, le 3e nettement plus long que large, 4e carré, 5e à peine plus épais que le 4e et le 6e, subtransversal, 6e transversal, 7e et 8e subcarrés, plus épais que le 6e; massue suboblongue, environ deux fois et demie plus longue que large, 1er article transversal, 2e subégal au 1er, un peu plus large, 3e environ aussi long que large, très émoussé à l'extrémité. Tête environ deux fois plus large, avec les yeux, que longue, très médiocrement convexe sur le front, infléchie au bord antérieur, à peine visiblement alutacée, presque éparsement pointillée sur le front, plus finement sur l'épistome, assez fortement biimpressionnée entre les bases des antennes; bords latéraux sans sinus en avant des yeux, très finement rebordés; yeux atteignant le milieu de la longueur de la tête, saillants, échancrant faiblement les marges latérales du front; facettes assez fortes. Prothorax arrondi sur les côtés, aussi large en avant qu'à la base, présentant sa plus grande largeur un peu avant le milieu, environ une fois et demie plus long que large dans sa plus grande largeur, à peine visiblement alutacé, un peu plus fortement et plus éparsement ponctué sur le disque que le front. Bord antérieur subtronqué, brièvement et très nettement sinué aux extrémités; angles antérieurs saillants en avant, fortement émoussés; côtés bordés par un fin bourrelet et par une cannelure plus forte, ondulés, terminés à la base par deux sinus plus accentués que les ondulations de la partie antérieure, séparés par un angle un peu marqué; angles postérieurs aigus; base arquée, subsinuée de chaque côté, rebordée; de chaque côté une trace d'impression submarginale. Écusson subpentagonal, plus de deux fois plus large que long. Élytres subtronqués à la base, rebordés, en angle obtus, légèrement denté aux épaules, arqués sur les côtés, à peine élargis, présentant leur plus grande largeur un peu avant le milieu de la longueur, presque arrondis ensemble au sommet, presque trois fois plus longs que larges ensemble dans leur plus grande largeur, assez finement ponctués-striés; stries s'atténuant et s'effaçant presque au sommet; stries suturales enfoncées au sommet; intervalles des stries larges, plans, très faiblement subrugueux; 1er et 2e intervalle présentant une ligne de petits points sur la moitié basilaire, 3e presque lisse, 4e en partie ponctué à la base. Marges latérales très fortement infléchies, bordées par une étroite gouttière. Calus huméraux bien marqués. Lignes fémorales des hanches intermédiaires très courtes; lignes marginales des hanches postérieures présentant, en dedans, des lignes fémorales divergentes dépassant le milieu de la longueur du premier segment de l'abdomen et s'écartant légèrement de la hanche vers le milieu de sa longueur. Saillie prosternale infléchie. Tibias triangulaires.

Brésil : Province de San Paolo. 4 exemplaires. Collection A. Grouvelle.

Voisin comme forme générale de *Hapalips obliteratus* Champ., Trans.Ent. Soc. Lond. [1913], p. 109, tab. 3, fig. 13; mais nettement distinct par la sculpture de ses élytres.

Hapalips angustus, n. sp. — *Subparallelus, circiter 4 et 1/2 longior quam in maxima latitudine latior, convexus, nitidus, pube flavo-cinerea, brevi vestitus, piceus; antennis, pedibus, humerisque dilutioribus. Antennae breviusculae, subincrassatae; clava intus magis dilatata. Caput transversum, fronte convexum et dense punctatum, antice breve inflexum, ad antennarum bases, brevius striolatum; lateribus post oculos haud sinuatis, tenuiter elevato-marginatis; oculis prominulis, capitis medium fere attingentibus. Prothorax convexus, parallelus, fere duplo latior quam longior, in disco parce plus minusve, ad latera paulatim densius validiusque punctatus; margine antico medio subtruncato; extremitatibus retrorsum sinuato et tenuissime marginato; angulis anticis fortiter hebetatis; lateribus subrectis, pulvino et canaliculo tenui marginatis, juxta basin breviter subsinuatis; angulis posticis obtusis; basi medio arcuata, utrinque subtruncata, anguste marginata. Scutellum suboblongum, transversissimum. Elytra basi separatim subarcuata, humeris subbreviter rotundata, circiter 3 et 1/2 longiora quam simul in maxima latitudine latiora, disco tenuiter lineato-punctata; ad latera sensim paulo validius substriato-punctulata; punctis ad apicem attenuatis et dein confusis; intervallis linearum planis, praecipue ad suturam lineato-punctulatis.* — Long. 5-6 mm.

Subparallèle, environ quatre fois et demie plus long que large dans sa plus grande largeur, convexe, brillant, brun de poix. Antennes, pattes et épaules plus claires; pubescence flave cendré, courte sur les lignes ponctuées des élytres, plus longue sur leurs intervalles, près de la suture et des marges latérales et sur la tête et le prothorax. Antennes médiocrement courtes, un peu épaisses; 1er article à peine plus long que large, subarrondi en dedans, 2e légèrement transversal, 3e à peine plus long que large, 4e transversal, 5e un peu plus long et à peine plus épais que 4e et 6e, 7e et 8e transversaux, plus épais que 6e; massue bien accentuée, environ deux fois et demie plus longue que large, lâche, plus dilatée en dedans; 1er article plus court que le 2e, tous deux très transversaux, 3e un peu moins long que large, très fortement émoussé à l'extrémité. Tête environ deux fois plus large avec les yeux que long, convexe sur le front, brièvement infléchie au bord antérieur, non sinuée et brièvement relevée-rebordée sur les côtés en avant des yeux, subtronquée au bord antérieur, plus ou moins densément ponctuée sur le front, éparsement sur l'épistome, substriolée vers la base de chaque antenne; yeux saillants, presque en forme de demi-sphère, atteignant presque le milieu de la longueur de la tête, échancrant les marges latérales du front, séparés par un intervalle deux fois et demie plus grand que leur diamètre transversal; facettes assez grosses. Prothorax convexe, subparallèle, presque deux fois plus large que long, presque lisse sur le disque, progressivement plus fortement et plus densément ponctué vers les côtés. Bord antérieur subtronqué au milieu, assez largement sinué en arrière vers les extrémités, alors finement rebordé; angles antérieurs assez brièvement arrondis; côtés presque droits, bordés par un bourrelet irrégulièrement fin et par une très étroite gouttière, brièvement et assez brusquement sinués contre la base; angles postérieurs obtus; base arquée au milieu, subtronquée de chaque côté, étroitement rebordée, présentant de chaque côté un point submarginal. Écusson très transversal, suboblong. Élytres arqués séparément à la base, faiblement rebordés, assez brièvement arrondis aux épaules, subparallèles, arrondis séparément et brièvement au sommet, environ trois fois et demie plus longs que larges ensemble dans leur plus grande largeur, pointillés en lignes atténuées vers le sommet, confuses à l'extrémité; lignes ponctuées très fines vers la suture, progressivement plus fortes, substriées vers les côtés; intervalles plans, pointillés en ligne un peu serrée sur le 1er intervalle, plus lâche sur les intervalles suivants, effacée ensuite et reparaissant sur les intervalles latéraux. Marges latérales très fortement infléchies aux épaules, moins fortement sur le reste de la longueur. Calus huméraux accentués. Lignes fémorales des hanches intermédiaire très courtes; lignes des hanches postérieures divergentes dépassant le milieu de la longueur du 1er segment. Pattes médiocrement robustes. Saillie prosternale plane.

Brésil : N. Fribourg, 1 exemplaire (Coll. A. Grouvelle) et 2 exemplaires sans localité précise (Coll. du British Museum).

Voisin de *Hapalips Reitteri* Gorh. : se distingue de cette espèce par sa forme un peu moins allongée, sa coloration peu foncée et la massue de ses antennes dissymétrique.

Hapalips cephalotes, n. sp. — *Subcylindricus, capite paulo latior, plus quinquies longior quam caput latior, elytrorum disco praecipue ad basin subdepressus, nitidus, flavo-griseo-pubescens, piceus, humeris dilutior; antennis pedibusque rufescentibus. Antennae breviusculae, incrassatae. Caput transversum, fronte convexiusculum, tenuiter subdense punctatum, antice brevius inflexum, ad antennarum bases substriolatum; lateribus haud sinuatis, vix elevato-marginatis; oculis magnis, capitis medium longitudinis superantibus. Prothorax convexus, postice paulo angustior, subtransversus, parce puncta-*

tus; punctis ad latera densioribus; margine antico fortiter arcuato, extremitatibus subsinuato; angulis anticis obtusis; lateribus subrectis, anguste marginatis; angulis posticis modice obtusis; basi arcuata, ad extremitates sinuata, anguste marginata. Scutellum subpentagonale, transversum. Elytra basi separatim subarcuata, tenuiter marginata, humeris rotundata, fere quator longiora quam simul in maxima latitudine latiora, tenuissime lineato-punctata; punctis ad apicem attenuatis et confusis; intervallis linearum depressis, tenuiter parceque lineato-punctulatis. — Long. 3,5 mm.

Subcylindrique, un peu plus large vers la tête, plus de cinq fois plus long que large dans sa plus grande largeur, légèrement déprimé sur la base du disque des élytres, brillant, brun de poix, plus clair sur les épaules; antennes et pattes rougeâtres; pubescence flave-cendré, faiblement lanugineuse. Antennes plutôt courtes, assez épaisses; 1er article subcarré, arrondi en dedans; 2e subcarré, 3e également subcarré, à peine plus épais que les suivants; 4e à 8e transversaux, 5e et 7e un peu plus longs que les 4e, 6e et 8e, ce dernier un peu élargi; massue assez allongée, lâche; 1er et surtout 2e article transversaux, 3e suballongé et subacuminé à l'extrémité. Tête environ deux fois plus large avec les yeux que longue, médiocrement convexe sur le front, brièvement infléchie en avant, légèrement et très étroitement relevée sur les côtés, sans sinus vers la base des antennes, subtronquée au bord antérieur, finement et presque densément ponctuée, substriolée vers la naissance de chaque antenne; yeux gros, saillants, plus longs que la moitié de la longueur de la tête, n'entaillant pas les marges latérales du front, séparés en dessous par un intervalle subégal à leur diamètre transversal; facettes grosses. Prothorax convexe, un peu rétréci à la base, à peine transversal, un peu plus fortement et plus éparsement ponctué sur le disque que sur la tête, plus densément vers les côtés. Bord antérieur fortement arqué, brièvement sinué aux extrémités; angles antérieurs obtus, côtés presque droits, les uns et les autres très étroitement rebordés; angles postérieurs obtus; base arquée, subsinuée aux extrémités, étroitement rebordée, présentant de chaque côté un point submarginal enfoncé. Écusson subpentagonal, plus de deux fois plus large que long. Élytres faiblement et séparément arqués à la base, très finement rebordés, arqués aux épaules, parallèles, arrondis ensemble au sommet, presque quatre fois plus longs que larges ensemble, finement pointillés en lignes, à peine striés vers les côtés; points s'atténuant et devenant confus vers le sommet; intervalles présentant chacun une ligne de petits points espacés. Marges latérales très fortement infléchies, surtout aux épaules, très finement rebordées. Calus huméraux accentués. Lignes fémorales des hanches intermédiaires très courtes; lignes marginales des hanches postérieures formant en dedans un angle très aigu, médiocrement saillant et s'écartant légèrement de la hanche vers le milieu de sa longueur. Pattes plutôt robustes. Saillie prosternale plane.

Brésil : Province de Goyaz (Gounelle) et Guyane française : Roches de Kourou (Le Moult). 2 exemplaires. Collection A. Grouvelle.

TABLEAU DES **Hapalips** D'AMÉRIQUE.

1. Glabre.. 2.
— Plus ou moins pubescent.. 9.
2. Prothorax impressionné transversalement devant la base......
.... (1) **sulcicollis** Champ.
— Prothorax sans impression transversale devant la base........ 3.
3. Côtés du prothorax fortement dentés............. **crenatus** Champ.
— Côtés du prothorax entiers ou faiblement ondulés............. 4.
4. Thorax plus long que large. Intervalles des stries des élytres lisses. Suture assombrie.......................... **dux**, n. sp.
— Prothorax au plus aussi long que large....................... 5.
5. Insecte testacé en avant, brun de poix en arrière. **dimidiatus** Champ.
— Insecte unicolore.. 6.
6. Prothorax beaucoup plus étroit que les élytres. Tibias peu élargis vers l'extrémité........................ **parvicollis** Champ.
— Prothorax sensiblement de la largeur des élytres............. 7.
7. Bord antérieur du prothorax anguleux chez le mâle, saillant en avant. Tibias médiocrement élargis à l'extrémité...........
.... **guadalupensis** Grouv.
— Bord antérieur du prothorax subtronqué dans les deux sexes. Tibias élargis à l'extrémité................................ 8.
8. Côtés du prothorax subrectilignes, entiers. Insecte ferrugineux.
.... **Dufaui** Grouv.
— Côtés du prothorax arrondis faiblement, denticulés en avant de la base. Insecte brun de poix.......................... **similis**, n. sp.
9. Élytres confusément ponctués................... **obliteratus** Champ.
— Stries ponctuées ou lignes ponctuées des élytres bien nettes... 10.
10. Yeux petits, peu saillants, subégaux au tiers de la longueur totale de la tête.. 11.
— Yeux gros, plus ou moins saillants, pour le moins subégaux à la moitié de la longueur de la tête............................. 14.
11. Intervalles des stries des élytres presque aussi fortement ponctués que les stries............................ (2) **Delaunayi** Grouv.
— Intervalles des stries des élytres lisses ou à peine ponctués.... 12.
12. Déprimé. Suture en général enfumée. Antennes en majeure partie noirâtres.. **suturalis** Champ.
— Convexe, unicolore... 13.
13. Métasternum à peine ponctué. Intervalles des stries des élytres subconvexes.. **Sharpi** Grouv.
— Métasternum assez fortement ponctué. Intervalles des stries des élytres subdéprimés.......... (3) ♀ **tenuis** Reitt., ♂ **filum** Reitt.

(1) Le genre de cette espèce me semble douteux.

(2) Parfois les lignes ponctuées sont peu visibles dans la ponctuation générale.

(3) Les *H. filum* et *tenuis* de ce tableau sont ceux de Champion. Il est possible que ce ne soient pas ceux de Reitter. Je possède une espèce très voisine, du Ve-

14. Angles antérieurs du prothorax subdentés.....................
.... (1) (cribricollis Gorh.) **gracilicornis** Reitt.
— Angles antérieurs du prothorax simples..................... 15.
15. Intervalles des stries des élytres lisses ou à peine ponctués..... 16.
— Intervalles des stries des élytres nettement ponctués.......... 26.
16. Élytres nettement atténués vers le sommet.................. 17.
— Élytres oblongs ou subparallèles.......................... 20.
17. Prothorax subcarré. Tibias très élargis vers l'extrémité........ 18.
— Prothorax transversal. Tibias très peu élargis vers l'extrémité.. 19.
18. Élytres très nettement ponctués-striés............... **Simoni** n. sp.
— Élytres finement ponctués-striés................... **Batesi** Champ.
19. Élytres médiocrement allongés................. **brevipes** Champ.
— Élytres très allongés............................ **longior**. n. sp.
20. Prothorax environ deux fois plus large que long.............. 21.
— Prothorax au plus une fois et demie plus large que long. Insecte allongé... 23.
21. Insecte allongé. Tête noire..................... **nigriceps** Reitt.
— Insecte peu allongé, unicolore.......................... 22.
22. Prothorax de la largeur des élytres, éparsement ponctué.......
.... **laticollis** Reitt.
— Prothorax plus étroit que les élytres, densément ponctué. **curtus**, n. sp.
23. Très convexe. Lignes pubescentes des élytres bien marquées. Ceux-ci rebordés à la base...................... **setosus**. n. sp.
— Convexe ou subconvexe. Pubescence peu accentuée.......... 24.
24. Prothorax de la largeur des élytres....................... 25.
— Prothorax plus étroit que les élytres..................... 27.
25. Convexe. Élytres nettement rebordés à la base....... **major**. n. sp.
— Déprimé. Élytres non rebordés à la base............ **grandis** Reitt.
26. Élytres finement ponctués en lignes. Insecte roux fauve varié de brun .... **intermedius**, n. sp.
— Élytres ponctués-striés. Tête et prothorax bruns... **semifuscus** Reitt.
27. Prothorax nettement plus long que large........ **perlongus** Champ.
— Prothorax carré ou transversal.......................... 28.
28. Bord antérieur du prothorax du mâle saillant anguleusement en avant... 29.
— Bord antérieur du prothorax subtronqué ou arrondi dans les deux sexes.. 30.
29. Brillant. Prothorax plus éparsement ponctué. Extrémité de la proéminence de la saillie du prothorax du mâle non déprimée.
.... **Grouvellei** Gorh.

nezuela (E. Simon), mais ayant des lignes fémorales sur le premier segment de l'abdomen, caractère qui manque chez *H. filum* Champ. Une autre espèce du Brésil, Prov. de Goyaz, très voisine, mais sans lignes fémorales, semble également distincte par sa pubescence.

(1) Cette synonymie ne peut faire de doute.

— Plus ou moins opaque. Prothorax densément ponctué. Extrémité de la proéminence de la saillie du prothorax du mâle déprimée. .... **texanus** Schäf. et **mexicanus** Reitt.
30. Subparallèle .... 31.
— Plus ou moins oblong ou ovale .... 34.
31. Tête aussi large ou plus large que le prothorax. Insecte très convexe .... **cephalotes**, n. sp.
— Tête moins large que le prothorax. Insecte très convexe .... 32.
32. 8e article des antennes subglobuleux .... **Reitteri** Gorh.
— 8e article des antennes transversal .... 33.
33. Massue des antennes symétrique .... **fuscus** Reitt.
— Massue des antennes dissymétrique .... **angustus**, n. sp.
34. Pubescence lanugineuse .... **lanuginosus** Champ.
— Pubescence simple .... 35.
35. Ponctuation des intervalles des stries des élytres très peu serrée. Côtés du prothorax ondulés, subdentés .... **piceus** Grouv.
— Ponctuation des intervalles des stries des élytres semblable à celle des stries .... 36.
36. Côtés du prothorax droits ou faiblement arrondis .... 37.
— Côtés du prothorax droits ou nettement arrondis .... 38.
37. Prothorax aussi long que large chez le ♂, plus court chez la ♀. .... **Flohri** Gorh.
— Prothorax transversal dans les deux sexes .... **lucidus** Champ.
38. Brillant. Prothorax peu densément ponctué. Élytres plus de trois fois plus longs que larges ensemble .... **nitidulus** Champ.
— Peu brillant. Prothorax densément ponctué. Élytres environ deux fois et demie plus longs que larges ensemble .... **brevis**, n. sp.

Ce tableau a été établi en réunissant les indications des tableaux publiés par Reitter, Verh. nat. Ver. Brünn, XV, 1877, p. 123 et par Champion, Trans. Ent. Soc. Lond., 1913, p. 97. Quelques espèces de ces auteurs nous sont connues avec plus ou moins de certitude; leur comparaison, comme du reste celle des espèces qui nous sont inconnues, a été faite d'après les descriptions des auteurs. De là le manque de précision que présente parfois notre tableau.

Je n'ai pas fait figurer dans ce tableau l'*H. sculpticollis* Champ., très facile à reconnaître en raison de la sculpture de son prothorax; je le considère comme devant être reporté dans un autre genre.

Les *Hapalips* étrangers à l'Amérique sont jusqu'à ce jour au nombre de cinq :

1° *H. Eichelbaumi* Grouv. 1909, Rev. d'Ent., XXVII [1908], p. 119. — Afrique Orientale.

Voisin de *H. Dufaui* Grouv.; distinct par la longueur de ses yeux égale au tiers de la longueur totale de la tête, son prothorax impressionné devant l'écusson et faiblement denté sur les côtés un peu avant la base.

2° *H. Championi* Grouv. 1914. Trans. Linn. Soc. Lond., XVII, 1, p. 154. — Seychelles.

Très allongé : articles 7 et 8 des antennes plus épais que le 6e également voisin de *H. Dufaui* Grouv.

3° *H. Scotti* Grouv. 1914. Trans. Linn. Soc. Lond., XVII, 1. p. 155. — Seychelles.

Très voisin de *H. Championi*, mais stries des élytres plus serrées. Ces deux espèces ont les extrémités des élytres relevées en une faible carène obtuse.

4° *H. Alluaudi* Grouv. 1906. Ann. Soc. ent. Fr., LXXV [1906], p. 138. — Madagascar.

Se distingue des *Hapalips* pubescents, à yeux petits, par l'impression transversale de la base du prothorax.

5° *H. prolixus* Sharp (*Xenoscelis*) 1876, Ent. Month. Mag., XIII. p. 26. — Nlle-Zélande.

Voisin comme aspect général de *H. filum* Reitt. ; remarquable par ses yeux petits, non saillants et les stries fémorales du premier segment de l'abdomen

Gen. **BOLERUS**, n. gen.

Elongato-oblongus, glaber.

Antennae breviusculae, infra frontis marginem insertae; tribus primis articulis sensim attenuatis; clava triarticulata, modicissime laxata.

Caput antice haud vel vix inflexum, utrinque juxta antennarum bases, subsinuatum; temporibus nullis.

Prothorax ante basin transversim impressus, laterum externo margine incrassatus, tenuiter, vel perspicue denticulatus et inter denticulos subsulcatus.

Elytra basi vix perspicue marginata, punctato-lineata, linearum intervallis tenuiter unilineato-punctulata, juxta scutellum striolata.

Mandibulae bicuspidatae.

Mentum extremitatibus sinuatum et acute productum.

Ultimus articulus palporum maxillarium longior, suboblongus, labialium ovatus.

Processus prosternalis plus minusve latus, coxas vix superans, apice modice inflexus, truncatus.

Acetabulae coxarum anticarum vix apertae.

Coxae intermediae posticaeque modice remotae.

Abdominis primum segmentum metasterno multo brevius, secundo segmento longius, secundo et tertio simul sumptis brevius; processu apice valde hebetato.

Pedes subrobusti; tarsis brevibus, quinquearticulatis, 1° et 2° articulo incrassatis, 3° lobato, 4° minuto. Lineae marginales coxarum intermediarum intus breviter lineato-productae, juxta suturam pleurosternalem breviter inflexae; coxarum posticarum lineae internae longe productae, externae ad medium coxae longitudinis, breviter acutissime productae.

Le genre *Bolerus* vient se placer entre les *Hapalips* et les *Loberus* : comme les premiers, il a les bords latéraux externes du prothorax sillonnés ; comme les deuxièmes, il a la saillie du premier segment de l'abdomen fortement émoussée. Tous les *Bolerus* ont le prothorax coupé à la base par une forte impression transversale.

Loberus minutus Fleutiaux (*Crotchia*) 1887, Ann. Soc. ent. Fr., 6, VII, p. 68, doit être rapporté au genre *Bolerus*.

Bolerus apicalis, n. sp. — *Oblongus, paulo minus ter longior quam in maxima latitudine latior, convexus, nitidus, nigro-piceus; capite prothoraceque vix dilutioribus; antennarum basi, pedibus et elytrorum apice rufescentibus. Antennae subincrassatae; 3° articulo sesquilongiore quam latiore, clava intus magis dilatata, 2 et 1/2 longiore quam latiore. Caput convexum, plus duplo latius quam longius, parce tenuiterque punctulatum; oculis prominulis. Prothorax antice quam postice paulo angustior, lateribus arcuatus, juxta basin breviter sinuatus, in maxima latitudine fere 2 et 1/2 latior quam longior, in disco quam caput densius validiusque punctulatus; margine antico medio subtruncato, vix producto, ad extremitates breviter sinuato; angulis anticis breviter rotundatis; lateribus pulvino tenui et canaliculo stricto marginatis; canaliculo in angulo antico substricto, dein strictissimo et basin versus paulatim valde ampliato; angulis posticis acutis; basi medio arcuata, utrinque latissime sinuata, duobus punctis submarginalibus notata; impressione basilari ad extremitates angusta, medio longe valde ampliata. Scutellum transversum suboblongum. Elytra basi quam prothorax paulo latiora, humeris obtuse angulosa, lateribus arcuata, ampliata, apice conjunctim breviter rotundata, 1 et 2/3 longiora quam simul latiora, tenuiter punctato-lineata; lineis juxta apicem evanescentibus; intervallis vix perspicue unilineatopunctulatis; marginibus lateralibus concavo-marginatis* — Long. 2,4-2,5 mm.

Oblong, un peu moins de trois fois plus long que large dans sa plus grande largeur, convexe, brillant, glabre, noir de poix; tête et prothorax à peine plus clairs; base des antennes, pattes et extrémité des élytres rougeâtres. Antennes un peu épaisses: 1er article, dilaté-arrondi en dedans, subcarré, 2e suballongé, 3e environ une fois et demie plus long que large, 4e transversal, 5e à 8e s'épaississant progressivement et très faiblement, subégaux, 5e carré; massue lâche, plus dilatée en dedans qu'en dehors, plutôt forte, très nettement moins longue que le tiers de la longueur totale de l'antenne, environ 2 fois et 1/2 plus longue que large: 1er et 2e article subégaux, transversaux, 2e un peu plus large que 1er et 3e, celui-ci subglobuleux, moins long que large. Tête plus de deux fois plus large avec les yeux que longue, convexe, éparsement et finement pointillée, saillante en arc entre les bases des antennes, infléchie en avant et sur les côtés pour former l'épistome, celui-ci tronqué au bord antérieur: yeux assez saillants, facettes moyennes. Prothorax un peu plus rétréci en avant qu'à la base, convexe, arqué sur les côtés, brièvement sinué contre la base, présentant sa plus grande largeur vers le milieu de la longueur, environ deux fois et demie plus large dans sa plus grande largeur que large, plus densément et plus fortement ponctué que la tête sur le disque, un peu plus fortement sur les côtés. Bord antérieur arqué, un peu saillant, brièvement sinué aux extrémités; angles antérieurs brièvement arrondis; côtés bordés par un fin bourrelet s'étendant autour de l'angle antérieur, très légèrement épaissi sur la région externe de cet angle, armé de cinq denticules très petits : 1er denticule terminant l'épaississement de l'angle antérieur, 2e un peu en avant du milieu, suivants partageant à peu près régulièrement l'intervalle entre le 1er et l'angle postérieur; cannelure latérale étroite sur l'angle antérieur, puis très étroite et s'élargissant ensuite progressivement pour se dilater fortement sur l'angle postérieur; celui-ci aigu; base arquée, saillante, largement sinuée de chaque côté, présentant deux points enfoncés, submarginaux, bordée par une impression striée, très rapprochée du bord basilaire entre les extrémités et les points submarginaux, s'en écartant largement entre ces points. Écusson suboblong, un peu plus de deux fois plus large que long. Élytres arqués séparément à la base, très finement rebordés, un peu plus larges à la base que la base du prothorax, en angle obtus, très finement dentés aux épaules, arqués-élargis sur les côtés, présentant leur plus grande largeur presque vers le premier quart de la longueur à partir de la base, brièvement arrondis ensemble au sommet, environ une fois et deux tiers plus longs que larges dans leur plus grande largeur, finement ponctués en lignes effacées contre le sommet; intervalles à peine visiblement pointillés en ligne; lignes latérales plus accentuées; marges latérales pliées, fortement infléchies surtout dans la partie basilaire, bordées par une gouttière nettement marquée. Calus huméraux bien marqués. Articles 1 à 3 des tarses prolongés, en dessous, en lobe tronqué, 4e imbriqué. Lignes fémorales des hanches intermédiaires courtes, divergentes; lignes marginales des hanches postérieures s'avançant sur le premier segment de l'abdomen en angle largement obtus, continué par une ligne divergente, atteignant presque le sommet du segment, et formant en plus une deuxième saillie, en angle aigu, vers le milieu de la longueur de la hanche.

Sumatra : Palembang (J. Bouchard), 6 exemplaires. Collection A. Grouvelle.

Bolerus Bouchardi, n. sp. — *Ovatus, circiter 2 et 1/2 longior quam in maxima latitudine latior, convexus, nitidus, piceo-testaceus; elytrorum humeris et apice, antennis pedibusque dilutioribus. Antennae vix incrassatae; 3o articulo subelongato, clava intus paulo magis dilatata, minus 2 et 1/2 longiore quam latiore. Caput convexum, magis duplo latius quam longius, disco parce tenuiterque punctulatum, antice densius validiusque; oculis vix prominulis. Prothorax antice quam postice vix angustior, lateribus antice posticeque rotundatus, medio subarcuatus, subparallelus, in maxima latitudine 2 et 1/3 latior quam longior, in disco sicut caput punctulatus; margine antico late et haud profunde emarginato; angulis anticis obtusis: lateribus pulvino tenui, extus crasso et substriato, antice breviter vix incrassato et obtusissime vix anguloso-marginatis; canaliculo laterali substricto; angulis posticis obtusis; basi medio arcuatim producta, utrinque longe sinuata, duobus punctis submarginalibus notata, impressione basilari ad extremitates angusta, inter puncta submarginalia lata. Scutellum transversum, suboblongum. Elytra* *basi quam prothorax paulo latiora, humeris obtuse angulosa, lateribus arcuata, modice ampliata, apice subconjunctim breviter rotundata, fere bis longiora quam simul in maxima latitudine latiora, tenuiter punctato-striata; striis apicem versus attenuatis evanescentibus; intervallis sat latis, vix perspicue unilineatopunctulatis; marginibus lateralibus stricte marginatis.* — Long. 2,2 mm.

Ovale, environ deux fois et demie plus long que large dans sa plus grande largeur, convexe, brillant, glabre, testacé, légèrement teinté de couleur de poix; épaules, extrémités des élytres, antennes et pattes plus claires. Antennes un peu épaissies; 1er article épais, dilaté, arrondi en dedans, subcarré; 2e à peine allongé; 3e encore un peu épais, suballongé; 4e à 8e progressivement un peu épaissis, 4e et 6e transversaux, 5e un peu plus long que 4e et 6e; 7e et 8e transversaux; massue lâche, à peine plus dilatée en dedans qu'en dehors, à peine deux fois et demie plus longue que large, subégale au tiers de la longueur totale de l'antenne; 1er et 2e article subégaux, transversaux, 2e un peu plus large que 1er et 3e, 3e transversal, suboblong. Tête plus de deux fois plus large avec les yeux que longue, convexe, éparsement et finement pointillée sur le disque, plus fortement en avant, pliée-infléchie en avant des bases des antennes, tronquée au bord antérieur; yeux à peine saillants, à facettes petites. Prothorax convexe, à peine plus rétréci en avant qu'à la base, faiblement arqué, subparallèle sur les côtés, fortement et peu longuement arqué aux extrémités, environ deux fois et un tiers plus large que long, ponctué comme la tête sur le disque, plus fortement vers les côtés. Bord antérieur largement et peu profondément échancré, faiblement arqué dans l'échancrure; angles antérieurs obtus; côtés bordés par un bourrelet et par une cannelure; bourrelet étroit, épais latéralement et substrié, très légèrement épaissi sur la région externe de l'angle antérieur, présentant un angle largement obtus à peine saillant à la base de la partie épaissie; cannelure atteignant le bord antérieur, médiocrement étroite; angles postérieurs obtus; base arquée, saillante en arrière dans le milieu, longuement sinuée de chaque côté, présentant deux points enfoncés submarginaux; strie de l'impression basilaire bordant la base entre les extrémités et les points submarginaux, s'écartant de la base entre ceux-ci et laissant libre une marge basilaire, relativement large, lisse. Écusson suboblong, plus de deux fois plus large que long. Élytres arqués séparément à la base, très finement rebordés, un peu plus larges à la base que la base du prothorax, en angle obtus, très finement denté aux épaules, arqués-élargis sur les côtés, présentant leur plus grande largeur vers le premier tiers de la longueur à partir de la base, brièvement presque arrondis ensemble au sommet, presque deux fois plus longs que larges ensemble dans leur plus grande largeur, finement ponctués-striés. Stries atténuées et effacées vers le sommet; stries suturales entières réduites à une ligne ponctuée à la base, plus accentuées au sommet; stries latérales plus accentuées. Intervalles médiocrement larges, plans sur le disque, à peine visiblement pointillés en ligne; premier intervalle latéral large, convexe. Marges latérales fortement infléchies, très étroitement rebordées. Calus huméraux marqués, plutôt petits. Articles 1 à 3 des tarses médiocrement prolongés en dessous en lobe tronqué; 4e imbriqué. Lignes fémorales des hanches intermédiaires très courtes; lignes marginales des hanches postérieures s'avançant sur le 1er segment de l'abdomen en angle très aigu et formant une deuxième saillie en angle obtus vers le milieu de la longueur de la hanche.

Sumatra : Palembang (J. Bouchard). 2 exemplaires. Collection A. Grouvelle.

TABLEAU DES **Bolerus**.

1. Impression transversale de la base du prothorax atteignant les côtés .... **apicalis**, n. sp.
— Impression transversale de la base du prothorax n'atteignant pas les côtés. Base rebordée dès que cette impression s'efface... 2.
2. Forme plus allongée, plus de 3 fois plus long que large; brun de poix. Bord antérieur du prothorax arqué en avant. **minutus** Fleut.
— Forme plus courte, nettement moins de trois fois plus long que large; testacé. Bord antérieur du prothorax légèrement échancré .... **Bouchardi**, n. sp

Gen. THALLISELLA Cr.

Crotch. 1876. Cist. Ent., I, p. 402. — Gorh.. Biol. Centr.-Amer., Col. VII, suppl. 1887, p. 248. — Fowl. 1908. Gen. Ins. Wytsman. *Languriinae*, p. 7 et 30.

Oblongus vel ovatus, glaber.

Antennae elongatae, infra frontis marginem insertae; tribus primis articulis sensim minus incrassatis; 5° quam 4° et praecipue 6° paululo latiore; clava elongata, laxata, triarticulata et plus minusve abrupta, vel quadriarticulata et tunc fere paulatim incrassata.

Caput antice plus minusve brevius inflexum, utrinque juxta oculos ex parte et antennarum bases marginatum, ad antennarum bases subsinuatum; oculis fortiter prominulis, temporibus nullis.

Prothorax basi striato-marginatus et utrinque puncto impresso vel striola submarginali notatus; lateribus margine externo plus minusve modice incrassatis, saepissime antice breviter et vix perspicue callosis.

Elytra basi plus minusve fortiter punctato-lineata vel punctato-striata, juxta scutellum haud striolata; margine basilari plus minusve modice gibbosa.

Mentum extremitatibus sinuatum et acute productum.

Mandibulae bicuspidatae.

Ultimus articulus palporum maxillarium longior, fusiformis; labialium modice incrassatus, ovatus.

Processus prosternalis subplanus, plus minusve latus, coxas superans, apice truncatus, marginatus.

Acetabulae coxarum anticarum plus minusve late apertae.

Coxae intermediae posticaeque modice remotae.

Abdominis primum segmentum metasterno brevius, secundo longius, secundo et tertio simul sumptis brevius; processu acuto, apice valde hebetato.

Pedes subgraciles; tarsis brevibus, 1°, 2° et 3° articulo dilatatis, imbricatis, 4° minuto.

Lineae femorales coxarum intermediarum et posticarum manifestae, plus minusve elongatae; lineae marginales coxarum intermediarum juxta suturam pleurosternalem arcuatim inflexae.

Ce genre se place entre les *Hopalips* et les *Loberus*. Il se sépare du premier par sa forme moins allongée, rappelant les *Triplax*, l'absence de striole ou de ponctuation préscutellaire, la saillie prosternale plus saillante et la saillie du premier segment de l'abdomen plus émoussée. Il se distingue des seconds par sa saillie prosternale plus allongée, l'absence de striole ou de ponctuation préscutellaire et par les cavités des hanches antérieures moins ouvertes. Chez les *Thallisella*, la marge basilaire du pronotum n'est pas impressionnée transversalement, comme chez un grand nombre de *Loberus*. Cette constatation justifierait peut-être la subdivision de ce dernier genre.

Les espèces comprises dans ce genre sont relativement grosses par rapport aux *Loberus* (il est possible que le *L. Kirschi* Reitt. 1875, ap. Harold. Col. Hefte, XIII, p. 79, soit un *Thallisella*).

Thallisella simplex, n. sp. — *Suboblonga, antice vix attenuata, circiter 2 et 1/3 longior quam in maxima latitudine latior, convexa, nitida, glabra, subdilute castanea; antennis, clava infuscata excepta, capite, prothoracis marginibus anticis et lateralibus et elytrorum apice dilutioribus. Antennae subelongatae, subincrassatae; 3° articulo subelongato, vix incrassato, 7° vix incrassato; clava quadriarticulata modice abrupta. Caput transversum, fronte convexum, parcissime tenuissimeque punctulatum, inter antennarum bases angulatim impressum, utrinque juxta marginem lateralem et usque oculi medium minus fortiter impressum; margine antico subtruncato, brevius inflexo; lateribus post oculos haud sinuatis. Prothorax convexus, antice quam postice angustior, lateribus arcuatus, antice brevissime vix sinuatus, fere 2 et 1/2 in maxima latitudine, latior quam longior, plus minusve parce punctulatus; punctis ad latera minoribus; margine antico subtruncato, extremitatibus bisubsinuato; angulis anticis obtusis, vix denticulatis; lateribus pulvino tenui, basin versus aliquid incrassato et canaliculo strictissimo, basin versus aliquid ampliato et in angulo postico fortiter extenso marginatis; pulvino extus modicissime substriato-incrassato; angulis posticis obtusis; basi medio subarcuata, utrinque subsinuata, striato-marginata, utrinque striola elongata, submarginali notata. Scutellum subpentagonale, transversum. Elytra basi prothorace vix latiora, humeris obtuse angulosa, denticulata, lateribus arcuata, sat ampliata, apice conjunctim sat breviter rotundata, paulo magis sesquilongiora quam simul in maxima latitudine latiora, tenuiter punctato-substriata; striis suturalibus apicem versus impressioribus, ceteris attenuatis; intervallis subplanis.* — Long. 2,2 mm.

Suboblong, légèrement atténué en avant, un peu plus de deux fois et demie plus long que large dans sa plus grande largeur, convexe, brillant, marron peu foncé; antennes sauf la massue qui est enfumée, tête, marges antérieures et latérales du pronotum et extrémité des élytres plus claires. Antennes un peu épaissies, dépassant légèrement la base du prothorax; 1er article subcarré, arrondi en dedans, 2e et 3e subcarrés, le dernier à peine plus long que le premier, 4e et 6e un peu transversaux, 5e à peine plus long et plus épais que les articles voisins, 7e subcarré, à peine épaissi, 8e à 11e formant une massue suboblongue, médiocrement accentuée, dont le 1er et le 2e article sont transversaux, le 3e l'est encore plus, et le 4e, à peine aussi long que large, est terminé par un bouton émoussé. Tête environ deux fois plus large avec les yeux que longue, convexe, très éparsement et très finement pointillée sur le front, obliquement et fortement impressionnée de chaque côté, en avant de la base de l'antenne, moins fortement contre le bord latéral, entre cette base et le milieu de l'œil; impressions antérieures presque réunies; marge antérieure de la tête subtronquée, très étroitement infléchie; bords latéraux sans sinus en avant des yeux. ceux-ci saillants, échancrant légèrement les marges du front; bords internes des yeux convergents; facettes petites. Prothorax convexe, plus large que la tête, plus étroit en avant qu'à la base, arqué sur les côtés, très brièvement et très faiblement subsinué contre l'angle antérieur, présentant sa plus grande largeur vers le premier tiers de la longueur à partir de la base, presque deux fois et demie plus large dans sa plus grande largeur que long, plus ou moins éparsement pointillé sur le disque, plus finement vers les côtés. Bord antérieur subtronqué, brièvement et faiblement bisinué aux extrémités; angles antérieurs obtus, à peine denticulés latéralement; côtés bordés par un fin bourrelet un peu épaissi vers la base, et par une très étroite gouttière élargi vers la base, s'épaississant sur toute la région de l'angle postérieur; celui-ci obtus; base faiblement arquée au milieu, subsinuée de chaque côté, rebordée-striée, présentant de chaque côté une striole longitudinale, submarginale. Écusson subpentagonal, environ deux fois plus large que long. Élytres à peine plus larges à la base que le prothorax, chacun bisinué, en angle obtus, denticulé aux épaules, arqués, assez élargis sur les côtés, présentant leur plus grande largeur vers le premier tiers de la longueur à partir de la base, assez brièvement arrondis ensemble au sommet, un peu plus d'une fois et demie plus longs que larges ensemble dans leur plus grande largeur, finement ponctués-substriés; points atténués vers l'extrémité; stries suturales enfoncées dans la partie apicale de l'élytre; intervalles à peine convexes sur le disque, plus fortement vers les côtés. Calus huméraux bien marqués; marges latérales fortement infléchies sur toute la longueur. Pattes un peu épaisses; tarses fortement dilatés. Lignes marginales des hanches intermédiaires s'avançant sur le métasternum, au côté interne, en ligne divergente, subentière et recourbée-arquée contre la suture pleuro-sternale; lignes fémorales des hanches postérieures subentières, un peu divergentes.

Vallée des Amazones : Obidos. 1 exemplaire probablement femelle. Collection A. Grouvelle.

Thalliseila luteola, n. sp. — *Oblongo-ovata, antice parum attenuata, vix duplo longior quam in maxima latitudine latior, convexa, nitida, glabra, lutea; antennarum clava vix infuscata. Antennae sat valde elongatae, graciles: 3° articulo aliquid incrassato, sesquilongiore quam latiore; 8° modicissime incrassato; clava triarticulata, abrupta. Caput transversissimum, fronte modice convexum, parcissime punctulatum, antice vix inflexum; lateribus post oculos valde sinuatis. Prothorax convexus, antice quam postice angustior; lateribus praecipue antice arcuatis, basin versus subsinuatis, in maxima latitudine plus duplo latior quam longior, plus minusve parcissime punctulatus, punctis ad latera minoribus; margine antico arcuato, extremitatibus breviter subsinuato, angulis anticis obtusis; lateribus pulvino et canaliculo antice tenuissimis, postice paulo validioribus marginatis, pulvino extus incrassato, subsinuato; angulis posticis acutis, prominulis; basi arcuata, utrinque late sinuata et puncto submarginali notata, striato-marginata; stria medio a basi magis remota. Scutellum transversum subpentagonale. Elytra basi prothorace vix latiora, humeris obtuse angulosa, vix perspicue denticulata, lateribus arcuata, sat ampliata, apice conjunctim rotundata, vix sesquilongiora quam simul in maxima latitudine latiora, tenuiter punctato-substriata; striis suturalibus apicem versus magis impressis, ceteris attenuatis; intervallis planis.* — Long. 2,2 mm.

Suboblong, atténué en avant, à peine deux fois plus long que large dans sa plus grande largeur, convexe, brillant, testacé jaunâtre; massue des antennes à peine rembrunie. Antennes plutôt grêles, dépassant très nettement la base du prothorax; 1er article un peu plus long que large, assez faiblement arrondi en dedans, 2e carré, 3e une fois et demie plus long que large, 4e à peine plus long que large, 5e plus long que 4e et à peine plus épais, 7e à 8e s'épaississant progressivement, 6e suballongé, 8e subcarré, 9e à 11e formant une massue accentuée, suboblongue, près de trois fois aussi longue que large, dont le dernier article plus long que les premiers est acuminé à l'extrémité. Tête un peu plus de deux fois plus large avec les yeux que longue, médiocrement convexe sur le front, subtronquée, à peine infléchie au bord antérieur, faiblement biimpressionnée entre les bases des antennes, très éparsement pointillée sur le front, plus densément sur l'épistome; bords latéraux fortement sinués en avant des yeux, ceux-ci très saillants, échancrant faiblement les marges du front; bords internes des yeux convergents; facettes moyennes. Prothorax convexe, plus large que la tête, un peu plus étroit en avant qu'à la base, arqué sur les côtés surtout en avant, subsinué contre la base, plus de deux fois plus large dans sa plus grande largeur que long; ponctuation comparable à celle de la tête, plus ou moins très éparse sur le disque, atténuée vers les côtés. Bord antérieur arqué, brièvement sinué aux extrémités; angles antérieurs obtus; côtés bordés par un bourrelet et une gouttière très fine en avant, un peu plus forts vers la base; angles postérieurs aigus, saillants; base arquée dans le milieu, largement sinuée de chaque côté, bordée par une strie plus écartée du bord marginal au milieu que sur les côtés, présentant deux points enfoncés submarginaux: convexité du disque atteignant la strie marginale au milieu, laissant libre les régions des angles postérieurs. Écusson subpentagonal, environ deux fois plus large que long. Élytres à peine plus larges à la base que le prothorax, arqués séparément, en angle obtus, à peine denticulé aux épaules, arqués sur les côtés, assez élargis, présentant leur plus grande largeur vers le premier tiers de la longueur à partir de la base, arrondis ensemble au sommet, à peine une fois et demie plus longs que larges ensemble dans leur plus grande largeur, finement ponctués-substriés; points atténués vers le sommet : stries suturales enfoncées dans la partie apicale de l'élytre ; intervalles plans. Calus huméraux médiocrement tronqués; marges latérales très fortement infléchies sous les épaules, moins fortement sur le reste de la longueur. Pattes médiocrement allongées, un peu épaisses; tarses médiocrement dilatés. Lignes marginales des hanches intermédiaires s'avançant en saillie anguleuse très aiguë, assez allongée, sur le métasternum au côté interne et recourbée-arquée contre la suture pleuro-sternale; lignes fémorales des hanches postérieures presque entières, subparallèles. Segments abdominaux 2-4 impressionnés, faiblement fasciculés chez le mâle.

Bolivie : Province de Cochabamba. 1 exemplaire mâle. Collection A. Grouvelle.

Thallisella lepida, n. sp. — *Oblongo-ovata, vix duplo longior quam in maxima latitudine latior, convexa, nitida, glabra; capite, prothorace et elytris nigris apice sanguinea; antennarum articulis 8-10 infuscatis, ceteris pedibusque fulvo-testaceis. Antennae elongatae, subgraciles; 3° articulo aliquid incrassato, fere sesquilongiore quam latiore; clava quadriarticulata, fere haud abrupta; ultimo articulo quam praecedente angustiore. Caput transversissimum, fronte convexum, parcissime punctulatum, ad antennarum bases impressum; lateribus post oculos vix sinuatis. Prothorax convexus, antice quam postice paulo angustior, basi fere 2 et 1/2 latior quam longior, in disco subparce et fronte validius punctulatus, punctis ad latera minoribus; margine antico medio subtruncato, extremitatibus vix bisinuato; angulis anticis obtusis, vix denticulatis; lateribus subparallelis, antice arcuatis, pulvino tenui et canaliculo stricto, ambobus basin versus paulo validioribus, marginatis; pulvino extus modicissime sulcato-incrassato, sulco interrupto; angulis posticis acutis; basi medio arcuata, utrinque sinuata et puncto elongato submarginali notata, striato-marginata; stria medio a basi magis remota. Scutellum transversum, apice obtuse angulosum. Elytra basi prothorace vix latiora, humeris obtuse angulosa, vix denticulata, lateribus arcuata, sat ampliata, apice conjunctim rotundata, circiter sesquilongiora quam simul in maxima latitudine latiora, punctato-substriata; striis suturalibus apicem versus impressioribus, ceteris attenuatis.* — Long. 2,5 mm.

Suboblong, atténué en avant, un peu plus de deux fois plus long que large dans sa plus grande largeur, convexe, brillant; tête et prothorax rougeâtres; élytres noirs, rougeâtres à l'extrémité et sur les extrêmes marges suturales; antennes, sauf les articles 8 à 10 qui sont enfumés, fauve testacé, pattes de même coloration. Antennes assez grêles, dépassant la base du prothorax; 1er article un peu plus long que large, arrondi en dedans, 2e suballongé, 3e à peine plus long que le deuxième. 4e subtransversal, 5e suballongé, un peu plus épais que le 4e, à peine plus épais que le 6e, celui-ci subcarré, 7e un peu épaissi, 8e intermédiaire comme épaisseur entre le 7e et le 9e, subcarré, 9e également subcarré, 10e un peu plus long que le 9e, 11e allongé, acuminé à l'extrémité, plus étroit que le précédent. Tête plus de deux fois plus large avec les yeux que longue, convexe sur le front, déprimée sur l'épistome, biimpressionnée entre les bases des antennes; ponctuation éparse, très fine, plus forte vers les yeux; bord antérieur brièvement infléchi, subtronqué; bords latéraux à peine sinués en avant des yeux, ceux-ci très saillants, échancrant à peine les marges du front; bords internes des yeux très convergents; facettes plutôt petites. Prothorax convexe, plus large que la tête, un peu plus étroit en avant qu'à la base, subparallèle, arqué en avant, presque deux fois et demie plus large à la base que long; ponctuation fine, éparse, plus forte que celle du front, atténuée vers les côtés. Bord antérieur subtronqué, presque bisinué aux extrémités; angles antérieurs obtus, subdenticulés; côtés à peine calleux contre les angles antérieurs, bordés par un fin bourrelet et une étroite gouttière, tous deux plus développés vers la base, la dernière s'épanouissant sur la région de l'angle postérieur; bourrelet légèrement épaissi, sillonné en dehors par sillon interrompu; angles postérieurs aigus; base arquée au milieu, sinuée largement vers les extrémités, bordée par une strie plus éloignée du bord basilaire au milieu qu'aux extrémités, présentant de chaque côté un point submarginal, enfoncé, un peu allongé. Écusson environ deux fois plus large que long, suboblong, en angle obtus au sommet. Élytres à peine plus larges à la base que la base du prothorax, en angle obtus, très faiblement denticulés aux épaules, arqués sur les côtés, assez nettement élargis, présentant leur plus grande largeur vers le premier tiers de la longueur à partir de la base, arrondis ensemble au sommet, environ une fois et demie plus longs que larges ensemble dans leur plus grande largeur, ponctués-substriés; points atténués vers le sommet; stries suturales enfoncées dans la partie apicale de l'élytre; intervalles presque plans. Calus huméraux marqués; marges latérales fortement infléchies sur presque toute la longueur du côté. Pattes médiocrement allongées, faiblement épaissies; tarses médiocrement dilatés. Lignes marginales des hanches intermédiaires s'avançant en saillie très aiguë, très allongée sur le métasternum au côté interne et recourbée-arquée contre la suture pleuro-sternale de ce segment; lignes fémorales des hanches postérieures dépassant le milieu du 1er segment de l'abdomen. 2e à 4e segments abdominaux du mâle présentant sur le disque une houppe pubescente flave.

Brésil : Bahia. 1 exemplaire mâle. Collection A. Grouvelle.

Thallisella andicola, n.sp. — *Oblonga, circiter 2 et 2/3 longior quam in maxima latitudine latior, convexa, nitida; capite prothoraceque subfusco-castaneis; elytris castaneis, ad humeros et ante apicem dilutioribus; antennis, clava infuscata excepta, pedibusque fulvis. Antennae elongatae, subgraciles, 3° articulo aliquid incrassato, subelongato, clava quadriarticulata, fere haud abrupta, ultimo articulo quam praecedente paulo angustiore. Caput transver-*

sissimum, fronte convexum, parcissime punctulatum, inter antennarum bases transversim impressum; lateribus post oculos sinuatis. Prothorax convexus antice quam postice vix angustior, lateribus antice arcuatus, medio subrectus, ante basin sinuatus, in maxima latitudine plus duplo latior quam longior, tenuiter et plus minusve parce punctulatus; margine antico medio subtruncato, utrinque late sinuato; angulis anticis subrectis, antrorsum modice productis; lateribus pulvino stricto et canaliculo antice angusto, ad basin sensim valde expanso marginatis; angulis posticis acutis, productis; basi medio arcuata, utrinque suboblique striata, stricte striato-marginata; margine basilari sat lato, extremitatibus latiore, utrinque puncto submarginali, in longitudinem striolato, notato. Scutellum transversissimum, suboblongum. Elytra basi prothorace vix latiora, humeris breviter rotundata, lateribus arcuata, aliquid ampliata, apice subconjunctim rotundata, circiter 1 et 2/3 longiora quam simul in maxima latitudine latiora, tenuiter punctato-substriata, punctis ad apicem attenuatis; intervallis subplanis; striis suturalibus apicem versus impressis. — Long. 3,9 mm.

Oblong, environ deux fois et deux tiers plus long que large dans sa plus grande largeur, convexe, brillant, marron enfumé sur la tête et le prothorax un peu plus clair sur les élytres, à peine assombri sur leurs régions basilaires et anté-apicales; antennes sauf la massue presque entièrement noirâtres; pattes roux clair. Antennes assez grêles, dépassant la base du prothorax: 1er article plus long que large, arrondi en dedans. 2e suballongé. 3e un peu plus long que le 2e, 4e et 6e suballongés, un peu moins longs que le 5e, 7e un peu épaissi, amorçant la massue, à peine plus long que le 5e, 8e à 11e formant une massue à peine marquée à la base, dont le 1er article est subcarré, le 2e et le 3e sont plus longs que larges et le dernier, subégal au 3e, est émoussé au sommet et moins rembruni. Tête plus de deux fois plus large avec les yeux que longue, convexe sur le front, transversalement impressionnée entre les bases des antennes; ponctuation très fine et très éparse sur le front, plus forte sur l'épistome; bord antérieur brièvement infléchi, subtronqué: bords latéraux sinués en avant des yeux, ceux-ci échancrant légèrement les marges du front; facettes moyennement grosses. Prothorax convexe, plus large que la tête, à peine plus étroit en avant qu'à la base, arrondi en avant des côtés, puis subrectiligne, très légèrement atténué vers la base, enfin sinué contre l'angle postérieur, environ deux fois plus large dans sa plus grande largeur que long; ponctuation très fine, en général très écartée. Bord antérieur subtronqué au milieu, largement sinué de chaque côté; angles antérieurs presque droits, un peu saillants en avant; côtés bordés par un étroit bourrelet et par une gouttière très étroite en avant, s'élargissant progressivement et envahissant toute la région de l'angle postérieur: bourrelet très brièvement subcalleux en avant, médiocrement épaissi, extérieurement subsillonné, ponctué de points allongés; angles postérieurs aigus, saillants: base arquée au milieu, un peu obliquement subtronquée de chaque côté, étroitement rebordée-striée, présentant de chaque côté un point submarginal enfoncé, un peu allongé, placé entre la partie arquée de la base et la partie subtronquée; marge basilaire subconcave, assez large, se réunissant aux extrémités aux explanations basilaires des gouttières marginales des côtés. Écusson suboblong, nettement plus de deux fois plus large que long. Élytres à peine plus larges à la base que la base du prothorax, brièvement rebordés vers les épaules, brièvement arrondis aux épaules, arqués sur les côtés; faiblement élargis, présentant leur plus grande largeur un peu avant le premier tiers de la longueur à partir de la base, presque arrondis ensemble au sommet, environ une fois et deux tiers plus longs que larges ensemble dans leur plus grande largeur, ponctués en lignes substriées, atténuées vers le sommet; intervalles subdéprimés; stries suturales enfoncées dans la moitié apicale. Calus huméraux bien marqués; marges latérales très infléchies aux épaules, moins fortement sur le reste de la longueur. Pattes allongées, faiblement épaissies; tarses largement dilatés. Lignes marginales des hanches intermédiaires s'avançant, en saillie très aiguë, sur le métasternum au côté interne de la hanche, recourbée arquée contre la suture pleuro-sternale; lignes marginales des hanches postérieures donnant des lignes fémorales dépassant le milieu du 1er segment de l'abdomen. Le sommet des élytres présente quelques rares poils dressés.

Bolivie : province de Cochabamba (Ph. Germain). 1 exemplaire probablement femelle. Collection A. Grouvelle.

Thallisella ampla, n. sp. — *Oblonga, circiter 2 et 1/2 longior quam in maxima latitudine latior, modice convexa, nitida, rufo-picea; elytrorum basi picea; antennis, clava infuscata excepta, pedibusque rufo-fulvis. Antennae graciles; 8° articulo aliquid incrassato, clava subabrupta, circiter 2 et 1/2 longiore quam latiore, ultimo articulo quam praecedente paulo angustiore. Caput transversissimum, convexum, antice truncatum, fronte subparce punctatum, inter antennarum bases transversim subimpressum; lateribus post oculos fortiter sinuatis. Prothorax convexus, antice quam postice paulo angustior, lateribus rotundatus juxta basin sinuatus, fere 2 et 1/2 in maxima latitudine latior quam longior, plus minusve parce punctatus; margine antico medio subtruncato, extremitatibus breviter antrorsum anguloso-producto; angulis anticis extus breviter subincrassatis et postice minutissime angulosis; lateribus pulvino subtenui et canaliculo concavo, antice angusto, postice latiore marginatis; angulis posticis subrectis, haud hebetatis: basi medio subtruncata, subproducta, utrinque late vix sinuata, pulvino subtenui marginata; margine basilari medio anguste, ad angulos posticos sensim latius concavo, utrinque impressione punctata, submarginali notato. Scutellum transversissimum, subpentagonale. Elytra basi prothorace paulo latiora, tenuissime marginata, humeris breviter rotundata, lateribus arcuata, aliquid ampliata, apice subconjunctim rotundata, circiter 1 et 1/2 longiora quam simul in maxima latitudine latiora, punctato-substriata; lineis punctatis apicem versus fortiter attenuatis, fere evanescentibus; intervallis vix concavis, suturali ante apicem fortiter impresso, dein angustissimo.* — Long. 3,2 mm.

Oblong, environ deux fois et demie plus long que large dans sa plus grande largeur, médiocrement convexe, brillant, roux de poix, longuement rembruni sur la partie basilaire, sauf vers les épaules; antennes, sauf la massue qui est enfumée, et pattes roux de poix clair. Antennes médiocrement grêles; 1er article environ aussi long que large, dilaté en dedans, 2e, 4e et 6e subcarrés, 3e un peu allongé, 5e légèrement plus épais que 4e et 6e, 6e à 8e s'épaississant progressivement et faiblement; massue suboblongue assez lâche, un peu plus longue que le tiers de la longueur de l'antenne, environ deux fois et demie aussi longue que large; 1er article subcarré, 2e un peu transversal, 3e environ aussi long que large, subacuminé à l'extrémité. Tête plus de deux fois et demie plus large avec les yeux que longue, convexe, subéparsement ponctuée sur le front, biimpressionnée entre les bases des antennes, plus densément ponctuée sur les impressions, celles-ci transversalement presque confluentes; marge antérieure brièvement infléchie, subtronquée; bords latéraux fortement sinués en avant des yeux; yeux échancrant les marges du front, à facettes assez grosses. Prothorax convexe, plus large que la tête, un peu plus étroit en avant qu'à la base, arrondi sur les côtés, brièvement sinué contre la base, presque deux fois et demie plus large dans sa plus grande largeur que long, plus ou moins éparsement pointillé. Bord antérieur peu profondément échancré, subtronqué dans l'échancrure, un peu saillant en avant en lobe arrondi aux extrémités; côtés bordés par un bourrelet plus étroit en avant qu'en arrière, épaissi et subsillonné latéralement, très brièvement subcalleux en avant, et par une gouttière étroite en avant, s'élargissant vers la base; sillon latéral du bourrelet marginal très brièvement interrompu de distances en distances; angles postérieurs presque droits, non émoussés; base faiblement arquée au milieu, subtronquée de chaque côté, bordée par un étroit bourrelet et par une marge concave, étroite au milieu, se réunissant à chaque extrémité à la gouttière latérale, et marquée de deux impressions submarginales, ponctiformes. Écusson subpentagonal, un peu plus de deux fois plus large que long. Élytres à peine plus larges à la base que la base du prothorax, arrondis aux épaules, arqués sur les côtés, très faiblement élargis, présentant leur plus grande largeur vers le premier tiers de la longueur à partir de la base, presque arrondis ensemble au sommet, environ une fois et demie plus longs que larges ensemble dans leur plus grande largeur, ponctués en lignes substriées, atténuées et effacées vers le sommet; lignes ponctuées de la région suturale atténuées; intervalles subdéprimés, intervalle suturaux enfoncés avant le sommet, extrêmement étroits sur la partie apicale. Calus huméraux marqués; marges latérales fortement infléchies dessous les calus huméraux, moins fortement sur le reste de la longueur. Pattes un peu épaisses; tarses largement dilatés. Lignes marginales des hanches intermédiaires s'avançant en angle très aigu sur le métasternum au côté interne, recourbées contre la suture pleuro-sternale; lignes fémorales des hanches postérieures subentières, assez divergentes. Dernier segment de l'abdomen faiblement relevé, à la base, en forme de gibbosité transversale. Segments abdominaux 2e, 3e et 4e du mâle impressionnés sur le disque, présentent sur ces impressions une houppe de poils flaves, recourbés vers l'extrémité de l'abdomen.

Brésil : Parana. 2 exemplaires. Collection du British Museum.

Lorsque l'insecte est vu de dessous, les côtés du prothorax sont très obsolètement et très obtusement denticulés. Genre douteux.

Thallisella variegata, n. sp. — *Oblonga, circiter ter longior quam in maxima latitudine latior, convexa, nitidula, dilute castanea, elytris in dimidia parte basilari fusco-variegata; antennarum articulis 7-10 infuscatis, ultimo subinfuscato. Antennae graciles; articulo 8° aliquid incrassato, clava subabrupta, magis ter longiore quam latiore, ultimo articulo quam praecedente vix angustiore. Caput transversissimum, convexum, antice truncatum, fronte parce, antice densius validiusque punctulatum; oculis prominulis, postice quam antice magis incurvatis. Prothorax convexus, antice quam postice modice angustior, lateribus antice arcuatus, postice parallelus, plus 2 et 1/2, in maxima latitudine, latior quam longior, plus minusve parce punctulatus; margine antico medio truncato, utrinque vix sinuato et ad extremitates antrorsum brevissime rotundato-producto; angulis anticis rotundatis, extus basi minutissime anguloso-dentatis; marginibus lateralibus, usque anguli antici dentem marginatis, canaliculo laterali augusto, postice vix majore; angulis posticis subrectis; basi subtruncata, utrinque impressa, inter impressiones paulo latius marginata. Scutellum transversum, subpentagonale. Elytra basi quam prothorax vix latiora, ex parte marginata, humeris obtusa, lateribus arcuata, aliquid ampliata, apice subconjunctim rotundata, paulo plus duplo longiora quam simul in maxima latitudine latiora, punctato-lineata; punctis apicem versus attenuatis; lineis suturalibus breviter paulo ante apicem impressis.* — Long. 2,5-2,9 mm.

Oblong, environ trois fois plus long que large dans sa plus grande largeur, convexe, glabre, assez brillant; tête et prothorax roux de poix; élytres marron clair, varié de brun sur la moitié basilaire; articles 7-10 des antennes noirs, le dernier enfumé. Antennes grêles; 1er article, un peu dilaté-arrondi en dedans, environ aussi long que large, 2e suballongé, 3e subégal au 2e, moins d'une fois et demie plus long que large, 4e subcarré, 5e subégal au 3e, à peine plus épais que le 3e et le 4e; 6e et 7e s'épaississant progressivement et très légèrement, 6e suballongé, 7e un peu plus long que le 6e, 8e nettement plus épais que le précédent, faiblement allongé; massue assez lâche, un peu plus courte que le tiers de la longueur totale de l'antenne, 1er article nettement plus large que le précédent, en forme de tronc de cone peu accentué, aussi long que large au sommet, 2e médiocrement transversal, 3e un peu plus long que large, terminé par une partie acuminée-émoussée. Tête plus de deux fois plus large avec les yeux que longue, convexe, tronquée au bord antérieur, éparsement pointillée vers le sommet du front, plus densément en avant; épistome surbaissé par rapport au bord antérieur du front, densément ponctué; yeux gros, échancrant légèrement les marges latérales du front, présentant une courbure plus accentuée à la base qu'en avant. Prothorax convexe, plus large que la tête, plus étroit au sommet qu'à la base, arqué sur les côtés en avant, parallèle dans la partie basilaire, plus de deux fois et demie plus large que long, plus ou moins éparsement pointillé sur le disque, plus fortement et plus densément vers les côtés. Bord antérieur brièvement subtronqué et saillant faiblement en avant, en lobe arrondi aux extrémités; angles antérieurs disparaissant dans les lobes arrondis, marqués en arrière par un très faible rétrécissement, formant un angle nettement marqué; marges latérales bordées par une strie s'arrêtant, en avant, au niveau du rétrécissement de l'angle antérieur, et par une cannelure bordant l'angle antérieur, très étroite en avant, s'élargissant faiblement vers l'angle postérieur et se réfléchissant contre la base; bourrelet marginal médiocrement épaissi-subsillonné, sillon interrompu; angles postérieurs presque droits; base subtronquée, impressionnée de chaque côté, très étroitement rebordée de chaque côté entre l'extrémité et l'impression correspondante, un peu plus largement entre les impressions. Écusson subpentagonal, un peu plus de deux fois plus large que long. Élytres à peine plus larges à la base que la base du prothorax, rebordés de chaque côté de l'écusson jusqu'au calus huméral, en angle obtus, subdenté aux épaules, arqués sur les côtés, présentant leur plus grande largeur vers le premier tiers de la longueur à partir de la base, presque arrondis ensemble au sommet, plus de deux fois plus longs que larges ensemble dans leur plus grande largeur, finement ponctués en lignes; points atténués vers le sommet; lignes latérales plus accentuées; 1er intervalle latéral très large; calus huméraux bien marqués; marge basilaire de chaque élytre relevée en forme de gibbosité. Taches enfumées dessinant sur les élytres un X allongé sur la suture, à branches basilaires recourbées vers le sommet. Tarses fortement prolongés en dessous, en lobe large, tronqué: 4e article imbriqué. Lignes marginales des hanches intermédiaires s'avançant faiblement sur le segment en angle très aigu et infléchie-arquée contre la suture pleuro-sternale; lignes des hanches postérieures écourtées, divergentes.

Mâle. Antennes plus longues. Segments abdominaux 2-4 présentant chacun sur le disque une impression ornée d'une touffe de poils flaves.

Venezuela : Caracas (E. Simon). 5 exemplaires. Collection A. Grouvelle.

Thallisella fuscocastanea, n. sp. — *Oblonga, circiter 2 et 1/2 longior quam in maxima latitudine latior, convexa, nitida, glabra, fulvo-castanea; elytris fusco-castaneo variegatis; capite, prothoraceque nigrescentibus, antennis, articulis 8-10 exceptis, infuscatis, pedibusque dilute castaneis. Antennae subgraciles; 8° articulo aliquid incrassato, clava plus ter longiore quam latiore, ultimo articulo quam praecedente paulo angustiore. Caput transversissimum, convexum, antice truncatum, fronte parce, antice densius validiusque punctulatum; oculis prominulis. Prothorax antice quam postice modice angustior, lateribus arcuatus, basin versus subsinuatus, circiter 2 et 1/2, in maxima latitudine, latior quam longior, convexus, plus minusve parce punctulatus; margine antico medio truncato, utrinque vix sinuato et ad extremitatem antrorsum brevissime rotundato-producto; angulis anticis rotundatis, extus basi minutissime anguloso-dentatis; marginibus lateralibus marginatis, canaliculo laterali juxta angulum anticum angusto, dein angustissimo et usque basin paulatim paulo latiore; angulis posticis acutis; basi medio arcuato-producto, utrinque late subsinuata, sulco subrecto marginata, margine inter* *basin et sulcum ad extremitates angustissimo. Scutellum transversum, subpentagonale. Elytra basi quam prothorax vix latiora, ex parte marginata, humeris obtusa, lateribus arcuata, modice ampliata, apice conjunctim rotundata, minus duplo longiora quam simul in maxima latitudine latiora, tenuiter lineato-punctulata; punctis apicem versus evanescentibus, lineis suturalibus apicem versus subimpressis.* — Long. 2,5-5,7 mm.

Oblong, environ deux fois et demie plus long que large dans sa plus grande largeur, convexe, glabre, brillant, marron un peu rougeâtre, varié de brun sur les élytres, assombri sur la tête et le prothorax ; base des antennes et pattes plus claires ; articles 8e à 9e des antennes plus sombres, 11e légèrement assombri ; taches sombres des élytres mal définies, comprenant sur chacun d'eux : une bande arquée, s'appuyant sur la base et sur le côté, et laissant libre la région de l'épaule ; une deuxième bande transversale, un peu après le milieu, et enfin une troisième près du sommet. Antennes assez grêles ; 1er article épais, arrondi en dedans, à peine plus long que large, 2e subcarré, 3e presque une fois et demie plus long que large, 4e suballongé, 5e, 6e et 7e subégaux, un peu plus longs que 4e, 6e à 8e s'épaississant progressivement, 8e un peu plus long que large ; massue assez lâche, plus de trois fois plus longue que large, subégale au tiers de la longueur totale de l'antenne ; 1er article très nettement plus large que le précédent, en forme de tronc de cône renversé, un peu plus long que large en avant, 2e subcarré, à peine plus large que le 1er et le 3e, ce dernier ovoïde, acuminé à l'extrémité, un peu allongé. Tête plus de deux fois plus large avec les yeux que longue, convexe, tronquée au bord antérieur, éparsement pointillée sur le front, plus densément en avant ; front biimpressionné entre les bases des antennes, infléchi de chaque côté en avant de celles-ci et par suite saillant anguleusement en avant de ces bases ; yeux gros, saillants, échancrant légèrement les marges latérales du front ; facettes assez fortes. Prothorax convexe, plus large que la tête, plus étroit au sommet qu'à la base, arqué sur les côtés, sinué dans la partie basilaire, environ deux fois et demie plus large dans sa plus grande largeur que long, plus ou moins éparsement pointillé sur le disque. Bord antérieur subtronqué, subsinué de chaque côté et brièvement et faiblement arrondi, saillant en avant aux extrémités ; angles antérieurs disparaissant dans la partie saillante arrondie, marqués en arrière par un très faible rétrécissement formant un angle très net ; marges latérales bordées par une strie s'arrêtant contre le bourrelet marginal de l'extrémité du bord antérieur ; cannelure marginale étroite sur l'angle antérieur, devenant très étroite, puis s'élargissant progressivement et très faiblement jusqu'à la base ; angles postérieurs aigus ; base subarquée en arrière dans le milieu, subsinuée et impressionnée de chaque côté, bordée entre les angles postérieurs et les impressions, par une impression transversale, continuant les cannelures latérales, laissant au milieu devant l'écusson une marge basilaire, lisse, réfléchie, relativement large. Écusson subpentagonal, environ deux fois plus large que long. Élytres à peine plus larges à la base que la base du prothorax, rebordées de chaque côté de l'écusson jusqu'au calus huméral, en angle obtus, subdenté aux épaules, arqués, assez élargis sur les côtés, présentant leur plus grande largeur vers le milieu de la longueur, arrondis ensemble au sommet, moins de deux fois plus longs que larges ensemble dans leur plus grande largeur, finement ponctués en lignes; points, effacés vers le sommet; lignes suturales substriées vers le sommet; lignes latérales plus accentuées. 1er intervalle latéral très large; calus huméraux marqués; base de chaque élytre relevée en gibbosité. Tarses un peu allongés, médiocrement dilatés; articles 1 à 3 fortement prolongés en dessous en lobe large, tronqué: 4e article imbriqué. Lignes marginales des hanches intermédiaires s'avançant sur le métasternum, au côté interne, en angle très aigu et se recourbant, contre la suture pleuro-sternale, en angle aigu médiocrement saillant; lignes des hanches postérieures écourtées, divergentes.

Mâle. Antennes plus longues; segments abdominaux 2-4 présentant une faible impression sur le disque.

Bolivie : province de Cochabamba (Ph. Germain). Plusieurs exemplaires. Collection A. Grouvelle.

D'après M. Gilbert Arrow, qui a comparé les *types*, cette espèce est très voisine de *T. peruviana* Crotch.

Lorsque la coloration est plus développée, la bande subhumérale rejoint latéralement la 1re bande transversale et le calus huméral se détache comme coloration sur le reste de la surface; il en est de même de la partie claire entre la 1re et la 2e bande transversale. Lorsque la coloration est moins développée, les antennes sont concolores.

Thallisella diluta, n. sp. — *Oblonga, circiter 2 et 1/2 longior quam in maxima latitudine latior, convexa, nitida, dilute castanea; antennarum clava subinfuscata. Antennae subgraciles; clava quadriarticulata, parum incrassata, fere quater longiore quam latiore; ultimo articulo quam praecedente angustiore. Caput transversum, convexum, antice truncatum, fronte parce punctatum. Prothorax convexus, antice quam postice angustior, lateribus subparallelus, antice arcuatus, fere 2 et 1/2 latior quam longior, plus minusve parce punctatus; margine antico modice arcuato, extremitatibus subsinuato; angulis anticis obtusis; lateribus pulvino tenuissimo et margine concavo angusto, antice minutissimo, marginatis; angulis posticis subrectis; basi medio arcuata, utrinque subsinuata, anguste striato-marginata. Scutellum transversum, subpentagonale. Elytra basi quam prothorax vix latiora, basi, tenuissime marginata, humeris obtusa, lateribus arcuata, parum ampliata, apice conjunctim rotundata; circiter 1 et 1/2 longiora quam simul in maxima latitudine latiora, tenuiter punctato-lineata; punctis apicem versus attenuatis, evanescentibus; striis femoralibus integris, apice impressis.* — Long. 2,6 mm.

Oblong, environ deux fois et demie plus long que large dans sa plus grande largeur, brillant, glabre, testacé; massue des antennes un peu enfumée. Antennes assez grêles; 1er article arrondi en dedans en avant, un peu plus long que large, 2e et 3e suballongés, 4e subcarré, 5e à peine allongé et plus épais que les articles voisins; 6e et 7e s'épaississant légèrement, 8e à 11e formant une massue lâche, peu accentuée, environ quatre fois plus longue que large, dont le dernier article plus étroit que le précédent est très nettement allongé. Tête plus de deux fois plus large avec les yeux que longue, convexe, sillonnée entre les bases des antennes, surbaissée en avant de ce sillon, tronquée au bord antérieur, éparsement et finement ponctuée sur le front, plus fortement vers les yeux, assez fortement rebordée contre les bases des antennes et la partie antérieure des yeux, subsinuées vers l'insertion des antennes; yeux gros, saillants, à grosses facettes; bords des orbites droits, convergents en avant. Prothorax convexe, plus large en avant que la tête, plus étroit au sommet qu'à la base, subparallèle, arqué en avant, presque deux fois plus large que long, plus ou moins éparsement ponctué, plus finement vers les côtés que sur le disque. Bord antérieur faiblement arqué, subsinué aux extrémités; angles antérieurs obtus; côtés bordés par un bourrelet extrêmement fin et par une marge concave, presque nulle en avant, étroite à la base; angles postérieurs presque droits; base arrondie au milieu, largement subsinuée de chaque côté, bordée par une strie enfoncée, bisinuée, à peine plus éloignée du bord aux extrémités qu'au milieu, contiguë de chaque côté à un point enfoncé, assez fort; régions des angles postérieurs subdéprimées. Écusson subpentagonal, à peine plus de deux fois plus large que long. Élytres à peine plus larges à la base que le prothorax, à peine visiblement rebordés de chaque côté, en angle obtus aux épaules, arqués sur les côtés, présentant leur plus grande largeur vers le milieu de la longueur, arrondis ensemble au sommet, environ une fois et demie plus longs que larges ensemble, dans leur plus grande largeur, finement ponctués en lignes atténuées et effacées vers le sommet; lignes suturales entières, enfoncées vers le sommet; lignes latérales plus marquées: 1er intervalle large, lisse; bord latéral bordé par une ligne d'assez gros points. Calus huméraux marqués. Marge basilaire de chaque élytre légèrement relevée en gibbosité. Tarses très courts. Lignes marginales des hanches intermédiaires s'avançant, au côté interne, en saillie très aiguë sur le métasternum, divergentes et recourbées contre la suture pleurosternale, dépassant le milieu du métasternum; lignes des hanches postérieures écourtées, divergentes. Segments 1 à 4 impressionnés aux extrémités; segment apical concave.

Guyane française : Charvein [Le Moult]. 1 exemplaire probablement femelle. Collection A. Grouvelle.

Thallisella Gounellei, n. sp. — *Oblonga, circiter ter longior quam in maxima latitudine latior, convexa, nitidissima, nigro-picea; antennarum basi et ultimo articulo pedibusque rufescentibus; elytrorum apice late ochraceo-testacea, callo humerali paulo obscuriore. Antennae subgraciles; 6°-8° articulo paulatim subincrassatis, clava sat valida, plus ter longiore quam latiore, ultimo articulo quam praecedente angustiore. Caput transversissimum, convexum, antice truncatum, fronte parce, antice densius validiusque punctulatum; lateribus ante oculos haud sinuatis. Prothorax antice quam postice modice angustior, lateribus arcuatus, circiter 2 et 1/2, in maxima latitudine, latior quam longior, convexus, plus minusve parcissime punctulatus; margine antico medio truncato, ad extremitates sinuato: angulis anticis rotundatis,* *antrorsum vix productis, sicut lateribus marginatis; margine laterali in angulis posticis late subexplanato, lateribus extus tenuiter incrassatis, ex parte striatis; angulis posticis subrectis; basi medio arcuatim subproducta, utrinque ad extremitates, subsinuata medio sat late reflexo-marginata, utrinque impressa. Scutellum transversum subpentagonale. Elytra basi prothorace aliquid latiora, tenuiter marginata, humeris obtusa, lateribus arcuata, aliquid ampliata, apicem versus attenuata, conjunctim sat breviter rotundata, plus duplo longiora quam simul in maxima latitudine latiora, tenuissime punctato-lineata: punctis juxta apicem evanescentibus; lineis suturalibus paulo ante apicem breviter substriatis.* — Long. 2,5-2,8 mm.

Oblong, environ trois fois plus long que large dans sa plus grande largeur, convexe, très brillant, noir de poix; base et dernier article des antennes et pattes rougeâtres; extrémité des élytres largement jaune testacé, calus huméraux un peu plus sombres. Antennes assez grêles; médiocrement pubescentes; 1er article un peu plus long que large, arrondi en dedans, 2e article suballongé, 3e presque une fois et demie plus long que large, 4e subcarré, 5e à peine visiblement plus épais que le 4e et le 6e, suballongé, 6e à 8e faiblement et progressivement épaissis, 6e subégal au 5e, 7e un peu plus court, 8e transversal; massue médiocrement lâche, subégale au tiers de la longueur totale de l'antenne, 1er article en forme de tronc de cône, aussi long que large au sommet, 2e transversal, 3e plus étroit que le précédent, à peine moins long que large, subacuminé à l'extrémité. Tête plus de deux fois plus large avec les yeux que longue, convexe, tronquée au bord antérieur, éparsement pointillée sur le sommet du front, plus densément en avant, faiblement impressionnée de chaque côté vers la base de l'antenne; épistome obliquement infléchi de chaque côté; yeux saillants, échancrant les marges latérales du front; facettes assez grosses. Prothorax convexe, plus large que la tête, un peu plus étroit au sommet qu'à la base, arqué sur les côtés, présentant sa plus grande largeur près du milieu de la longueur, environ deux fois et demie plus large dans sa plus grande largeur que long, plus ou moins très éparsement pointillé. Bord antérieur tronqué, sinué aux extrémités, très finement et peu visiblement rebordé au milieu, plus fortement vers les extrémités; angles antérieurs arrondis, à peine saillants en avant, rebordés; côtés bordés comme les angles antérieurs; marges latérales largement subexplanées sur la région des angles postérieurs, faiblement épaissies, en partie striées au bord externe; angles postérieurs presque droits; base arquée, saillante en arrière au milieu, subsinuée de chaque côté, striée-bordée aux extrémités comme les côtés, impressionnée de chaque côté, marquée, entre ces impressions, dans le prolongement des stries marginales des extrémités, par une impression sulciforme, droite, laissant entre elle et la base une marge réfléchie, subexplanée, relativement large au milieu. Écusson subpentagonal, plus de deux fois plus large que long. Élytres un peu plus larges à la base que la base du prothorax, finement rebordés, en angle obtus, subdenté aux épaules, arqués sur les côtés, présentant leur plus grande largeur vers le premier quart de la longueur à partir de la base, atténués vers le sommet, arrondis brièvement ensemble au sommet, plus de deux fois plus longs que larges ensemble dans leur plus grande largeur, très finement ponctués en lignes; points s'effaçant près du sommet; lignes suturales entières, brièvement substriées en avant du sommet; lignes latérales plus accentuées, en partie substriées. Calus huméraux bien marqués; marge basilaire de chaque élytre relevée en forme de gibbosité; marges latérales présentant, en avant du calus huméral, une gibbosité lisse, contiguë au bord latéral. Articles 1 à 3 des tarses fortement prolongés, en dessous, en lobe large, tronqué; 4e article imbriqué. Lignes marginales des hanches intermédiaires s'avançant faiblement sur le segment, en angle très aigu, s'infléchissant longuement contre le bord interne de la suture pleuro-sternale; lignes des hanches postérieures subentières, s'avançant sur le premier segment, d'abord en angle très obtus, et ensuite en angle très aigu. Segments abdominaux 1 à 4 impressionnés aux extrémités.

Mâle : Antennes plus longues; segments 1 à 4 avec une petite fascie pubescente sur le disque.

Brésil : province de Rio de Janeiro (É. Gounelle). 7 exemplaires. Collection A. Grouvelle.

Tableau comparatif des **Thallisella** décrits dans ce mémoire.

1. Base du pronotum bordée par une strie au plus à peine plus écartée du bord au milieu qu'aux extrémités.................. 2.

— Base du pronotum bordée par une strie ou une impression plus écartée du bord au milieu qu'aux extrémités.................. 5.

2. Plus d'une fois et demie plus long que large. Lignes ponctuées des élytres médiocrement fines.............................. 3.

— Moins d'une fois et demie plus long que large. Lignes ponctuées des élytres très fines.................................... 4.

3. Brun de poix très clair, élytres coupés par des bandes plus foncées, arquées. Région des angles postérieurs du pronotum très étroitement subconcave........................ **variegata**, n.sp.

— Brun de poix foncé, élytres plus clairs contre la base et sur la région anté-apicale. Région des angles postérieurs du pronotum largement subconcave.......................... **andicola**, n.sp.

4. Brun de poix. Front impressionné entre les bases des antennes et de chaque côté entre les bases et le milieu de l'œil; ceux-ci plus petits, à facettes petites.......................... **simplex**, n.sp.

— Testacé un peu jaunâtre. Front impressionné entre les bases des antennes; yeux plus gros, facettes moyennes .... **diluta**, n.sp.

5. Base du pronotum bordée au milieu par une impression, striée aux extrémités. Forme large, subconvexe................ **ampla**, n.sp.

— Base du pronotum bordée par une strie. Forme plus allongée, convexe... 6.

6. Angles postérieurs du pronotum presque droits, non saillant. Élytres noirs, rougeâtres à l'extrémité. Forme allongée. **lepida**, n.sp.

— Angles postérieurs du pronotum aigus, saillants.............. 7.

7. Élytres plus de deux fois plus longs que larges ensemble, noirs, largement testacé jaunâtre au sommet............ **Gounellei**, n.sp.
— Élytres à peine une fois et demie aussi longs que larges ensemble.. 8.
8. Testacé; élytres à peine visiblement assombris sur deux ou trois bandes transversales. Yeux très saillants, leurs bords internes peu convergents.................................... **luteola**. n.sp.
— Brun rougeâtre, varié de brun de poix. Yeux saillants, leurs bords internes très convergents............ **fuscocastanea**, n.sp.

Platoberus testudo, n. sp. — *P. seminigri* Grouv. *forma, sed latior, capite prothoraceque subfusco-testaceus, elytris rufo-ferrugineus, nitidus, subglaber, prothoracis lateribus dilutior. Prothorax lateribus subrectus, antice truncatus, basi angustatus, plus duplo latior quam longior, disco parce punctatus; angulis anticis breviter extus subacute calloso-productis; lateribus anguste, in angulis posticis late subconcavo-explanatis; margine basilari late explanato-marginato, utrinque punctato-impresso. Elytra humeris subdentata, lateribus rotundata, ampliata, late reflexo-marginata, circiter 1 et 1/2 longiora quam simul in maxima latitudine latiora.* — Long. 2.5 mm.

Voisin comme forme générale du *P. seminiger* Grouv., mais plus court; et présentant une coloration générale plus claire. Brillant, presque glabre, tête et prothorax testacé un peu enfumé, le dernier plus clair sur les marges latérales; élytres marron clair, un peu rougeâtre, pattes un peu plus claires. [L'exemplaire étudié n'a plus ses antennes]. Tête environ deux fois et demie plus large avec les yeux que longue, très convexe entre les yeux, déprimée en avant, striée entre les bases des antennes, subtronquée au bord antérieur, très éparsement ponctuée sur le front, un peu plus densément contre les yeux; ceux-ci saillants, échancrant les marges du front, séparés par un intervalle un peu plus grand que le double de leur diamètre transversal; facettes grosses. Prothorax droit sur les côtés, très nettement rétréci à la base, plus de deux fois plus large à la base que long, très éparsement ponctué sur le disque, beaucoup plus densément sur les marges latérales et basilaires. Bord antérieur tronqué; angles antérieurs brièvement calleux, un peu saillants en dehors en forme de dent subémoussée; côtés bordés par un fin bourrelet et par une marge concave s'épanouissant largement à la base; angles postérieurs obtus; base arquée au milieu, subsinuée de chaque côté, bordée par une large marge réfléchie, rejoignant de chaque côté la marge latérale sur l'angle postérieur, marquée de chaque côté d'une impression ponctiforme subbasilaire. Élytres plus larges à la base que la base du prothorax, arqués de chaque côté entre cette base et l'épaule; angles huméraux obtus, finement dentés; côtés arrondis, élargis, déterminant la plus grande largeur vers le milieu de la longueur, largement rebordés-explanés; élytres presque arrondis ensemble au sommet, environ une fois et demie plus longs que larges ensemble dans leur plus grande largeur; lignes ponctuées des élytres assez fines, intervalles plans, à peine perceptiblement pointillés. Marges latérales fortement infléchies. Saillie prosternale presque plane.

Lignes fémorales des hanches intermédiaires très écourtées, divergentes; lignes fémorales des hanches postérieures subentières et moins divergentes.

Vallée des Amazones: Ega. 1 exemplaire. Collection du British Museum.

Vient se placer à côté de *P. seminiger* Grouv. dans le tableau des Mémoires entomologiques, fasc. I, p. 60; se sépare de cette espèce par sa forme beaucoup plus large, par sa coloration, l'écartement des yeux, etc.

Gen. LOBEROLUS, n. gen.

Ovatus, convexus, nitidus, glaber.

Antennae elongatae, infra frontis marginem et juxta oculos insertae; tribus primis articulis paulatim minus incrassatis, 5° articulo quam vicinis paulo crassiore; clava elongata, triarticulata, modice laxata.

Caput in longitudinem convexum, antice truncatum; oculis prominulis; temporibus nullis.

Prothorax subcordiformis, ante basin transversim impressus; lateribus extus antice quam postice paulo validius incrassatis, ad basin tenuiter striatis.

Elytra basi tenuiter marginata, apice conjunctim leviter rotundata, punctato-lineata; striola scutellari plus minusve manifesta.

Mandibulae simplices. Mentum extremitatibus emarginatum et productum.

Palporum maxillarium ultimus articulus major, subfusiformis, labialium intus incrassatus, apice oblique truncatus.

Acetabulae coxarum anticarum ex parte clausae.

Processus prosternalis haud angustus, subplanus, apice truncatus.

Coxae intermediae et praecipue posticae quam anticae paulo magis separatae.

Processus abdominis primi segmenti obtusissime angulosus.

Abdominis 1um segmentum quam metasternum multo brevius, sed quam 2um et 3um longius, his subaequalibus.

Pedes elongati; tarsis subbrevibus, in utroque sexu quinquearticulatis; articulis 1°, 2° et 3° dilatatis, imbricatis, 4° minimo.

Lineae femorales nullae.

La fermeture incomplète des cavités des hanches antérieures place ce nouveau genre entre les *Coelocryptus* Sharp (1), qui ont ces cavités entièrement fermées, et les *Loberus* Le C., qui les ont complètement ouvertes. L'absence de lignes fémorales sur le premier segment de l'abdomen le sépare de ces deux genres.

Loberolus agilis, n. sp. — *Ovatus, circiter 3 et 1/2 longior quam in maxima latitudine latior, fulvus, vix perspicue infuscatus. Antennae graciles, prothoracis basin superantes; articulo 7° quam 6° et 8° paulo crassiore; clava fere 2 et 1/2 longiore quam latiore, ultimo articulo vix quadrato. Caput paulo minus duplo latius quam longius, inter antennarum bases haud sulcatum; oculis prominulis, granis validis. Prothorax convexus, quam caput latior, fere duplo latior quam longior, parce punctulatus; impressione ante basin integra, utrinque punctato-impressa. Scutellum subpentagonale, plus duplo*

(1) Biol. Centr.-Amer., Col., II, 1, 1900, p. 593.

latior quam longior. Elytra ovata, ante primum longitudinis trientem maxime lata, humeris rotundata, tunc quam prothorax in maxima latitudine latiora, lateribus arcuato-ampliata, apice breviter conjunctim rotundata, plus duplo longiora quam simul latiora, subtenuiter lineato-punctata ; intervallis planis, vix perspicue unilineato-punctulatis. Corpus subtus parce et haud valide punctatum. — Long. 3-3,5 mm.

Ovale, convexe, environ trois fois et demie plus long que large dans sa plus grande largeur, roux fauve à peine assombri. Antennes grêles, dépassant la base du prothorax; 7e article un peu plus épais que les 6e et 8e; massue légèrement dissymétrique, presque deux fois et demie plus longue que large; 1er article à peine moins long et un peu moins large que le 2e, 3e largement arrondi à l'extrémité. Tête moins de deux fois plus large avec les yeux que longue, longitudinalement subconvexe, sans impression transversale entre les bases des antennes; ponctuation irrégulièrement fine et éparse; marges latérales subparallèles, finement rebordées-relevées contre les yeux, ceux-ci saillants, échancrant à peine les marges latérales du front; facettes grosses. Prothorax convexe, un peu moins de deux fois plus large dans sa plus grande largeur que long, plus large dans sa plus grande largeur que la tête, assez fortement sinué avant la base, subparallèle contre celle-ci, coupé devant la base par une impression transversale, bien marquée, impressionnée-ponctuée de chaque côté vers l'extrémité; ponctuation irrégulière, fine, médiocrement écartée. Bord antérieur arqué, subsinué aux extrémités; angles antérieurs arrondis; côtés bisinués, présentant leur plus grand écartement vers le premier cinquième de la longueur à partir du sommet, bordés par un très fin bourrelet et par une très fine marge concave, un peu épanouie sur la région de l'angle postérieur; marge latérale externe brièvement striée sur sa partie basilaire; angles postérieurs presque droits; base à peine arquée au milieu et subsinuée de chaque côté. Écusson subpentagonal, plus de deux fois plus large que long. Élytres ovales, arrondis aux épaules, alors plus larges que le prothorax dans sa plus grande largeur, arqués-élargis sur les côtés, atténués vers le sommet, arrondis ensemble à l'extrémité, plus de deux fois plus longs que larges ensemble dans leur plus grande largeur, assez finement ponctués en lignes atténuées vers le sommet; stries suturales enfoncées à l'extrémité de l'élytre; strioles juxta-scutellaires effacées; intervalles plans, à peine visiblement coriacés et à peine visiblement pointillés en ligne. Dessous du corps plus ou moins éparsement pointillé.

Madagascar : Tananarive. Plusieurs exemplaires. Collection A. Grouvelle.

Loberolus cursor, n. sp. — *Ovatus, ter et ultra longior quam in maxima latitudine latior, fulvus, capite prothoraceque subinfuscatus. Antennae graciles, 7° et 8° articulo quam 6° sat crassioribus; clava ter longiore quam latiore, ultimo articulo subelongato, dilutiore. Caput minus duplo latius quam longius, inter antennarum bases sulcatum, fronte et epistomo separatim convexum ; oculis valde prominulis, granis sat validis. Prothorax convexus, quam caput latior, in maxima latitudine fere duplo latior quam longior, parce tenuiter punctulatus ; impressione ante basin integra, utrinque in longitudinem* *tenuiter striolata. Scutellum subpentagonale, fero duplo latior quam longior. Elytra ovata, ante primum longitudinis trientem latiora, humeris subdentata, quam prothorax in maxima latitudine paulo latiora, lateribus arcuata, ampliata apice conjunctim breviter rotundata, circiter duplo longiora quam simul latiora, tenuiter lineato-punctata; intervallis planis, angustis. Corpus subtus laeve.* — Long. 3,2 mm.

Ovale, plus de trois fois plus long que large dans sa plus grande largeur, convexe, roux fauve; tête, prothorax et fémurs antérieurs un peu assombris. Antennes assez grêles, atteignant au moins la base du prothorax; massue presque symétrique, environ trois fois plus longue que large; 1er article subcarré, 2e transversal, 3e plus long que large, terminé par une partie émoussée, dissymétrique. Tête moins de deux fois plus longue que large avec les yeux, séparément et médiocrement convexe sur le front et sur l'épistome, ceux-ci séparés par une forte impression s'étendant entre les bases des antennes; ponctuation irrégulièrement fine, très éparse; marges latérales subparallèles, finement bordées-relevées contre les yeux; ceux-ci très saillants, échancrant faiblement les marges latérales du front; facettes presque fortes. Prothorax convexe, un peu moins de deux fois plus large dans sa plus grande largeur que long, plus large dans sa plus grande largeur que la tête, assez fortement sinué avant la base, un peu élargi avant celle-ci, coupé transversalement, dans sa partie la plus étroite, par une impression bien marquée, longitudinalement striolée de chaque côté; ponctuation irrégulièrement très fine, très éparse. Bord antérieur arqué, sinué aux extrémités; angles antérieurs vus de dessus obtus, à peine émoussés, vus de face arrondis; côtés bisinués, présentant leur plus grand écartement vers le premier quart de la longueur à partir du sommet, bordés par un fin bourrelet et par une très étroite marge concave s'épanouissant sur l'angle postérieur; ceux-ci à peine aigus, non émoussés; base à peine arquée au milieu, faiblement sinuée de chaque côté. Écusson en forme de pentagone émoussé aux angles, moins de deux fois plus large que long. Élytres ovales, à peine plus larges aux épaules que le prothorax dans sa plus grande largeur, subdentés aux épaules, arqués-élargis sur les côtés, présentant leur plus grande largeur avant le premier tiers de la longueur à partir de la base, brièvement arrondis ensemble au sommet, environ deux fois plus longs que larges ensemble dans leur plus grande largeur, finement ponctués en lignes; points atténués vers le sommet; stries suturales enfoncées au sommet; intervalles lisses. Dessous du corps lisse.

Bolivie : Cochabamba (P. Germain) 5 exemplaires. Collection A. Grouvelle.

Loberus laticollis, n. sp. — *Oblongus, circiter ter longior quam in maxima latitudine latior, convexus, nitidus, capite prothoraceque tenuissime pubescens, elytris setis brevibus, aliquid inclinatis, lineato-ordinatis vestitus, fulvus. Antennae subgraciles; clava apicem versus leviter incrassata. Caput transversum, convexum, antice attenuatum et breviter truncatum, fronte subparce punctatum, utrinque juxta oculum et antennae basin arcuatim impressum; oculis prominulis. Prothorax antice quam postice modice angus-*

tior, lateribus arcuatus, plus duplo latior quam longior, subparce punctatus; margine antico truncato, angulis anticis obtusis, lateribus anguste marginatis, angulis posticis rotundatis, basi medio retrorsum subproducta, utrinque vix sinuata, marginata. Scutellum transversum, suboblongum. Elytra humeris obtuse angulosa, lateribus subarcuata, vix ampliata, apice conjunctim breviter rotundata, 2 et 1/3 longiora quam simul in maxima latitudine latiora, striato-punctata; striis in disco minus impressis, punctis et striis apicem versus attenuatis; intervallis ad latera angustis, in disco latioribus, ad basin irregulariter unilineato-punctatis; striis suturalibus apice impressis; callo humerali manifesto; marginibus lateralibus sat late explanatis. 1ª stria laterali valde impressa. — Long. 2,2 mm.

Oblong, environ trois fois plus long que large dans sa plus grande largeur, convexe, brillant, roux fauve; pubescence très fine, peu visible sur la tête et sur le prothorax, formée sur les élytres de soies cendrées, courtes, un peu inclinées, disposées en lignes, entremêlées de quelques poils dressés, plus longs, plus nombreux sur les marges latérales. Antennes assez grêles: 3e article presque deux fois plus long que large, 4e à 8e progressivement un peu épaissis, plus ou moins carrés ou subcarrés: massue lâche, un peu moins de deux fois et demie plus longue que large, articles progressivement un peu plus longs et plus larges. Tête subtriangulaire, un peu moins de deux fois plus large que longue, convexe, peu densément ponctuée sur le front, plus finement en avant, brièvement subtronquée au bord antérieur, étroitement rebordée-relevée de chaque côté entre l'angle postérieur et la base de l'antenne, brièvement impressionnée en avant de ce rebord; yeux saillants, échancrant légèrement les marges du front, facettes assez fortes; bords des orbites légèrement convergents en avant. Prothorax plus large que la tête, un peu plus rétréci au sommet qu'à la base, faiblement arqué sur les côtés, présentant sa plus grande largeur avant le milieu de la longueur, nettement plus de deux fois plus large dans sa plus grande largeur que long, éparsement ponctué sur le disque, un peu plus densément vers les côtés: bord antérieur tronqué; angles antérieurs obtus: côtés étroitement rebordés; angles postérieurs obtus; base légèrement saillante en arrière dans le milieu, faiblement subsinuée de chaque côté: disque convexe, marqué de chaque côté contre la base, d'une impression. Écusson suboblong, environ deux fois plus large que long, à peine pointillé. Élytres légèrement et séparément arqués a la base, en angle obtus aux épaules, d'abord brièvement arrondis, plus faiblement arqués, à peine élargis, présentant leur plus grande largeur au delà du milieu, alors un peu plus larges que le prothorax dans sa plus grande largeur, atténués vers le sommet et brièvement arrondis ensemble, environ deux fois et un tiers plus longs que larges ensemble dans leur plus grande largeur, ponctués-striés: stries ponctuées moins accentuées sur le disque, atténuées vers le sommet; intervalles très finement chagrinés, subconvexes, étroits vers les côtés, plutôt larges sur le disque, surtout dans la partie basilaire, chacun présentant alors une ligne peu ponctuée, irrégulière; stries suturales enfoncées vers le sommet. Marges latérales fortement infléchies, bordées par un fin bourrelet et par une cannelure assez large, limitée en dedans par une strie ponctuée; 1er intervalle latéral large. Calus huméraux marqués. Des lignes fémorales divergentes, incomplètes sur le premier segment de l'abdomen.

Côte d'Ivoire : Dimbroko. 1 exemplaire. Collection A. Grouvelle.

Loberus Simoni, n. sp. — *Oblongus, circiter 2 et 1/2 longior quam in maxima latitudine latior, convexus, nitidus, pube albido-cinerea brevi, erecta, in elytris dense lineato-ordinata vestitus, piceus; antennis, clava excepta, pedibusque dilutioribus. Antennae subincrassatae; clava suboblonga, 2 et 1/2 longiore quam latiore, ultimo articulo quam praecedente vix angustiore. Caput transversum, convexum, subdense punctulatum, antice truncatum; epistomo brevi, in longitudinem plicato; oculis prominulis. Prothorax antice quam postice paulo angustior, lateribus arcuatus, juxta basin subsinuatus, fere 2 et 1/2 latior quam longior, plus minusve parce punctulatus; margine antico modice arcuato; angulis anticis rotundatis; marginibus lateralibus anguste pulvinato-marginatis, antice sat late, postice late subexplanatis; angulis posticis subrectis; basi medio arcuata, utrinque subsinuata, ad extremitates subtiliter marginata, margine basilari late subexplanata, utrinque punctata. Scutellum suborthogonium, transversissimum. Elytra basi vix perspicue marginata, humeris rotundata, tunc quam prothorax latiora, lateribus arcuata, modicissime ampliata, fere duplo longiora quam in maxima latitudine latiora; sat dense tenuiter lineato-punctata, punctis elongatis, ad apicem attenuatis; marginibus lateralibus fortiter inflexis, marginatis, stria marginali valida.* — Long. 2 mm.

Oblong, environ deux fois et demie plus long que large dans sa plus grande largeur, convexe, brillant, brun de poix médiocrement foncé, antennes, sauf la massue rembrunie, et pattes plus claires; pubescence blanc cendré, fine, dressée obliquement, courte, rare sur la tête et le prothorax, dense sur les élytres, confuse sur la région basilaire, disposée en lignes assez serrées, presque régulières sur le reste de la surface. Antennes un peu épaisses; 3e article presque une fois et demie plus long que large, 4e subcarré, 5e à 8e progressivement à peine plus épais, 5e un peu plus long que 4e et 6e, celui-ci subcarré, 7e et surtout 8e transversaux; massue suboblongue, médiocrement lâche, un peu plus accentuée en dedans, environ 2 fois et 1/2 plus longue que large, dernier article plus long que les autres et surtout que le premier, à peine plus étroit que le précédent. Tête subtriangulaire, plus de deux fois plus large au niveau des yeux que longue, convexe, subdensément pointillée, tronquée au bord antérieur, sinuée de chaque côté en avant de la naissance de l'antenne, très relevée de chaque côté, contre les yeux, jusqu'à la base de l'antenne et marquée d'une impression ponctiforme près de celle-ci; yeux saillants en forme de demi-circonférence, échancrant à peine en avant les marges du front; facettes assez grosses; bords des orbites un peu convergents en avant. Prothorax plus large que la tête, un peu plus rétréci en avant qu'à la base, presque deux fois et demie plus large dans sa plus grande largeur que long, plus ou moins éparsement pointillé, plus fortement sur la région des angles; bord antérieur médiocrement arqué en avant, finement rebordé aux extrémités; angles antérieurs arrondis; côtés médiocrement arqués, brièvement subsinués contre la base, rebordés ainsi que les angles antérieurs; angles postérieurs presque droits; base arquée en arrière au milieu, subsinuée de chaque côté, finement rebordée aux extrémités. Disque convexe; côtés et base bordés par une marge subexplanée, peu large sur la partie antérieure des côtés, beaucoup plus sur les angles postérieurs et contre la base, surtout devant l'écusson; un point enfoncé de chaque côté contre la base. Écusson très transversal, subrectangulaire. Élytres arqués à la base de chaque côté, très finement rebordés, arrondis aux épaules, alors assez nettement plus larges que le prothorax, arqués sur les côtés, très modérément élargis, présentant leur plus grande largeur vers le milieu de la longueur, brièvement arrondis ensemble au sommet, presque deux fois plus longs que larges dans leur plus grande largeur, assez densément ponctués de points un peu allongés, atténués vers l'extrémité, confus sur la région basilaire, disposés en lignes médiocrement serrées sur le reste de la surface. Marges latérales fortement infléchies, ponctuées, bordées par une forte strie grossièrement ponctuée et par un fin bourrelet s'étendant jusqu'au sommet. Calus huméraux fortement accentués. Dessous du corps brun rougeâtre médiocrement foncé; saillie prosternale infléchie après les hanches. Lignes fémorales du 1er segment de l'abdomen un peu arquées, subparallèles; 1er segment environ trois fois plus long que la largeur de la hanche. Tarses fortement bilobés.

Venezuela : Colonie Tovar (E. Simon). 2 exemplaires. Collection A. Grouvelle.

Loberus glabratus, n. sp. — *Oblongus, fere ter longior quam in maxima latitudine latior, convexus, nitidissimus, vix perspicue pubescens; capite prothoraceque subpiceo-rufis, elytris nigris, humeris apiceque late subpiceo-testaceis exceptis; antennis, clava infuscata excepta, pedibusque dilute subpiceo-testaceis. Antennae subincrassatae. Caput transversum, convexum, juxta antennarum bases sinuatum, parcissime punctulatum; oculis productis, granis modice validis. Prothorax antice quam postice paulo angustior, in maxima latitudine circiter duplo latior quam longior; parce et plus minusve valide punctatus; angulis anticis rotundatis; lateribus arcuatis, juxta basin fortiter sinuatis; angulis posticis subacutis; basi arcuata, extremitatibus subsinuata, anguste striato-marginata; margine basilari ante medium late et subprofunde impresso, utrinque punctato. Scutellum suboblongum, transversissimum. Elytra humeris obtuse angulosa, prothorace vix latiora, lateribus arcuata, modice ampliata, apice breviter conjunctim rotundata, circiter duplo longiora quam in maxima latitudine simul latiora, lineato-punctata; lineis punctatis extus validioribus, basi substriatis, apice attenuatis; intervallis latis; callis humeralibus nullis; marginibus lateralibus valde inflexis, concavo-marginatis, stria marginali subvalide punctata.* — Long. 2-2.2 mm.

Oblong, presque trois fois plus long que large dans sa plus grande largeur, convexe, très brillant, à peine pubescent; tête et prothorax roux teinté de nuance de poix, élytres noirâtres, largement jaune testacé, à peine teinté de nuance de poix, sur les épaules et à l'extrémité; antennes, sauf la massue enfumée, et pattes plus claires que les parties claires des élytres. Antennes un peu épaisses, dépassant la base du pronotum; 3e article moins d'une fois et demie plus long que large, 4e subcarré, 5e à peine allongé, un peu plus épais que les articles voisins, 6e et 8e subtransversaux, 7e subcarré; massue dissymétrique, environ deux fois et demie plus longue que large, suboblongue; 1er et 2e article subégaux, 3e un peu moins long que large, émoussé à l'extrémité. Tête moins de deux fois plus large avec les yeux que longue, convexe, infléchie en avant des bases des antennes, tronquée au bord antérieur, très éparsement pointillée, étroitement relevée contre les yeux et les bases des antennes; yeux saillants; bords des orbites en arcs légèrement convergents en avant; facettes moyennes. Prothorax convexe, plus large que la tête, un peu plus étroit en avant qu'à la base, subarqué sur les côtés, assez fortement sinué contre la base, présentant sa plus grande largeur vers le premier quart de la longueur à partir de la base, environ deux fois plus large dans sa plus grande largeur que long, plus ou moins très éparsement ponctué. Bord antérieur subtronqué au milieu, arqué aux extrémités; angles antérieurs arrondis; côtés ondulés très légèrement près de l'angle antérieur, plus finement rebordés en avant qu'à la base; angles postérieurs subaigus; base arrondie, saillante en arrière, subsinuée de chaque côté, étroitement bordée-striée; marge basilaire présentant, de chaque côté, une impression submarginale, marquée devant l'écusson d'une impression large, peu profonde; convexité du disque s'éteignant en s'atténuant contre le bord antérieur de la strie marginale de la base. Écusson suboblong, plus de deux fois plus large que les élytres. Élytres nettement rebordés à la base, arqués séparément à la base, en angle obtus aux épaules, arqués sur les côtés, médiocrement élargis, présentant leur plus grande largeur après le milieu de la longueur à partir de la base, brièvement arrondis ensemble au sommet, presque deux fois aussi longs que larges ensemble dans leur plus grande largeur, ponctués en lignes; lignes ponctuées plus accentuées vers les côtés, substriées à la base, atténuées, effacées au sommet. Marges latérales fortement infléchies, bordées par une marge concave, subétroite, ponctuée d'une ligne de gros points. Calus huméraux nuls. Gibbosités basilaires à peine marquées.

Chili (Ph. Germain). Plusieurs exemplaires. Collection A. Grouvelle.

Loberus curticollis, n. sp. — *Oblongo-parallelus, circiter 2 et 1/2 longior quam latior, convexus, nitidus, tenuiter albido-cinereo pubescens, piceus; antennis, pedibus, callis humeralibus et marginibus prothoracis elytrorumque anguste dilute rufo-piceis. Antennae vix incrassatae; clava paulo dilutiore, suboblonga, circiter 2 et 1/2 longiore quam latiore, 1° articulo quam 2° paulo angustiore. Caput transversum, fronte convexiusculum, et plus minusve parce punctulatum, antice depressum et tenuiter punctulatum, inter antennarum bases biimpressum; epistomo antice inflexo, subtruncato; oculis valde prominulis. Prothorax antice quam postice vix angustior, lateribus subrectus, circiter ter latior quam longior, subparce punctulatus; margine antico sub-*

truncato, angulis anticis rotundatis, subcallosis; lateribus pulvino et canaliculo concavo basin versus latiore marginatis; angulis posticis rectis; basi medio retrorsum arcuata, utrinque subsinuata, ad extremitates marginata; margine basilari transversim impresso, impressione inter puncta basilaria lata, extus cum stria basilari juncta. Scutellum transversum, subpentagonale. Elytra basi tenuiter marginata, humeris rotundata, lateribus subparallela, apice conjunctim subbreve rotundata, paulo duplo longiora quam in maxima latudine latiora, tenue lineato-punctata; punctis elongatis apicem versus attenuatis, intervallis alternatim latioribus, planis; lateribus subvalde inflexis, tenuiter marginatis. Coxarum intermediarum lineae marginales abbreviatae, fortiter divergentes; coxarum posticarum subintegrae, modice divergentes. — Long. 2,5 mm.

Oblong, subparallèle, environ deux fois et demie plus long que large dans sa plus grande largeur, convexe, brillant, brun de poix, roussâtre sur les côtés du pronotum et sur les marges latérales et réfléchies des élytres; antennes et pattes plus claires; pubescence cendrée, blanchâtre, fine, plutôt courte, confuse, peu serrée et plus ou moins couchée sur la tête et le prothorax, plus longue, obliquement dressée, disposée en lignes sur les lignes ponctuées des élytres et sur leurs intervalles. Antennes à peine épaissies; 3e article environ une fois et un tiers plus long que large, 4e subcarré, 5e à 8e progressivement et très légèrement épaissis, 5e suballongé, 6e, 7e et 8e progressivement un peu plus légèrement transversaux, 9e à 11e formant une massue suboblongue, lâche, plus dilatée en dedans, environ deux fois et demie plus longue que large, dont le premier article est à peine plus étroit que le 2e et dont les articles sont progressivement plus longs. Tête subtriangulaire, environ deux fois plus large au niveau des yeux que longue, subconvexe sur le front, subdéprimée en avant, brièvement infléchie vers le bord antérieur de l'épistome, subtronquée, plus ou moins fortement et peu densément ponctuée sur le front, plus finement et plus densément sur l'épistome, rebordée de chaque côté contre les yeux, médiocrement sinuée vers les insertions des antennes, biimpressionnée entre leurs naissances; épistome un peu saillant; yeux très saillants, présentant une courbure un peu plus accentuée dans la partie basilaire; facettes un peu fortes; bords des orbites droits, convergents. Prothorax plus large que la tête, à peine plus rétréci en avant qu'à la base, presque droit sur les côtés, environ trois fois plus large à la base que long, plus ou moins éparsement pointillé comme la tête. Bord antérieur subtronqué; angles antérieurs arrondis, subcalleux; côtés bordés par un bourrelet s'étendant sur l'angle antérieur, par une strie et par une marge déprimée, très étroite en avant, se dilatant largement sur la région des angles postérieurs; angles postérieurs droits; base brièvement sinuée devant l'écusson, saillante en arrière, largement subsinuée de chaque côté, bordée aux extrémités par une strie continuant la strie marginale du bord latéral, limitée en dedans par une impression longitudinale ponctiforme; marge basilaire coupée, entre les deux impressions ponctiformes, par une impression transversale, plus accentuée au bord antérieur qu'au bord basilaire, large au milieu, étroite aux extrémités. Écusson subpentagonal, transversal. Élytres arqués séparément à la base, finement rebordés, arrondis aux épaules, subparallèles, brièvement arrondis ensemble à l'extrémité, plus de deux fois plus longs que larges dans leur plus grande largeur, finement ponctués en lignes atténuées vers le sommet ; points un peu allongés ; intervalles plans, alternativement plus larges ; intervalles finement et plus ou moins éparsement ponctués en ligne dans leur partie basilaire. Marges latérales assez fortement infléchies, bordées par une étroite marge réfléchie, subconcave, limitée en dedans par une ligne de gros points peu serrés ; 1er intervalle large, à surface irrégulière ; strie externe assez fortement ponctuée ; calus huméraux marqués. Base de chaque élytre subimpressionnée en dedans du calus huméral. Dessous du corps brun de poix plus clair sur les côtés du prothorax et l'extrémité de l'abdomen. Saillie prosternale plane, fortement striée sur les côtés. Lignes fémorales des hanches intermédiaires écourtées, très divergentes ; lignes des hanches postérieures presque entières, moins convergentes. Tarses faiblement bilobés.

Brésil : Theresopolis. 1 exemplaire. Collection A. Grouvelle.

Loberus luctuosus, n. sp. — *Suboblongus, circiter 3 et 1/2 longior quam in maxima latitudine latior, modice convexus, nitidus, tenuiter griseopubescens, ater ; antennis clava nigra excepta, pedibus tarsis rufo-piceis exceptis, piceis. Antennae subincrassatae ; clava oblonga, duplo longiore quam latiore, intus magis dilatata. Caput transversum, fronte convexum, tenuiter alutaceum et parce punctulatum ; epistomo in longitudinem subplicato ; oculis prominulis. Prothorax antice quam postice paulo angustior, lateribus arcuatus, circiter in maxima latitudine duplo latior quam longior, tenuissime alutaceus, plus minusve parce et quam caput validius punctatus ; margine antico arcuato, extremitatibus subsinuato ; angulis anticis posticisque obtusis ; lateribus tenuiter marginatis ; basi medio arcuato-producta, utrinque late subsinuata, anguste striato-marginata, utrinque puncto submarginali notata ; margine basilari medio late subdepresso. Scutellum transversum subpentagonale. Elytra subparallela, basi tenuissime marginata, humeris breviter rotundata, tunc quam prothorax paulo latiora, magis 2 et 1/2 longiora quam latiora, punctato-lineata, ad basin substriata ; punctis apicem versus attenuatis, evanescentibus ; intervallis vix perspicue asperis, alternis in disco latioribus, tenuissime parcissimeque unilineato-punctulatis ; lateribus valde inflexis, haud anguste, oblique reflexis ; primo intervallo laterali latissimo.* — Long. 1,7-2 mm.

Oblong, subparallèle, environ trois fois et demie plus long que large dans sa plus grande largeur, médiocrement convexe, brillant, noir très légèrement bronzé, antennes et pattes brun de poix, massue plus foncée, tarses teintés de nuance de poix ; pubescence grise, fine, très courte. Antennes un peu épaisses ; 3e article subégal au 2e, moins d'une fois et demie aussi long que large, 4e, 6e à 8e transversaux, 5e subcarré, à peine plus épais que les articles voisins ; massue oblongue, lâche, environ deux fois et demie plus longue que large, 1er et 2e articles subégaux, transversaux, 3e subglobuleux. Tête environ deux fois plus large avec les yeux que longue, convexe sur le front, très finement alutacée et éparsement pointillée, tronquée au bord antérieur, subsinuée de chaque côté vers la base de l'antenne, très étroitement et très légèrement relevée de chaque côté contre les yeux; ceux-ci saillants en forme de demi-circonférence, échancrant légèrement les marges latérales du front; facettes presque fines; bords des orbites médiocrement convergents en avant. Prothorax à peine plus large en avant que la tête avec les yeux, un peu plus rétréci en avant qu'à la base, arqué sur les côtés, environ deux fois plus large dans sa plus grande largeur que long, très finement alutacé; ponctuation irrégulièrement espacée, plus forte que celle du front. Bord antérieur arqué, brièvement sinué aux extrémités; angles antérieurs et postérieurs obtus; côtés finement rebordés, marges latérales étroitement subréfléchies sur la région des angles antérieurs; base arquée, saillante en arrière dans le milieu, largement subsinuée de chaque côté, étroitement rebordée-striée; marge basilaire assez largement réfléchie au milieu, marquée de chaque côté d'un point enfoncé, submarginal. Écusson subpentagonal, plus de deux fois plus large que long. Élytres faiblement et séparément arqués à la base, très finement rebordés, brièvement arrondis aux épaules, alors à peine plus larges que le prothorax, subparallèles, brièvement arrondis ensemble au sommet, plus de deux fois et demie plus longs que larges ensemble, ponctués en lignes substriées à la base, atténuées et effacées vers le sommet; intervalles 2e et 4e, intervalle sutural non compté, marqués d'une ligne de très petits points allongés, espacés. Bords latéraux bordés par un fin bourrelet et par un intervalle obliquement réfléchi, séparé de la dernière ligne ponctuée discoïdale par un intervalle large, convexe, presque lisse; dernière ligne discoïdale fine, effacée sur le calus huméral.

Dessous du corps brun de poix; lignes fémorales du premier segment de l'abdomen nulles. Tarses largement lobés.

Chili (Ph. Germain). 2 exemplaires. Collection A. Grouvelle.

Loberus stultus, n. sp. — *Oblongus, circiter 2 et 1/4 longior quam in maxima latitudine latior, convexus, nitidus, pube albido-cinerea vestitus, pilis sat elongatis, in elytrorum lineis geminatis ordinatis, subdilute piceus; antennis pedibusque dilutioribus, singulo elytro ultra medium transversim nigro-maculato. Antennae subincrassatae; clava suboblonga, 2 et 1/2 longiore quam latiore, 1° et 3° articulo quam 2° paulo angustioribus. Caput transversum, convexum, subparce punctulatum, antice truncatum; epistomo antice breviter inflexo et in longitudinem subplicato; oculis prominulis. Prothorax antice quam postice paulo angustior, lateribus modice arcuatus, circiter 2 et 1/2, in maxima latitudine, latior quam longior, plus minusve parce tenuiterque punctatus; margine antico modice arcuato; angulis anticis rotundatis, marginis antici extremitatibus, angulis anticis lateribusque pulvinato-marginatis; angulis posticis subrectis; basi ante scutellum breviter et utrinque longe subsinuata; margine basilari transversim impressa, impressione medio antrorsum arcuatim subproducta, ad extremitates propius basin. Scutellum transversum, subpentagonale. Elytra basi marginata, humeris quam prothoracis basi paulo latiora, obtuse angulosa, lateribus arcuata, ampliata, apice con-*

junctim subacuminata, circiter 1 et 1/2 longiora quam simul in maxima latitudine latiora, lineato-punctata, punctis apicem versus attenuatis, intervallis latis, alternis latioribus, omnibus planis; marginibus lateralibus fortiter inflexis, subanguste marginatis. Lineae femorales coxarum intermediarum et posticarum manifestae. — Long. 1,7 mm.

Oblong, environ deux fois et un quart plus long que large dans sa plus grande largeur, convexe, brillant, brun de poix peu foncé; antennes et pattes plus claires; sur chaque élytre, au delà du milieu, une tache noire, paraissant peu marquée par rapport à la coloration générale de l'élytre; pubescence blanc cendré, fine, dressée obliquement, plutôt longue, rare sur la tête et le prothorax, disposée en lignes géminées sur les stries des élytres. Antennes un peu épaissies; 3e article nettement plus long que large, 4e subtransversal, 5e à 8e subégaux, plus ou moins carrés; massue suboblongue lâche, environ deux fois et demie plus longue que large, plus dilatée en dedans, rembrunie sur les deux premiers articles; deuxième article un peu plus long que le premier et plus court que le troisième. Tête subtriangulaire, environ deux fois plus large au niveau des yeux que longue, convexe, infléchie en avant des bases des antennes, plus ou moins éparsement pointillée, tronquée au bord antérieur, sinuée de chaque côté à la naissance de l'antenne, peu saillante en avant de ces naissances, finement rebordée contre les yeux; ceux-ci saillants en forme de demi-circonférence, n'échancrant pas les marges du front; facettes plutôt fortes; bord des orbites convergents en avant. Prothorax plus large que la tête, plus rétréci en avant qu'à la base, arqué sur les côtés, présentant sa plus grande largeur vers le premier tiers de la longueur à partir de la base, environ deux fois et demie plus large dans sa plus grande largeur que long, plus ou moins éparsement pointillé sur le disque, plus densément et plus fortement sur les côtés; bord antérieur arqué modérément; angles antérieurs arrondis; extrémités du bord antérieur, angles antérieurs et côtés très nettement rebordés, ces derniers présentant une étroite marge concave, un peu plus accentuée dans la partie basilaire; angles postérieurs droits; base brièvement sinuée, saillante en arrière devant l'écusson, largement subsinuée de chaque côté; marge basilaire coupée transversalement par une impression substriée, plus large dans le milieu, rapprochée de la base aux extrémités. Écusson transversal, subpentagonal. Élytres arqués à la base de chaque côté, nettement rebordés, un peu plus larges à la base que la base du prothorax, en angle obtus aux épaules, arqués sur les côtés, élargis, subacuminés ensemble au sommet, environ une fois et demie plus longs que larges dans leur plus grande largeur, ponctués en lignes atténuées vers le sommet; intervalles plans, larges, alternativement un peu plus étroits. Marges latérales fortement infléchies, finement rebordées, présentant chacun deux lignes ponctuées, séparées par un intervalle large; ligne externe bordant le bord externe dans la partie apicale, s'en écartant dans la partie basilaire. Courbure longitudinale des élytres très accentuée, formant un angle très marqué avec celle du prothorax. Calus huméraux bien marqués. Dessous du corps un peu plus foncé que les pattes; saillie prosternale infléchie après les hanches; lignes fémorales des hanches intermédiaires droites, presque entières, divergentes; lignes fémorales des hanches postérieures droites, un peu écourtées, divergentes. 4e article des tarses postérieurs longuement bilobé.

Bolivie : province de Cochabamba (Ph. Germain). 2 exemplaires. Collection A. Grouvelle.

Loberus Germaini, n. sp. — *Oblongo-elongatus, subparallelus, convexus, nitidus, tenuiter pubescens, nigro-aeneus; antennis pedibusque subfusco-rufis, antennarum clava infuscata. Antennae subincrassatae; clava oblonga, 2 et 1/2 longiore quam latiore. Caput transversum, fronte convexum, subparce punctatum; epistomo in longitudinem subplicato; oculis prominulis. Prothorax antice quam postice vix angustior, lateribus antice longe subsinuatus, postice modice rotundatus, paulo plus duplo latior quam longior, tenuissime alutaceus, plus minusve subdense punctulatus; margine antico, praecipue ad extremitates, arcuato; angulis anticis obtusis, breviter incrassatis; lateribus angustissime marginatis; angulis posticis obtusis; basi medio arcuata, utrinque subsinuata, angustissime marginata; margine basilari medio sat late subdepresso, utrinque juxta basin punctato. Scutellum transversum, subpentagonale. Elytra basi marginata, humeris breviter rotundata, tunc quam prothorax paulo latiora, circiter 2 et 1/2 longiora quam in maxima latitudine latiora, punctato-substriata; punctis juxta apicem attenuatis, intervallis haud latis vix convexis; marginibus lateralibus valde inflexis, anguste marginatis; stria marginali valida.* — Long. 2-2,25 mm.

Oblong, subparallèle, près de trois fois et demie plus long que large dans sa plus grande largeur, convexe, brillant, noir bronzé; antennes et pattes roux un peu assombri; massue des antennes enfumées; pubescence blanc cendré, formée de soies dressées, très petites et très fines, insérées sur les lignes ponctuées des élytres. Antennes un peu épaissies; 3e article plus court que le 2e, suballongé, 4e subcarré; 5e à peine allongé; 6e à 8e à peine plus étroits que les précédents, transversaux; massue oblongue lâche, un peu plus accentuée en dedans, environ deux fois et demie plus longue que large, articles progressivement plus longs. Tête subtriangulaire, environ deux fois plus large avec les yeux que longue, convexe, sur le front, finement alutacée, presque éparsement pointillée, tronquée au bord antérieur, sinuée de chaque côté en avant de la naissance de l'antenne, très légèrement relevée de chaque côté contre les yeux; ceux-ci saillants presque en forme de demi-circonférence, échancrant les marges du front surtout vers leur base; facettes fines, bord des orbites convergents en avant. Prothorax plus large que la tête, à peine plus rétréci en avant qu'à la base, un peu plus de deux fois plus large dans sa plus grande largeur que long, très finement alutacé, plus ou moins densément ponctué; bord antérieur subtronqué au milieu, arqué de chaque côté; angles antérieurs brièvement subtronqués, calleux; côtés subsinués en avant, moins longuement subarrondis vers la base, très finement rebordés; angles postérieurs obtus; base arquée en arrière au milieu, subsinuée de chaque côté, très finement rebordée; marge basilaire assez largement subexplanée dans la partie médiane, présentant un point enfoncé de chaque côté contre la base. Écusson transversal, subpentagonal, très finement pointillé. Élytres arqués à la base de chaque côté de l'écusson, étroitement rebordés, brièvement arrondis aux épaules, alors assez nettement plus larges que le prothorax, très faiblement élargis sur les côtés, présentant leur plus grande largeur vers le dernier tiers de leur longueur, assez brièvement arrondis ensemble au sommet, environ deux fois et demie plus longs que larges ensemble dans leur plus grande largeur, ponctués en lignes substriées, effacées contre le sommet; intervalles peu larges, subdéprimés; 1er et 2e intervalle, sutural non compté, un peu élargis dans la partie basilaire, 2e à 4e lignes ponctuées un peu confuses à la base. Marges latérales très fortement infléchies, à peine ponctuées, bordées par une forte strie ponctuée et par une étroite bordure qui s'étend jusqu'au sommet. Dessous du corps brun un peu rougeâtre. Lignes fémorales du 1er segment de l'abdomen très écourtées, divergentes. Tarses largement bilobés.

Bolivie : province de Cochabamba (Ph. Germain). Plusieurs exemplaires. Collection A. Grouvelle.

Loberus amabilis, n. sp. — *Oblongus, fere ter longior quam in maxima latitudine latior, convexus, nitidus, dilute piceus, pube albido-cinerea vestitus, pilis in capite prothoraceque brevioribus, in elytris subelongatis, lineato-ordinatis. Antennae subincrassatae; clava paulo dilutiore, suboblonga, fere ter longiore quam latiore, 1° articulo quam 2° valde angustiore. Caput transversum, convexum, ante antennarum bases inflexum, subdense punctatum, antice truncatum; oculis prominulis. Prothorax antice quam postice paulo angustior, lateribus arcuatus, circiter 2 et 1/3 in maxima latitudine latior quam longior, subparce punctatus; margine antico modice arcuato; angulis anticis rotundatis; marginis antici extremitatibus, angulis anticis lateribusque marginatis; angulis posticis subrectis; basi breviter ante scutellum et late utrinque subsinuata; margine basilari transversim substriato-impressa, impressione medio lata, ad extremitates propius a basi. Scutellum transversum, subpentagonale. Elytra basi tenuiter marginata, humeris rotundata, lateribus arcuata, aliquid ampliata, apice conjunctim breviter rotundata, circiter duplo longiora quam simul in maxima latitudine latiora, punctato-substriata; punctis apicem versus attenuatis, intervallis sublatis, planis; singulo elytro post callum humerale transversim impresso; lateribus valde inflexis, marginatis. Coxarum intermediarum lineae marginales brevissimae, divergentes, coxarum posticarum abbreviatae, minus divergentes.* — Long. 3 mm.

Oblong, environ 2 et 2/3 plus long que large dans sa plus grande largeur, convexe, brillant, brun de poix clair; pubescence cendrée, blanchâtre, fine, confuse et peu serrée sur la tête et le prothorax, plus longue, dressée, disposée en lignes sur les lignes ponctuées des élytres et sur leurs intervalles, pubescence des intervalles un peu plus courte, quelques poils plus longs sur les marges latérales. Antennes un peu épaisses; 3e article presque une fois et demie plus long que large, 4e et 6e subcarrés, 5e un peu plus long que 4e et 6e, 7e et 8e suballongés, massue un peu plus claire que la base de l'antenne, oblongue, lâche, plus dilatée en dedans, presque trois fois plus longue que large. 1er article beaucoup plus court et plus étroit que le suivant, 2e un peu plus court que le 3e et celui-ci environ aussi long que large, plus étroit que le précédent. Tête subtriangulaire, environ deux fois plus large au niveau des yeux que longue, convexe sur le front, infléchie sur l'épistome, plus ou moins éparsement pointillée sur le front, assez fortement bordée de chaque côté contre les yeux; bords latéraux faiblement sinués en avant des yeux, épistome peu saillant; yeux saillants, présentant une courbure plus accentuée dans la partie basilaire; facettes moyennes, bords des orbites droits, convergents. Prothorax plus large que la tête, un peu plus rétréci en avant qu'à la base, arqué sur les côtés, présentant sa plus grande largeur vers le premier tiers de la longueur à partir de la base, environ deux fois et un tiers plus large dans sa plus grande largeur que long, plus ou moins éparsement pointillé sur le disque, plus fortement sur les marges latérales. Bord antérieur arqué modérément; angles antérieurs arrondis; extrémités du bord antérieur, angles antérieurs et côtés nettement rebordés, ces derniers présentant une très étroite marge concave, accompagnée d'une impression près de l'angle antérieur; angles postérieurs un peu obtus; base brièvement sinuée, saillante en arrière devant l'écusson, largement subsinuée de chaque côté, rebordée, marge basilaire coupée par une impression transversale, en partie substriée, large dans la partie médiane, étroite, contiguë à la base aux extrémités, marquée de chaque côté d'un point enfoncé. Écusson subpentagonal, transversal. Élytres arqués de chaque côté à la base, finement rebordés, arrondis aux épaules, arqués sur les côtés, faiblement élargis, brièvement arrondis ensemble à l'extrémité, environ deux fois plus longs que larges ensemble dans leur plus grande largeur, ponctués en lignes atténuées vers le sommet, plus accentuées et confuses contre la base; intervalles larges et plans, très légèrement coriacés, intervalles alternes un peu plus étroits; sur ceux-ci une ligne très écourtée de petits points. Marges latérales fortement infléchies, bordées par un fin bourrelet et par un repli subconcave, médiocrement large s'éteignant au sommet, bordé en dedans par une strie ponctuée. Calus huméraux marqué. Disque de chaque élytre largement et transversalement impressionné vers le premier cinquième de la longueur. Dessous du corps brun rougeâtre; saillie prosternale médiocrement infléchie après les hanches; lignes fémorales des hanches intermédiaires très écourtées, très divergentes; lignes fémorales des hanches postérieures n'atteignant pas le sommet du 1er segment de l'abdomen, peu divergentes. Tarses très faiblement dilatés; 3e article s'avançant en dessous du 4e.

Bolivie : province de Cochabamba (Ph. Germain). Plusieurs exemplaires. Collection A. Grouvelle.

Loberus excisus, n. sp. — *Oblongus, minus ter longior quam in maxima latitudine latior, convexus, nitidus, longe cinereo-pubescens, piceus; antennis pedibus et (plus minusve late), prothoracis marginibus lateralibus et humeris subpicco-testaceis. Antennae subincrassatae; 5° et 7° articulo quam vicinis paulo crassioribus. Caput transversum, fronte convexiusculum, sub-*

dense punctulatum; oculis modice prominulis. Prothorax convexus, antice quam postice paulo angustior, lateribus arcuatus, undulatus, vix dentatus, juxta basin sinuatus, in maxima latitudine paulo duplo latior quam longior, disco subdense et quam caput paulo validius punctulatus; margine antico vix emarginato, medio arcuato; angulis anticis antrorsum modice productis; lateribus margine concavo sublato-marginatis; angulis posticis acutis; basi arcuata, extremitatibus sinuata, anguste striato-marginata. Scutellum transversum, suboblongum. Elytra basi tenuissime marginata, humeris subangulosa, lateribus arcuata, modice ampliata, valde inflexa, anguste marginata, apice simul rotundata, circiter duplo longiora quam simul in maxima latitudine latiora, quam prothoracis disco paulo validius parciusque punctata; punctis apicem versus attenuatis, circa scutellum juxta basin et ad apicem confusis, in disco sublineato-ordinatis, lineis alternis paulo validioribus. — Long. 2-2,2 mm.

Oblong, moins de trois fois plus long que large dans sa plus grande largeur, convexe, brillant, brun de poix; antennes, pattes, marges latérales et épaules plus ou moins largement d'un testacé teinté de nuance de poix; pubescence cendrée, un peu longue, inclinée. Antennes un peu épaisses, médiocrement allongées; 3e article un peu plus long que large, 4e, 6e et 8e transversaux, 5e et 7e subcarrés, un peu plus épais que les articles contigus; massue lâche, atténuée vers l'extrémité, plus de deux fois et demie plus longue que large, 1er et 2e articles subégaux, transversaux, 3e nettement plus étroit que le 2e acuminé dans la partie apicale. Tête environ deux fois aussi large avec les yeux que longue, assez convexe sur le front, presque densément pointillée, infléchie en avant des bases des antennes, relevée contre ces bases; yeux médiocrement saillants; facettes petites; bords des orbites droits, convergents en avant. Prothorax convexe, un peu plus rétréci en avant qu'à la base, arqué sur les côtés, largement et très faiblement ondulé, subdenté et brièvement sinué contre la base, présentant sa plus grande largeur vers le premier tiers de la longueur à partir de la base, nettement plus de deux fois plus large dans sa plus grande largeur que long, un peu moins densément et plus fortement ponctué que le front. Bord antérieur très faiblement échancré, subarqué au milieu; angles antérieurs subaigus, un peu saillants en avant; côtés bordés par une marge concave, médiocrement large, un peu plus étroite vers le milieu; angles postérieurs brièvement aigus; base arquée, subsinuée vers les extrémités, étroitement bordée-striée, ponctué de chaque côté; convexité longitudinale du disque brièvement et très fortement accentuée contre le bord antérieur de la strie marginale de la base. Écusson suboblong, environ deux fois plus large que long. Élytres subsinués à la base, brièvement arqués en arrière à ses extrémités, à peine visiblement rebordés, en angle obtus, subdenté aux épaules, arqués sur les côtés, modérément élargis, fortement infléchis, finement rebordés, présentant leur plus grande largeur au delà du milieu de la longueur, arrondis ensemble au sommet, environ deux fois plus longs que larges ensemble dans leur plus grande largeur, plus fortement et moins densément ponctués que le disque du pronotum. Ponctuation atténuée au sommet, confuse autour de l'écusson, contre la base et sur la partie apicale, formant sur le disque des lignes un peu irrégulières, alternativement plus fortes. Stries suturales marquées, n'atteignant pas la base. Calus huméraux marqués; gibbosités basilaires des élytres peu accentuées. Lignes fémorales des hanches postérieures droites, divergentes, presque entières. Pattes robustes; tarses courts, 3e article très obliquement tronqué à son extrémité, fortement et étroitement saillant au-dessus du 4e.

Japon : Nippon moyen (E. Gallois), 2 exemplaires, collection du Muséum d'Histoire naturelle de Paris; Kyoto, 1 exemplaire, collection A. Grouvelle.

Je rapporte à la même espèce un exemplaire provenant de Chine : Nankin (Collection A. Grouvelle), moins fortement ponctué et ayant les antennes plus épaisses.

Loberus jucundus, n. sp. — *Oblongus, circiter ter longior quam in maxima latitudine latior, modice convexus, nitidus, pube cinerea, in capite prothoraceque antrorsum inflexa, in elytris dense sublineata et retrorsum inflexa vestitus, piceus; prothoracis marginibus dilutioribus, antennis clava excepta pedibusque subpiceo-testaceis. Antennae subincrassatae, clavae ultimo articulo quam praecedente angustiore. Caput transversum, convexum, juxta antennarum bases inflexum, antice truncatum; fronte subdense punctata; oculis prominulis. Prothorax transversissimus, antice quam postice paulo angustior, subdense punctatus; ante basin transversim impressus, impressione medio lata, ad extremitates angusta; angulis anticis rotundatis; lateribus praecipue ad basin arcuatis, subanguste concavo-marginatis, duobus denticulis minutissimis armatis; angulis posticis obtusis; basi medio retrorsum producta, utrinque late sinuata. Scutellum subpentagonale, transversum. Elytra humeris rotundata, tunc quam prothorax latiora, lateribus arcuatim ampliata, apice conjunctim breviter rotundata, circiter duplo longiora quam in maxima latitudine simul latiora, subirregulariter punctato-lineata: punctis minimis, circa scutellum, juxta basin et ad apicem confusis; striis suturalibus apice impressis; intervallis suturalibus glabris; callo humerali elevato; lateribus concavo-marginatis, lineis punctatis ad latera valde irregularibus et magis impressis.* — Long. 3 mm.

Oblong, environ trois fois plus long que large dans sa plus grande largeur, médiocrement convexe, brillant, brun de poix plus rougeâtre sur les marges latérales du prothorax; pattes et antennes, sauf la massue, testacées, légèrement teintées de nuance de poix; pubescence fine, cendrée, un peu jaunâtre, inclinée en avant sur la tête et le prothorax, en arrière sur les élytres, presque disposée en lignes sur ces dernières, laissant libres sur chaque élytre l'intervalle sutural et deux bandes étroites, l'une discoïdale, l'autre subhumérale; vers les marges latérales quelques poils dressés peu visibles disposés en lignes. Antennes un peu épaisses; 3e article suballongé, 4e, 5e, 7e et 8e subcarrés, 6e suballongé, 9e à 11e formant une massue lâche, environ trois fois et demie plus longue que large, dont le 1er article un peu plus étroit que le 2e est subcarré, le 2e est subtransversal et le dernier un peu plus étroit que le précédent est acuminé-émoussé à l'extrémité. Tête environ deux fois plus large que longue, convexe, infléchie en avant des bases des antennes, tronquée au bord antérieur, presque densément pointillée; yeux subhémisphériques, à facettes assez grosses, échancrant légèrement les marges latérales du front; celles-ci très convergentes en avant. Prothorax plus large que la tête, un peu plus rétréci en avant qu'à la base, arqué sur les côtés, arrondi dans leur partie basilaire, présentant sa plus grande largeur vers le premier tiers de la longueur à partir de la base, environ deux fois et un tiers plus large dans sa plus grande largeur que long, presque éparsement pointillé sur le disque, plus densément vers les côtés, coupé transversalement, devant la base, par une impression droite, très large au milieu, arrêtée vers les extrémités par un court repli longitudinal et réduite alors presque à une strie; bord antérieur tronqué; angles antérieurs arrondis, un peu marqués; bords latéraux bordés par une marge concave, presque étroite en avant, un peu plus large vers la base et par un bourrelet relativement épais, armé de trois denticules très petits; le 1er vers le premier quart de la longueur à partir du sommet, le 2e vers le premier tiers de la longueur à partir de la base et le 3e près de la base; angles postérieurs obtus; base saillante, arrondie en arrière, largement sinuée de chaque côté et bordée par l'extrémité de l'impression basilaire. Écusson subpentagonal, un peu plus de deux fois plus large que long, très finement pointillé. Élytres subtronqués à la base, arrondis aux épaules, alors nettement plus larges que le prothorax, arqués-dilatés sur les côtés, présentant leur plus grande largeur vers le milieu de la longueur, assez brièvement arrondis ensemble au sommet, environ deux fois plus longs que larges ensemble dans leur plus grande largeur, couverte d'une ponctuation fine, confuse contre la base, autour de l'écusson et vers le sommet, disposée en lignes peu régulières sur le disque, déterminant des intervalles étroits et deux intervalles plus larges : le 1er sur le disque vers l'épaule, le 2e huméral; marges latérales plus fortement ponctuées, bordées par une gouttière concave; stries suturales marquées au sommet. Lignes marginales des hanches intermédiaires présentant près de la hanche sur le métasternum une très courte saillie très aiguë. Lignes fémorales des hanches postérieures s'avançant sur le premier segment de l'abdomen en formant une saillie très aiguë, courte.

Tonkin : Song-hoc (Cl Fouquet) et environs de Lam (Blaise). 2 exemplaires. Collection A. Grouvelle.

Loberus gentilis, n. sp. — *Oblongus, circiter ter longior quam in maxima latitudine latior, modice convexus, nitidus, pube flavo-cinerea, in capite prothoraceque antrorsum in elytrorum striis retrorsum inflexa vestitus, piceus; antennis et corpore subtus dilute piceis. Antennae vix incrassatae; clavae ultimo articulo quam praecedente haud angustiore. Caput transversum, convexum, juxta antennarum bases inflexum, antice truncatum, fronte parcissime punctulatum et inter antennarum bases striatum; oculis prominulis. Prothorax transversissimus, antice quam postice magis angustatus, subdense punctulatus, juxta basin impressione transversa, medio lata, ad extremitates angusta marginatus; angulis anticis obtusis, breviter rotundatis; lateribus arcuatis, juxta basin breviter emarginatis, praecipue ad basin sublate concavo-mar-*

ginatis, duobus denticulis minutissimis, vix perspicue manifestis armatis; angulis posticis obtusis; basi medio retrorsum producta, utrinque late sinuata. Scutellum subpentagonale, transversum. Elytra humeris rotundata, tunc quam prothorax latiora, lateribus arcuatim ampliata, apice conjunctim breviter rotundata, circiter duplo longiora quam in maxima latitudine simul latiora, striato-punctata; striis punctatis, apicem versus attenuatis; intervallis latis, extra marginem basilarem depressis; callo humerali elevato; lateribus concavo-marginatis; stria marginali valde punctata. — Long. 3 mm.

Oblong, environ trois fois plus long que large dans sa plus grande largeur, médiocrement convexe, brillant, brun de poix; antennes et dessous du corps beaucoup plus clairs; pubescence fine, flave-cendrée, inclinée en avant sur la tête et le prothorax, insérée sur les stries ponctuées des élytres et inclinée en arrière; entremêlée de fines soies plus longues, espacées, insérées sur les intervalles des stries. Antennes faiblement épaissies; 3e article suballongé, 4e, 5e, 7e et 8e subcarrés, 6e suballongé, 9e à 11e formant une massue lâche, environ trois fois plus longue que large, dont le 1er article subtransversal est un peu plus étroit que le 2e, le 2e est transversal et le 3e un peu plus long que large, aussi large que le précédent, est acuminé, émoussé à l'extrémité. Tête environ deux fois plus large que longue, infléchie en avant des bases des antennes, tronquée au bord antérieur, éparsement pointillée sur le milieu du front, plus densément vers les yeux et sur l'épistome, striée entre les bases des antennes; yeux saillants, à courbure plus accentuée dans la partie basilaire, échancrant médiocrement les marges latérales du front, celles-ci médiocrement convergentes en avant. Prothorax plus large que la tête, plus rétréci en avant qu'à la base, arqué sur les côtés, présentant sa plus grande largeur vers le premier tiers de la longueur à partir de la base, environ deux fois et demie plus large dans sa plus grande largeur que long, éparsement pointillé sur le disque, plus densément et plus fortement vers les côtés, coupé transversalement devant la base par une impression droite, très large au milieu, s'arrêtant de chaque côté près de la marge latérale. Bord antérieur tronqué; angles antérieurs obtus, presque arrondis; côtés arqués, bordés par une marge concave peu large en avant, beaucoup plus sur la région des angles postérieurs et par un bourrelet relativement épais surtout vers l'angle antérieur, armé de trois petits denticules, peu visibles : le 1er vers le premier quart antérieur, le 2e vers le premier quart basilaire et le dernier vers la base, donnant, lorsque celle-ci est vue de biais, l'impression d'une échancrure basilaire du côté; angles postérieurs obtus; base saillante arrondie en arrière dans le milieu, largement sinuée de chaque côté, bordée par un fin bourrelet. Écusson subpentagonal, un peu plus de deux fois plus large que long, finement pointillé. Élytres subtronqués à la base, arrondis aux épaules, alors nettement plus larges que le prothorax, arqués-dilatés sur les côtés, présentant leur plus grande largeur un peu en avant du milieu de la longueur, brièvement arrondis ensemble au sommet, environ deux fois plus longs que larges ensemble dans leur plus grande largeur, ponctués-striés; stries ponctuées atténuées vers le sommet, plus accentuées sur les marges latérales; celles-ci bordées par une gouttière marquée d'une ligne de gros points; stries suturales enfoncées vers le sommet, calus huméraux bien marqués. Lignes fémorales des hanches intermédiaires présentant près de la hanche une courte saillie extrêmement aiguë. s'avançant sur le métasternum; lignes fémorales des hanches postérieures très fines, peu divergentes. écourtées.

Tonkin : Hanoï (Vauloger). 7 exemplaires. Collections A. Grouvelle et L. Bedel.

Loberus velox, n. sp. — *Ovatus, vix ter longior quam in maxima latitudine latior, convexus, nitidus, glaber. fulvus, vix perspicue infuscatus, elytrorum humeris apiceque vage subdilutior. Antennae graciles, prothoracis basin superantibus; articulo 7° quam 6° et 8° paulo crassiore; clava intus magis dilatata, circiter 2 et 1/2 longiore quam latiore, ultimo articulo tam elongato quam lato, apice subacuminato. Caput convexum, paulo minus duplo latius quam longius, inter antennarum bases haud sulcatum. dense subvaldeque punctatum; oculis prominulis, granis subvalidis; temporibus minutissimis. Prothorax convexus, quam caput latior, subcordiformis, circiter in maxima latitudine duplo latior quam longior, subdense subvaldeque punctatus; impressione ante basin integra, utrinque punctato-impressa. Scutellum suboblongum, plus duplo latior quam longior. Elytra ovata, ad medium maxime lata; humeris rotundata, tunc quam prothorax in maxima latitudine latiora, lateribus arcuata, modice ampliata, apice conjunctim breve rotundata, circiter duplo longiora quam in maxima latitudine latiora, subvalde lineato-punctata; punctis ad apicem attenuatis et evanescentibus; 2° et 4° intervallis. intervallo suturali haud numerato. latioribus. Corpus subtus subvalde punctatum.* — Long. 2,5 mm.

Ovale, à peine trois fois plus long que large dans sa plus grande largeur, convexe, roux fauve à peine assombri, vaguement plus clair sur la région des épaules et vers le sommet des élytres. Antennes grêles. dépassant notablement la base du prothorax; 7e article plus épais que les 6e et 8e; massue plus dilatée en dedans qu'en dehors. environ deux fois et demie plus longue que large; 1er article à peine moins long et un peu moins large que le 2e, médiocrement transversal, 3e plutôt un peu plus large que le 2e, environ aussi long que large. terminé par une partie acuminée. émoussée, dissymétrique. Tête moins de deux fois plus large avec les yeux que longue. convexe. sans impression transversale entre les bases des antennes. densément et assez fortement ponctuée; marges latérales subparallèles. à peine échancrées par les yeux, légèrement bordées-relevées; yeux saillants légèrement subconiques; facettes assez fortes; tempes extrêmement petites. Prothorax convexe. un peu moins de deux fois plus large dans sa plus grande largeur que long, plus large dans sa plus grande largeur que la tête. assez fortement sinué sur les côtés avant la base, subparallèle contre celle-ci. coupé devant la base par une impression transversale bien marquée, impressionnée-ponctuée de chaque côté vers l'extrémité; ponctuation irrégulièrement subserrée, assez forte. profonde. Bord antérieur faiblement arqué, subsinué aux extrémités; angles antérieurs obtus. subémoussés; côtés bisinués, présentant leur plus grand écartement un peu en avant du milieu, bordés par un fin bourrelet et par une étroite cannelure médiocrement élargie dans la partie basilaire; marge latérale faiblement épaissie vers la base, médiocrement en avant, marquée sur cette partie de petits points allongés, rapprochés; angles postérieurs presque droits; base subtronquée. Écusson suboblong, plus de deux fois plus large que long. Élytres ovales, arrondis aux épaules, alors plus larges que le prothorax dans sa plus grande largeur, arqués-élargis sur les côtés, arrondis ensemble à l'extrémité, environ deux fois plus longs que larges ensemble dans leur plus grande largeur, assez fortement ponctués en lignes; lignes ponctuées atténuées et effacées vers le sommet; stries suturales effacées sur l'extrême partie apicale; intervalles discoïdaux 2 et 4 plus larges que les voisins; pas de striole juxta-scutellaire. Dessous du corps assez fortement et plus ou moins densément ponctué sur le métasternum et sur les marges latérales du prosternum et des segments de l'abdomen. Lignes fémorales des hanches postérieures courtes, divergentes.

Australie : Victoria. 1 exemplaire. Collection A. Grouvelle.

Tableau des **Loberus** d'Asie, d'Océanie et de Madagascar.

1. Lignes fémorales des hanches intermédiaires s'avançant en courte saillie anguleuse très aiguë sur le métasternum............ 2.
— Lignes fémorales des hanches intermédiaires ne s'écartant pas des hanches ou s'écartant légèrement en formant un angle très obtus.. 4.
2. Bords latéraux du prothorax fortement sinués contre la base... .... **dubius** Grouv. — Annam
— Bords latéraux du prothorax sans sinus prononcé contre la base. 3.
3. Pubescence dressée, disposée en lignes; intervalles alternes plus larges............................... **gentilis**, n.sp. — Tonkin
— Pubescence plus longue, sublanugineuse, presque confuse; prothorax encore plus transversal........ **jucundus**, n.sp. — Tonkin
4. Glabre.. 5.
Pubescent.. 8.
5. Impression transversale de la base du prothorax entière. Roux, brillant, varié de noir......... **substriatus** Grouv. — Madagascar
— Impression transversale de la base du prothorax écourtée aux extrémités.. 6.
6. Pronotum opaque. Insecte testacé.. **Fauveli** Grouv. — N^lle^-Calédonie
— Entièrement brillant....................................... 7.
7. Déprimé, en partie brun de poix... **depressus** Sharp. — N^lle^-Zélande
— Convexe, testacé........... **testaceipennis** Grouv. — N^lle^-Calédonie
8. Côtés du prothorax obliquement tronqués-sinués contre la base. 9.
— Côtés du prothorax sans sinus ou troncature oblique contre la base.... .... 10.

9. Élytres ponctués en lignes; ferrugineux, plus ou moins varié de nuance de poix; pubescence dressée, presque courte...... .... **insularis** Grouv. — Madagascar
— Élytres confusément ponctués; brun; prothorax et élytres plus ou moins rougeâtres; pubescence sublanugineuse........... .... **excisus**, n.sp. — Japon
10. Intervalles des lignes ponctuées des élytres pointillés, surtout sur la région scutellaire.................................. 11.
— Intervalles des lignes ponctuées des élytres lisses. Prothorax subcordiforme.. 12.
11. Forme parallèle. Front du mâle relevé en saillie entre les bases des antennes. Pubescence très courte..................... .... [**pictus** Montrouz (1). — N[lle]-Calédonie]
— Forme oblongue; pubescence sublanugineuse. **setosus** Motsch. — Inde
12. Pubescence très courte, dressée.. **obscurus** Grouv. — N[lle]-Calédonie
— Pubescence plus longue, dressée.. **cordatus** Grouv. — N[lle]-Calédonie

TABLEAU DES **Loberus** D'AMÉRIQUE CONNUS DE L'AUTEUR.

1. Insecte glabre.. 2.
— Insecte plus ou moins pubescent.............................. 4.
2. Impression transversale de la base du prothorax nulle ou peu marquée. Insecte très convexe. Lignes marginales des hanches intermédiaires s'avançant en courte saillie très aiguë sur le métasternum......................... **glabratus**, n.sp. — Chili
— Impression transversale de la base du prothorax nettement marquée. Insecte médiocrement convexe..................... 3.
3. Élytres substriés-ponctués. Angles antérieurs du prothorax à peine calleux latéralement; callosité très étroitement anguleuse à son extrémité basilaire. Côtés du prothorax subanguleux vers le 1er tiers de la longueur à partir de la base. Deux taches noires basilaires sur les élytres. **Vitraci** Grouv. — Guadeloupe
— Élytres très finement ponctués-striés, sans taches noires basilaires............................... **Kirschi** Reitt. (2) — Pérou.
4. Lignes fémorales des hanches intermédiaires atteignant au moins le milieu de la longueur du métasternum............. 5.
— Lignes fémorales des hanches intermédiaires nulles, ou réduites à une très courte saillie très aiguë de la ligne marginale..... 6.
5. Lignes fémorales des hanches intermédiaires presque entières. Pronotum moins de deux fois et demie plus large que long. Élytres à peine une fois et demie plus longs que larges ensemble, assez finement ponctués-striés; intervalles alternes plus larges sur le disque................ **stultus**, n.sp. — Bolivie

(1) *Loberus pictus* Montrouz. doit être rejeté dans un genre voisin des *Hapalips*
(2) Je n'ai pas vu de *type* de cette espèce.

— Lignes fémorales des hanches intermédiaires atteignant le milieu de la longueur du métasternum. Pronotum trois fois plus large que long. Élytres près de deux fois plus longs que larges ensemble, finement ponctués en lignes; intervalles alternes subégaux .... **curticollis**, n.sp. — Brésil

6. Lignes marginales des hanches intermédiaires s'avançant sur le métasternum en courte saillie, très aiguë .... 7.

— Lignes marginales des hanches intermédiaires s'écartant peu ou point des hanches .... 15.

7. Impression transversale basilaire du pronotum à peine marquée; insecte densément pubescent ..... **piliger** Reitt. (1) — Brésil

— Impression transversale basilaire du pronotum nettement marquée .... 8.

8. Intervalles des lignes ou stries ponctuées des élytres sensiblement ponctués comme les stries sur la moitié basilaire ...... 9.

— Intervalles des lignes ou stries ponctuées des élytres à peine ponctués, sauf contre la base .... 10.

9. Noir. Élytres environ une fois et demie plus longs que larges ensemble .... **Simoni**, n. sp. — Venezuela

— Brun un peu ochracé, un peu rougeâtre sur la tête et le prothorax. Élytres environ deux fois plus longs que larges ensemble. .... **foveolatus** Reitt. (1) — Brésil

10. Élytres subdéprimés sur le disque; gibbosités basilaires bien marquées. Tarses peu dilatés. Impression transversale, basilaire du pronotum, entière .... **amabilis**, n. sp. — Bolivie

— Élytres convexes ou subconvexes; gibbosités basilaires peu marquées. Impression transversale de la base du pronotum effacée vers les extrémités .... **brevicollis** Reitt. (1) — Brésil

11. Deux impressions sur le disque du pronotum; impression transversale de la base du pronotum peu accentuée. Élytres plus de deux fois plus longs que larges ensemble; intervalles des lignes ponctuées des élytres subégaux... **corticarioides** Reitt. (1) — Chili

— Pas d'impressions sur le disque du pronotum .... 12.

12. Impression basilaire du pronotum effacée ou à peine marquée.. 13.

— Impression basilaire du pronotum marquée, moyenne ou forte.. 14.

13. Élytres moins de deux fois aussi longs que larges ensemble; forme ovale. Angles antérieurs du prothorax un peu calleux. Hanches postérieures très écartées. **atomarioides** Reitt. (1) — Chili

— Forme allongée; élytres plus de deux fois plus longs que larges ensemble .... 14.

14. Noir bronzé, très brillant. Élytres environ deux fois et demie plus longs que larges ensemble. Angles antérieurs du prothorax un peu calleux; côtés assez fortement sinués contre la base .... **Germaini**, n. sp. — Bolivie

(1) Je n'ai pas vu de *type* de cette espèce.

— Noir brillant. Élytres au moins trois fois plus longs que larges ensemble. Angles antérieurs du pronotum très faiblement calleux ; côtés à peine sinués contre la base. **luctuosus**, n. sp. — Chili

15. Intervalles des lignes ou stries ponctuées des élytres sensiblement ponctués comme les stries, sur la moitié basilaire...... 16.

— Intervalles des lignes ou stries ponctuées des élytres à peine ponctués sur les régions scutellaire et suturale, ponctués sur le reste de la surface.................................. 18.

16. Rebord latéral des élytres élargi vers le premier tiers de la longueur à partir de la base. Coloration générale testacé très légèrement enfumé................. **pallidus** Sharp. — Mexique

— Marge réfléchie des élytres sensiblement de même largeur vers le premier tiers de la longueur à partir de la base. Coloration foncée.. 17.

17. Métasternum très largement ponctué sur la région des angles postérieurs..................... **chiriquensis** Sharp. — Panama

— Métasternum moins largement ponctué sur la région des angles postérieurs... **guatemalanus** Sharp. — Mexique, Guatemala

18. Intervalles 3e à 5e des lignes ponctuées des élytres éparsement ponctués sauf contre la base............................. 19.

— Intervalles des stries presque lisses......................... 20.

19. Insecte testacé ; suture des élytres très étroitement enfumée... .... **suturalis** Sharp. — Mexique, Guatemala, Nicaragua

— Insecte rougeâtre, plus ou moins enfumé.................... .... **sellatus** Sharp. — Mexique, Honduras, Guatemala

20. Élytres nettement moins de deux fois plus longs que larges ensemble dans leur plus grande largeur..................... 21.

— Élytres au moins deux fois plus longs que larges ensemble dans leur plus grande largeur.................................. 23.

21. Testacé ; tête et prothorax très finement alutacés............ .... **testaceus** Reitt. — Antilles

— Rougeâtre plus ou moins enfumé, brillant.................... 22.

22. Insecte très faiblement pubescent... **discipennis** Reitt. — Mexique

— Insecte pubescent................ **humeralis** Reitt. (1) — Mexique

23. Élytres nettement plus de deux fois plus longs que larges ensemble dans leur plus grande largeur...................... 24.

— Élytres environ deux fois plus longs que larges ensemble...... 25.

24. Subdéprimé sur le disque des élytres. Ponctuation du pronotum assez fine et assez serrée................ **floralis** Reitt. — Chili

— Subconvexe sur le disque des élytres. Ponctuation du pronotum plus forte, assez espacée.............. **undulatus** Reitt. — Chili

25. Insecte testacé plus ou moins varié de noir, convexe.......... .... **ornatus** Schäff. — États-Unis

— Insecte noirâtre ou noir bronzé.............................. 26.

(1) Je n'ai pas vu de *type* de cette espèce.

26. Soies des stries des élytres courtes, mais bien visibles......... .... **impressus** Le C. — États-Unis
— Soies des stries des élytres très courtes, peu visibles........ 27.
27. Insecte plus court; prothorax plus de deux fois plus large que long. Lignes ponctuées des élytres plus fortes............... .... **subglaber** Casey (1) — États-Unis
— Insecte plus allongé; prothorax à peine deux fois plus large que long. Lignes ponctuées des élytres plus fines............... .... **insularis** Casey (1) — Antilles

Ce tableau ne comprend pas les *Loberus cryptophagus, brevicollis, longulus, lateralis, marginalis* Sharp. 1900. Biol. Centr.-Amer., Col., II, 1, p. 593 à 585.

Empocryptus (2) **subovalis**, n. sp. — *Ovatus, paulo plus duplo longior quam in maxima latitudine latior, convexus, nitidus, pube flavo-cinerea, subelongata, vestitus, dilute castaneus, capite et prothoracis disco paulo obscurioribus. Antennae breviores; 3° articulo 1 et 1 3 longiore quam latiore, 4° subquadrato, 5° subelongato, 6°-8° subaequalibus, paulatim vix incrassatis et magis transversis; clava suboblonga, fere 2 et 1/2 longiore quam latiore, 1° articulo transverso, 2° transversissimo, 3° fere tam elongato quam lato, apice hebetato-pulvinato. Caput transversum, fronte convexiusculum, utrinque juxta antennae basin late impressum, antice subtruncatum, fronte in disco parce, ad latera densius punctulatum; epistomo subproducto, in longitudinem vix fuscato, dense tenuiterque punctulato; oculis vix prominulis, tenuiter granosis. Prothorax antice fortiter, postice vix angustatus, paulo plus in maxima latitudine duplo latior quam longior, plus minusve subdense punctulatus; margine antico medio arcuato, ad extremitates sinuato et tenuissime marginato; angulis anticis antrorsum subproductis, rotundatis; lateribus obtusissime dentatis, pulvino tenuissimo et margine subexplanato, modice lato, marginatis; angulis posticis vix obtusis; basi medio retrorsum subarcuata, utrinque late subsinuata, tenuiter marginata, laterum marginibus reflexis, juxta basis extremitates intus inflexis. Scutellum modice transversum, subpentagonale. Elytra basi separatim arcuata, tenuiter marginata, humeris rotundata, lateribus arcuata, ampliata, apice conjunctim rotundata, 1 et 1/3 longiora quam simul in maxima latitudine latiora, lineato-punctata; lineis punctatis ad latera validioribus, apicem versus attenuatis, intervallis latis, planis, unilineato-punctulatis; marginibus lateralibus subabrupte inflexis, juxta callum humerale late impressis, pulvino tenui et canaliculo substricto marginatis. Lineae femorales coxarum posticarum abbreviatae, divergentes.* — Long. 2-2,3 mm.

Ovale, un peu plus de deux fois plus long que large dans sa plus grande largeur, convexe, brillant, marron clair, un peu jaunâtre; tête et disque du prothorax légèrement rembrunis, tibias parfois légèrement enfumés vers

(1) Je n'ai pas vu de *type* de cette espèce.

(2) *Empocryptus* Sharp. 1900, Biol. Centr.-Amer., Col., II, 1, p. 593.

l'extrémité; pubescence flave-cendrée, couchée et courte sur la tête et sur le prothorax, plus longue, inclinée vers l'arrière et disposée en lignes sur les lignes ponctuées des élytres et sur leurs intervalles; soies des lignes des intervalles un peu plus courtes et moins serrées. Antennes très médiocrement longues; 3e article environ une fois et demie plus long que large, 4e subcarré, 5e suballongé, 6e à 8e progressivement un peu épaissis et un peu plus transversaux; massue suboblongue, lâche, presque deux fois et demie plus longue que large, 1er article transversal, 2e très transversal, 3e presque aussi long que large, terminé par un bouton émoussé. Tête environ deux fois plus large au niveau des yeux que longue, convexe sur le front, largement impressionnée de chaque côté vers la base de l'antenne, éparsement pointillée sur le front, plus densément sur les côtés; épistome très légèrement infléchi, assez saillant par rapport à la base des antennes, subtronqué en avant, plus densément et plus finement pointillé que le front; yeux médiocrement saillants, échancrant faiblement les marges latérales du front, séparés par un intervalle plus de quatre fois plus grand que leur diamètre transversal; facettes petites. Prothorax plus large que la tête, fortement rétréci en avant, très faiblement à la base, arqué sur les côtés, un peu plus de deux fois plus large dans sa plus grande largeur que long, plus ou moins subdensément pointillé, plus densément et plus fortement sur les angles antérieurs et les marges latérales. Bord antérieur arqué en avant, sinué de chaque côté vers les extrémités; angles antérieurs un peu saillants en avant, arrondis; côtés armés de cinq dents très obtuses, à peine saillantes : la 1re contre le sommet de l'angle antérieur, la 5e un peu avant la base; marges latérales bordées par un fin bourrelet portant la denticulation latérale, s'étendant sur l'extrémité du bord antérieur et par une cannelure presque étroite, se réfléchissant à l'angle postérieur contre l'extrémité de la base; celle-ci arquée en arrière dans le milieu, largement subsinuée de chaque côté, finement rebordée par un étroit bourrelet prolongeant le bourrelet latéral et par une strie. Écusson environ deux fois plus large que long, subpentagonal. Élytres arqués séparément à la base, finement rebordés, arrondis aux épaules, arqués sur les côtés, élargis, arrondis ensemble à l'extrémité, environ une fois et un tiers plus longs que larges dans leur plus grande largeur, ponctués en lignes plus marquées vers les côtés, atténuées vers le sommet; intervalles larges, plans, chacun avec une ligne de petits points, peu serrés, effacés vers le sommet. Marges latérales assez abruptement infléchies, bordées par un très fin bourrelet et par une cannelure nulle à la base et au sommet, à peine élargie dans sa partie la plus large, bordée par une ligne ponctuée; calus huméraux marqués; marges latérales assez fortement impressionnées en avant des calus huméraux. Saillie prosternale non infléchie après les hanches, bordée sur les côtés. Lignes fémorales des hanches postérieures écourtées, divergentes.

Bolivie : province de Cochabamba (Ph. Germain). Plusieurs exemplaires. Collection A. Grouvelle.

Loberoschema (1) **breviusculum**. n. sp. — *Ovatum, circiter duplo longius quam in maxima latitudine latius, valde convexum, nitidum, pilis tenuibus, elongatis, inclinatis, dense vestitum, pilis longioribus, erectis parcissime intermixtis; piceum, elytris subpiceo-fulvis et fusco variegatis; antennis, prothoracis marginibus reflexis, pedibusque piceo-testaceis, corpore subtus paulo minus diluto. Antennae subincrassatae; articulis 1°-7° plus minusve elongatis, 5° eorum maximo; clava intus vix magis dilatata. Caput transversum; fronte convexa, subparce punctulata, inter antennarum bases arcuatim producta: epistomo inflexo, antice truncato; oculis prominulis. Prothorax convexus, antice quam caput latior, basi paulo angustatus, in maxima latitudine vix duplo latior quam longior, disco parce tenuiterque punctulatus; margine antico truncato; angulis anticis arcuatis, extus anguloso-productis, subcallosis; lateribus arcuatis, juxta angulum anticum et basin vix perspicue sinuatis, pulvino tenuissimo et margine concavo angustissimo marginatis; angulis posticis obtusis: basi late arcuata, utrinque sinuata, marginata, duobus punctis submarginalibus notata. Scutellum subpentagonale, transversissimum. Elytra basi marginata, prothorace aliquid latiora, humeris obtuse angulosa, lateribus arcuata, sat fortiter ampliata, apice conjunctim subacuminata, 1 et 1/3 longiora quam simul in maxima latitudine latiora, subparce punctulata; striis suturalibus subintegris, tenuissimis, apicem versus magis impressis: lateribus anguste marginatis.* — Long. 1,5-1,7 mm.

Ovale, un peu plus de deux fois plus long que large dans sa plus grande largeur, très convexe, brillant, couvert surtout sur les élytres d'une pubescence dense, flave, fine, allongée, inclinée, sublanugineuse, entremêlée, surtout sur les côtés, de quelques longs poils dressés; tête et prothorax, les extrêmes marges latérales exceptées, brun de poix; élytres roux fauve légèrement assombri, chacun marqué de deux larges taches noires, transversales, n'atteignant pas la suture et le bord latéral : la 1re vers le premier tiers de la longueur à partir de la base, la 2e vers le deuxième tiers de la longueur; bords latéraux du prothorax de la couleur des élytres; antennes plus claires, pattes encore plus claires, dessous du corps légèrement assombri. Antennes légèrement épaissies: 1er article épais, suballongé, 2e moins épais, également suballongé, 3e encore un peu épais, environ une fois et demie plus long que large, 4e suballongé, 5e plus de deux fois plus long que large, très faiblement plus épais que 4e et 6e; 6e et 7e subégaux au 3e, 8e suborbiculaire; massue lâche, environ trois fois plus longue que large, subégale au cinquième de la longueur totale de l'antenne. Tête environ deux fois plus large avec les yeux que longue, convexe sur le front, celui-ci saillant en arc entre les bases des antennes; épistome infléchi, tronqué en avant; ponctuation éparse, plus ou moins fine sur le front; deux faibles impressions entre les bases des antennes; yeux saillants, facettes moyennement fines; labre assez saillant. Prothorax convexe, plus large que la tête, légèrement rétréci à la base, à peine deux fois plus large dans sa plus grande largeur que long, éparsement et finement pointillé sur le disque, un peu plus

(1) *Loberoschema* Reitt. 1890, Deutsche Ent. Zeitschr., XXI, p. 160.

fortement vers les côtés. Bord antérieur tronqué ; angles antérieurs arrondis en avant, saillants latéralement en angle obtus et subcalleux ; côtés arqués, très brièvement sinués contre la saillie latérale de l'angle antérieur et contre la base, bordés par un fin bourrelet et par une étroite cannelure ; bourrelet bordant l'angle antérieur, cannelure s'étendant entre la base et le sommet ; angles postérieurs obtus ; base arquée au milieu, subsinuée vers les extrémités, bordée par un bourrelet plus fin que celui des bords latéraux et par une cannelure plutôt un peu plus large que celle de ces bords, présentant deux points submarginaux. Écusson plus de deux fois plus large que long. Élytres arqués séparément à la base, rebordés, en angle obtus aux épaules, alors un peu plus larges que le prothorax dans sa plus grande largeur, arqués sur les côtés, nettement élargis, présentant leur plus grande largeur vers le premier quart de la longueur à partir de la base, subacuminés ensemble au sommet, environ une fois et un tiers plus longs que larges ensemble dans leur plus grande largeur, presque éparsement pointillés : ponctuation effacée vers le sommet ; stries suturales n'atteignant pas la base. Calus huméraux bien marqués, cariniformes, très nettement accentués au côté interne. Marges latérales étroitement rebordées. Lignes fémorales des hanches postérieures très écourtées, divergentes.

Les antennes décrites plus haut sont des antennes de mâle ; chez la femelle, ces organes sont sensiblement plus courts.

Bolivie : province de Cochabamba (Ph. Germain). Plusieurs exemplaires. Collection A. Grouvelle.

Loberoschema trimaculatum, n. sp. — *Ovatum, circiter 2 et 1/4 longius quam in maxima latitudine latius, convexum, nitidum, flavo-pubescens, capite prothoraceque rufo-ferrugineis, antennis pedibusque paulo dilutioribus, elytris testaceo-ferrugineis, nigro variegatis. Antennae subgraciles ; articulis 1°-7° plus minusve elongatis, 3° eorum maximo, clava intus paulo magis dilatata. Caput transversum, fronte convexiusculum, dense punctulatum, ante antennarum bases inflexum, dense et minus valide punctulatum, antice subtruncatum ; oculis modice prominulis. Prothorax convexus, apice quam caput latior, basi aliquid angustatus, antice paulo plus duplo latior quam longior, subdense tenuiterque punctulatus ; margine antico emarginato, medio arcuato ; angulis anticis antrorsum et lateribus productis, antice obtusis, extus hebetato-obtusis ; lateribus arcuatis, tenuiter marginatis ; angulis posticis subrectis : basi medio arcuata, utrinque sinuata, marginata, duobus punctis submarginalibus notata. Scutellum subpentagonale transversum. Elytra basi marginata, humeris rotundata, tunc prothorace in maxima latitudine latiora, lateribus arcuata, ampliata, apice conjunctim acuminata, sesquilongiora quam simul in maxima latitudine latiora, dense punctulata ; punctis apicem versus evanescentibus, striis suturalibus ad apicem impressis ; lateribus ad basin haud stricte concavo-marginatis.* — Long. 1,3-1,5 mm.

Ovale, environ deux fois et un quart plus long que large dans sa plus grande largeur, convexe, brillant, roux ferrugineux ; antennes et pattes plus claires, élytres testacé ferrugineux, varié de noir ; pubescence flave, assez épaisse, médiocrement allongée et presque couchée sur les élytres, plus rare sur la tête et le prothorax. Antennes allongées, presque grêles; 1er article épais, suballongé, 2e un peu moins épais, un peu allongé; 3e légèrement épaissi, une fois et demie plus long que large, 4e un peu plus court que le précédent, 5e environ deux fois plus long que large, 6e subégal à 4e, 7e plus court que 5e, plus long que 6e, 8e oblong, faiblement allongé; massue lâche, environ trois fois plus longue que large, un peu plus courte que le quart de la longueur totale de l'antenne, à peine plus dilatée en dedans qu'en dehors; articles subégaux. Tête environ deux fois plus large avec les yeux que longue, légèrement convexe sur le front, subpliée entre les bases des antennes, infléchie en avant du pli, densément pointillée sur le front, plus faiblement en avant, substriée, biimpressionnée entre les naissances des antennes, subtronquée au bord antérieur; yeux médiocrement saillants, facettes petites; labre saillant. Prothorax convexe, plus large dans sa plus grande largeur que la tête, un peu plus étroit à la base que large en avant au niveau de la saillie latérale des angles antérieurs, un peu plus de deux fois plus large au niveau de cette saillie que long, ponctué comme la tête, mais moins densément; ponctuation plus dense sur les marges latérales. Bord antérieur échancré, arrondi dans le milieu de l'échancrure; angles antérieurs obtus, un peu saillants en avant; saillants latéralement en forme d'angle obtus, émoussé, subcalleux: côtés faiblement arqués, bordés par un fin bourrelet et par une très étroite marge concave : bourrelet s'étendant en avant sur l'angle antérieur et l'extrémité du bord antérieur; angles postérieurs presque droits, saillants en arrière; base arrondie au milieu, sinuée de chaque côté, bordée comme les marges latérales, présentant deux points submarginaux. Écusson subpentagonal, environ deux fois plus large que long, subopaque, très finement et éparsement pointillé. Élytres arqués séparément à la base, rebordés, arrondis aux épaules, alors nettement plus larges que le prothorax, arqués-élargis sur les côtés, présentant leur plus grande largeur vers le premier tiers de la longueur à partir de la base, acuminés ensemble au sommet, environ une fois et demie plus longs que larges ensemble dans leur plus grande largeur, sur chaque élytre trois taches noires : la 1re basilaire, près de l'écusson, oblongue, allongée; la 2e transversale un peu avant le milieu, n'atteignant ni la suture, ni le bord latéral, fortement dilatée dans sa partie externe; la 3e vers le dernier tiers de la longueur transversale, n'atteignant pas la suture et le bord latéral. Ponctuation confuse, médiocrement serrée, plus fine à la base que celle du prothorax, plus forte vers les marges latérales, atténuée vers le sommet; stries suturales effacées à la base, nettement marquées vers le sommet; calus huméraux assez accentués. Marges latérales fortement infléchies, bordées par une marge subexplanée, vers le premier tiers de la longueur à partir de la base, assez large et bien visible de dessus. Lignes fémorales des hanches postérieures divergentes, atteignant presque le sommet du 1er segment de l'abdomen, alors recourbées en dehors.

Bolivie : province de Cochabamba (Ph. Germain). Plusieurs exemplaires. Collection A. Grouvelle.

Loberoschema antennatum, n. sp. — *Ovatum, paulo plus 2 et 1/2 longius quam in maxima latitudine latius, modice convexum, nitidissimum, submetallicum, plus minusve piceum; antennis, prothorace lateribus anguste, elytris humeris et macula communi transversa post medium ochraceis; pedibus et corpore subtus dilute fulvo-ochraceis. Antennae vix incrassatae; articulis 2°, 3° et 5° plus minusve elongatis, clava intus vix magis dilatata. Caput transversum, fronte convexiusculum, plus minusve subdense punctulatum, ante antennarum bases inflexum et sublaeve, antice truncatum; oculis modice prominulis. Prothorax convexus, apice capite latior, antice quam postice vix angustior, paulo plus duplo latior quam longior, plus minusve subdense punctulatus, disco medio in longitudinem anguste laevis; margine antico truncato; angulis anticis rotundatis, extus obtuse anguloso-productis, subcallosis; lateribus juxta angulos anticos brevius sinuatis, dein arcuatis, pulvino tenuissimo et margine subconcavo, sat late marginatis; angulis posticis subacutis; basi arcuata, utrinque sinuata, haud anguste marginata. Scutellum subpentagonale, transversum. Elytra basi ex parte marginata, humeris rotundata, tunc quam prothorax in maxima latitudine latiora, lateribus arcuata, ampliata, apice conjunctim brevissime rotundata, fere duplo longiora quam simul in maxima latitudine latiora, lineato-punctata, lineis punctatis apicem versus attenuatis, evanescentibus, ad basin in disco substriatis; striis suturalibus subintegris; lateribus anguste marginatis.* — Long. 1,8 mm.

Ovale, un peu plus de deux fois et demie plus long que large dans sa plus grande largeur, médiocrement convexe, très brillant, très légèrement métallique, glabre, brun de poix foncé, plus clair sur la tête, le disque du prothorax et la base des élytres entre les calus huméraux; antennes, pattes et dessous du corps beaucoup plus clairs; extrêmes marges latérales du prothorax et sur les élytres de larges taches humérales, une large bande transversale, postmédiane, et une petite tache apicale, jaune un peu fauve. Antennes à peine épaissies; 1er article épais, suballongé, 2e un peu moins épais, suballongé, 3e légèrement épais, subcarré, 4e subégal au précédent, 5e moins d'une fois et demie plus long que large, très faiblement plus épais que 4e et 6e; 6e et 7e subglobuleux, 8e un peu plus court que les précédents; massue lâche, quatre fois plus longue que large, subégale au tiers de la longueur totale de l'antenne, presque symétrique, 3e article plus long que les deux premiers. Tête environ deux fois plus large avec les yeux que longue, légèrement convexe sur le front, subpliée, substriée entre les bases des antennes, infléchie en avant de ce pli, plus ou moins densément ponctuée sur le front, à peine en avant, tronquée au bord antérieur; yeux médiocrement saillants, facettes petites; labre saillant. Prothorax convexe, plus large que la tête, sensiblement aussi large au niveau de la saillie latérale des angles antérieurs qu'à la base, un peu plus de deux fois plus large que long, plus ou moins densément ponctué. Bord antérieur tronqué; angles antérieurs obtus, saillants latéralement en forme d'angle obtus, subcalleux; côtés faiblement arqués, brièvement sinués contre la callosité de l'angle antérieur et contre la base, bordés par un très fin bourrelet et par une marge subconcave, relativement large, un peu plus étroite avant le milieu de la longueur, s'étendant entre le bord antérieur et la base; angles postérieurs subaigus; base arquée au milieu, sinuée de chaque côté, bordée par une marge beaucoup plus étroite que les marges latérales, présentant deux points submarginaux. Écusson subpentagonal, environ deux fois plus large que long, pointillé. Élytres arqués séparément à la base, rebordés sauf dans la partie voisine de l'écusson, arrondis aux épaules, alors nettement plus larges que le prothorax, arqués-élargis sur les côtés, présentant leur plus grande largeur vers les deux cinquième de la longueur à partir de la base, très brièvement arrondis ensemble au sommet, presque deux fois plus longs que larges ensemble dans leur plus grande largeur, ponctués en lignes substriées sur le disque, atténuées et effacées vers le sommet, un peu plus accentuées sur les marges latérales. Intervalles beaucoup plus larges que les points, à peine convexes sur le disque; 1er intervalle latéral très large. Stries suturales entières. Calus huméraux bien marqués, allongés. Marge basilaire de chaque élytre largement relevée entre le calus huméral et la suture en gibbosité médiocrement convexe. Marges latérales étroitement rebordées. Lignes fémorales des hanches postérieures écourtées, arquées, divergentes.

Deux des exemplaires étudiés (probablement des mâles) ont les antennes plus courtes, plus épaisses, terminées par une massue presque égale à la moitié de la longueur totale de l'antenne.

Bolivie : province de Cochabamba (Ph. Germain). 3 exemplaires. Collection A. Grouvelle.

Toramus taprobanae, n. sp. — *Ovatus, convexus, nitidus, subsordido-testaceus, capite prothoraceque vix rufescens, pilis flavo-albidis, plus minusve elongatis, oblique erectis, praecipue in elytris subdense vestitus. Antennae subgraciles; clava infuscata; 3° et 5° articulo subaequalibus, circiter sesquilongioribus quam latioribus; 4° subquadrato, 6° subelongato, 7° subquadrato, 8° subtransverso; clavae articulis 1° quam 2° vix longiore, ultimo quam praecedente paulo angustiore et breviore. Caput transversissimum, convexum, dense punctulatum, antice truncatum; oculis haud prominulis. Prothorax suborthogonius, capite latior, circiter in maxima latitudine duplo latior quam longior, disco dense, lateribus crebre, quam caput validius punctatus; margine antico arcuato; angulis anticis oblique truncatis; lateribus antice posticeque longius subsinuatis, tenuissime marginatis; angulis posticis subrectis; basi medio arcuatim producta, ad extremitates breviter subsinuata, tenuiter marginata et utrinque punctata. Scutellum subtriangulare, transversum. Elytra basi prothorace latiora, humeris breviter rotundata, lateribus arcuata, ampliata, apice conjunctim subacuminata, 1 et 1/3 longiora quam simul latiora, punctato-lineata; punctis apicem versus attenuatis; punctis linearum intervallorum circa scutellum, juxta suturae basin et ad latera confusis.* — Long. 1.7 mm.

Ovale, environ deux fois et un tiers plus long que large dans sa plus grande largeur, convexe, brillant, testacé très légèrement obscurci; tête et prothorax à peine rougeâtres; massue des antennes noire; pubescence blanche, un peu flave, plus ou moins longue, redressée, inclinée, assez dense, surtout sur les élytres (l'exemplaire étudié n'est pas absolument frais). Antennes presque grêles; 1er article subcylindrique, un peu plus long que large, 2e suballongé, 3e et 5e subégaux, environ une fois et demie plus longs que larges, 4e subcarré, 6e suballongé, 7e subcarré, 8e un peu transversal; massue lâche, un peu moins de trois fois plus longue que large, 2e article transversal un peu plus court que le premier et plus long que le dernier, celui-ci un peu plus étroit, suborbiculaire. Tête plus de deux fois plus large que longue, assez convexe, densément pointillée sur le front, tronquée au bord antérieur; yeux médiocrement saillants, bords des orbites faiblement convergents en avant. Prothorax subrectangulaire, plus large que la tête, environ deux fois plus large que long dans sa plus grande longueur, assez convexe, plus fortement ponctué que la tête, ponctuation un peu irrégulièrement serrée. Bord antérieur faiblement arqué en avant, brièvement subsinué aux extrémités, puis obliquement tronqué et formant des angles antérieurs obtus; côtés subsinués en avant et en arrière, très finement rebordés; angles postérieurs faiblement obtus; base légèrement arquée en arrière, longuement subsinuée de chaque côté, finement bordée, marquée d'un point enfoncé de chaque côté vers l'extrémité. Écusson subtriangulaire, presque deux fois plus large à la base que long, presque lisse. Élytres tronqués à la base, finement rebordés, arrondis aux épaules, alors très nettement plus larges que le prothorax à la base, arqués-élargis sur les côtés, présentant leur plus grande largeur vers le premier tiers de la longueur à partir de la base, subacuminés ensemble au sommet, environ une fois et demie plus longs que larges ensemble dans leur plus grande largeur; ponctuation plus forte à la base que celle du prothorax, médiocrement serrée, en partie confuse, dessinant quelques lignes ponctuées, bien apparentes, lorsqu'on examine l'insecte de côté; stries suturales peu marquées au sommet; marges latérales un peu plus claires que le disque des élytres, fortement infléchie aux épaules, progressivement beaucoup moins vers le sommet; calus huméraux médiocrement accentués. Lignes fémorales entières, subparallèles.

Ceylan. Collection du British Museum. 1 exemplaire.

Lorsque cet insecte est examiné dans une goutte d'eau, les lignes ponctuées des élytres sont seules apparentes: elles sont régulières, infléchies vers la suture dans la partie apicale.

Toramus setifer, n. sp. — *Ovatus, convexus, nitidus, testaceus, pilis flavo-albidis, elongatis, erectis, in elytris parce vestitus. Antennae subgraciles; 3° articulo duplo longiore quam latiore, 4° aliquid elongato, 5° quam 4° et 6° longiore et paulo crassiore, 7° subelongato, 8° subquadrato; clavae articulo 1° quam 2° vix longiore, 2° et 3° subaequalibus, vix latioribus quam longioribus. Caput transversissimum, convexiusculum, dense punctulatum, antice truncatum; oculis prominulis. Prothorax postice quam antice angustior, capite latior, circiter in maxima latitudine duplo latior quam longior, disco subdense et quam fronte validius punctulatus; margine antico arcuato; angulis anticis obtusis, extus vix productis; lateribus antice posticeque longius* *vix sinuatis, subtilissime marginatis; angulis posticis obtusis; basi ante scutellum sinuata, utrinque subsinuata, subsulcato-marginata, ante extremitates punctata. Scutellum subpentagonale, transversum. Elytra basi prothorace latiora, extremitatibus oblique truncata, humeris obtuse angulosa, subdentata, lateribus arcuata, ampliata, apice conjunctim subacuminata, circiter 1 et 1/3 longiora quam simul in maxima latitudine latiora, fere confuse punctata; punctis apicem versus evanescentibus.* — Long. 0,8-1 mm.

Ovale, environ deux fois et demie plus long que large dans sa plus grande largeur, convexe, brillant, testacé; tête et prothorax à peine rougeâtres; pubescence formée sur les élytres de poils dressés, allongés, espacés. Antennes presque grêles: 1er article subcylindrique, un peu plus long que large, 2e suballongé, 3e, environ deux fois plus long que large, 4e subcarré, 5e un peu plus court que le 3e, un peu plus épais que les articles contigus, 6e un peu allongé, 7e suballongé, 8e subcarré, à peine épaissi; massue lâche, un peu plus de trois fois plus longue que large; 1er article aussi long que large, 2e et 3e subégaux, à peine plus courts que le 1er. Tête un peu plus de deux fois plus large que longue, assez convexe, densément pointillée sur le front, tronquée au bord antérieur; yeux saillants, plus fortement convexes vers l'arrière; bords des orbites convergents en avant. Prothorax convexe, plus rétréci à la base qu'en avant, plus large que la tête, présentant sa plus grande largeur vers le milieu de la longueur, environ deux fois plus large dans cette plus grande largeur que long, lisse sur une étroite bande longitudinale, médiane, plus fortement ponctué de chaque côté du milieu que la tête, plus éparsement ponctué sur les marges latérales. Bord antérieur arqué en avant, brièvement et obliquement tronqué aux extrémités; angles antérieurs obtus, un peu saillants latéralement; côtés subanguleux vers le milieu, longuement à peine subsinués en avant et en arrière, très finement rebordés; angles postérieurs obtus; base sinuée devant l'écusson, subsinuée de chaque côté, bordée par une strie sulciforme, à peine plus écartée du bord au milieu qu'aux extrémités, marquée de chaque côté d'un assez gros point enfoncé, submarginal. Écusson subpentagonal, presque deux fois plus large que long, ponctué. Élytres plus larges aux épaules que le prothorax, subtronqués séparément et un peu obliquement entre les extrémités de la base, brièvement tronqués vers l'arrière en dehors de ces extrémités, finement rebordés; angles huméraux obtus, légèrement saillants en dehors, arqués-élargis sur les côtés, présentant leur plus grande largeur vers le premier tiers de la longueur à partir de la base, subacuminés ensemble au sommet, environ une fois et deux tiers plus longs que larges ensemble dans leur plus grande largeur; ponctuation un peu plus faible à la base que celle du prothorax, disposée sur le disque en lignes irrégulières laissant des intervalles alternes plus larges, largement confuse sur la région scutellaire, effacée sur les marges latérales et apicales; stries suturales assez longuement enfoncées au sommet. Marges latérales fortement infléchies, presque complètement cachées lorsque l'insecte est vu de dessus. Calus huméraux marqués. Lignes fémorales du premier segment de l'abdomen entières, un peu arquées, divergentes.

Ceylan (E. Simon). Collection A. Grouvelle. 5 exemplaires.

Lorsque l'insecte est examiné sous une goutte d'eau, les lignes ponctuées des élytres sont seules apparentes; elles sont régulières, infléchies vers la suture dans la partie apicale.

Toramus setosellus, n. sp. — *Ovatus, convexus, nitidus, testaceus, pilis aliquot elongatissimis, erectis, tenuibus, praecipue ad latera vestitus. Antennae elongatae, subgraciles; 3° articulo plus duplo longiore quam latiore: clava intus quam extus magis dilatata; articulis subaequalibus, ultimo angustiore. Caput subtriangulare, plus duplo latius quam longius, convexum, ante antennarum bases inflexum, antice truncatum, subdense punctulatum; oculis magnis, subhemisphaericis. Prothorax transversissimus, convexus, basi quam apice vix angustior, subdense et quam caput validius punctatus; margine antico arcuato; angulis anticis obtusis, vix perspicue dentatis; lateribus arcuatis, tenuiter marginatis, paulo ante medium denticulis duobus vix perspicuis, modice remotis armatis; angulis posticis obtusis; basi retrorsum subproducta, ante scutellum sinuata, utrinque late subsinuata, marginata. Scutellum subcirculare. Elytra basi quam prothorax latiora, separatim arcuata, marginata, humeris subdentata, lateribus arcuata, ampliata, apice conjunctim brevissime subrotundata, circiter sesquilongiora quam simul in maxima latitudine latiora, parce punctulata; punctis apicem versus valde attenuatis; callo humerali minimo, manifesto.* — Long. 1,3 mm.

Ovale, environ deux fois plus long que large, convexe, brillant, testacé, orné de quelques poils fins, très allongés, dressés, plus nombreux vers les marges latérales. Antennes dépassant la base du prothorax, assez grêles; 1er article épais, un peu allongé, 2e un peu moins épais, plus long que large, 3e grêle, plus de deux fois plus long que large, 4e, 5e et 6e et surtout 5e allongés, 7e et 8e subcarrés; massue lâche, plus accentuée en dedans, un peu plus de trois fois plus longue que large, articles subégaux, le dernier est un peu plus étroit que les précédents. Tête subtriangulaire, plus de deux fois plus large au niveau des yeux que longue, convexe sur le front, infléchie en avant des antennes, tronquée au bord antérieur, peu densément et très finement pointillée; épistome peu saillant, séparé du front par une strie peu marquée; yeux gros subhémisphériques, échancrant les marges latérales du front, celles-ci convergentes en avant. Prothorax à peine plus rétréci à la base qu'en avant, arqué sur les côtés, présentant sa plus grande largeur en avant du milieu, nettement plus de deux fois plus large dans sa plus grande largeur que long, convexe, couvert d'une ponctuation peu dense, plus forte que celle de la tête; bord antérieur arqué; angles antérieurs obtus, légèrement accentués par un très faible sinus du bord latéral; bords latéraux finement rebordés, armés chacun de deux très petites dents, peu visibles, rapprochées, plus éloignées dans leur ensemble de l'angle postérieur que de l'angle antérieur; angles postérieurs obtus; base un peu saillante en arrière, sinuée devant l'écusson, uniponctuée et largement sinuée de chaque côté, finement et un peu plus largement rebordée que les côtés. Écusson subpentagonal. Élytres plus larges à la base que le prothorax, séparément arqués et rebordés, à la base, à courbure plus accentuée dans les parties entre le prothorax et les épaules; épaules en angle obtus, subdenticulées; côtés arqués-élargis, déterminant la plus grande largeur des élytres vers le premier quart de la longueur à partir de la base, convergents ensuite vers le sommet, celui-ci très brièvement subarrondi; ponctuation plus forte que celle du prothorax, plutôt éparse, très atténuée vers le sommet; calus huméraux petits, marqués; stries suturales marquées au sommet. Lignes fémorales du premier segment de l'abdomen divergentes, incomplétées.

Tonkin: région de Luc-nam (L. Blaise). 3 exemplaires. Collection A. Grouvelle et L. Bedel.

Espèce très voisine de *T. setifer* Grouv., moins allongée; yeux plus petits, moins saillants, moins convexes vers l'arrière, à facettes plus fortes.

Toramus humeridens, n. sp. — *Suboblongus, convexus, nitidus, testaceus, pilis aliquot tenuibus, elongatissimis, erectis, vestitus. Antennae elongatae, vix graciles; 3° articulo paulo plus duplo longiore quam latiore, 6°-8° quam praecedentibus, vix angustioribus. Caput subtriangulare, circiter duplo latius quam longius, convexum, ante antennarum bases inflexum, antice truncatum, subdense punctulatum; oculis sat magnis, modice prominulis. Prothorax transversissimus, convexus, antice quam postice paulo latior, subdense punctulatus: margine antico vix arcuato, ad extremitates oblique breviterque truncato; angulis anticis obtusis, vix dentatis; lateribus arcuatis, tenuissime marginatis, paulo ante medium denticulis duobus, vix perspicuis, modice remotis arcuatis; angulis posticis obtusis; basi arcuata, ad extremitates vix sinuata, impressione angusta, parum impressa marginata. Scutellum suborbiculare. Elytra basi quam prothorax latiora, separatim arcuata, marginata, humeris subdentata, lateribus arcuata, modice ampliata, apice conjunctim subacuminata, circiter 1 et 2/3 longiora quam simul in maxima latitudine latiora, subdense punctata; punctis ad latera apicemque valde attenuatis; callo humerali vix manifesto.*

Suboblong, plus de deux fois plus long que large, convexe, brillant, testacé, orné de quelques poils fins, très allongés, dressés. Antennes dépassant la base du prothorax, médiocrement grêles; 1er article épais, plus long que large, 2e un peu moins épais, à peine plus long que large, 3e grêle, un peu plus de deux fois plus long que large, 4e et 5e et surtout 5e un peu allongés, 6e à 8e à peine visiblement plus étroits que les précédents, 6e un peu allongé, les deux autres subcarrés; massue lâche, symétrique, un peu plus de trois fois plus longue que large, les deux premiers articles subcarrés, le dernier un peu plus étroit que les précédents. Tête subtriangulaire, environ deux fois plus large au niveau des yeux que longue, convexe sur le front, infléchie en avant des antennes, tronquée au bord antérieur, peu densément et assez finement pointillée, à peine biponctuée entre les bases des antennes; épistome peu saillant, séparé du front par un léger pli; yeux médiocrement gros et saillants, échancrant les marges latérales du front, celles-ci médiocrement convergentes en avant. Prothorax un peu plus large en avant qu'à la base, arqué sur les côtés, presque parallèle en avant, un peu plus de deux fois plus large dans sa plus grande largeur que long, convexe, couvert d'une ponctuation comparable à celle de la tête, mais un peu plus forte; bord antérieur à peine arqué, brièvement et obliquement tronqué aux extrémités; angles antérieurs obtus, légèrement accentués par un très faible sinus du bord latéral; bords latéraux à peine visiblement rebordés, armés chacun de deux très petites dents, peu visibles, rapprochées, et plus éloignées dans leur ensemble de l'angle postérieur que de l'angle antérieur; marges latérales un peu explanées-concaves; angles postérieurs obtus; base un peu arquée, saillante en arrière au milieu, largement subsinuée de chaque côté, bordée par une impression relativement étroite, peu accentuée. Écusson subpentagonal. Élytres plus larges à la base que le prothorax, séparément arqués et rebordés à la base, celle-ci à courbure plus accentuée dans les parties entre les épaules et le prothorax; épaules en angle obtus, très légèrement denté; côtés arqués, un peu élargis, déterminant la plus grande largeur des élytres vers le premier cinquième de la longueur à partir de la base, convergents ensuite vers le sommet, celui-ci subémoussé; ponctuation plus forte que celle du prothorax, plus ou moins dense, atténuée vers les marges latérales et vers le sommet; calus huméraux à peine marqués; stries suturales presque entières.

Tonkin : Hanoï (Vaulogér). 1 exemplaire. Collection A. Grouvelle.

Toramus chilensis, n. sp. — *Ovatus, circiter 2 et 1/3 longior quam in maxima latitudine latior, modice convexus, nitidus, pube flavo-cinerea tenui brevique subdense vestitus, ater; antennarum basi et ultimo articulo, prothoracis angulis posticis et in singulo elytro plaga humerali et macula ante apicem subfusco-ochraceis; pedibus paulo dilutioribus; corpore subtus infuscato, abdominis segmentis fusco-ochraceis. Antennae elongatae; 1° articulo subelongato, 5° plus duplo longiore quam latiore; clava fere quinquies longiore quam latiore, intus paulo magis dilatata; 1° articulo quam ceteris longiore. Caput transversum, fronte convexum, sublaeve, inter antennarum bases subplicatum et antice inflexum, parce tenuiterque punctatissimum, margine antico truncatum; oculis prominulis. Prothorax convexus, apice quam caput tam latus, antice quam postice vix angustior, basi fere duplo latior quam longior, sublaevis; margine antico subtruncato; angulis anticis obtusis; lateribus in universum rotundatis, juxta basin subsinuatis, antice subtruncatis, dein undulatis et tenuissime denticulatis, pulvino tenui, antice subincrassato marginatis; angulis posticis subrectis; basi medio arcuato-producta, utrinque late sinuata, marginata, punctis duobus submarginalibus notata. Scutellum subpentagonale, modice transversum. Elytra basi prothorace latiora ex parte marginata, humeris obtuse angulosa, vix perspicue denticulata, lateribus arcuata, ampliata, apice conjunctim rotundata, 2 et 1/3 longiora quam simul latiora, subparce tenuiter punctulata; striis suturalibus apicem versus indicatis; lateribus anguste marginatis.* — Long. 1.8-2 mm.

Ovale, environ deux fois et un tiers plus long que large dans sa plus grande largeur, convexe, brillant; pubescence flave cendré, fine, courte, couchée, assez dense; coloration générale noire; base et dernier article des antennes, une assez large tache sur les angles huméraux des élytres et une tache vague, plus petite, sur chacun d'eux, avant le sommet jaune à peine assombri (parfois les angles postérieurs du prothorax sont marqués de jaune); pattes un peu plus claires, dessous du corps plus assombri. Antennes un peu épaisses; 1er article épais, subcarré, 2e moins épais, subcarré, 3e encore un peu épais, environ une fois et demie plus long que large, 4e suballongé, 5e subégal au 3e, 6e à 8e s'épaississant progressivement 6e subégal au 4e, 7e plus long que 6e; 8e subtransversal; massue lâche, plus longue que le tiers de la longueur totale de l'antenne, environ cinq fois plus longue que large, 1er et 2e article subégaux, un peu allongés, 3e un peu plus court que les deux premiers; oblong, subacuminé à l'extrémité. Tête un peu plus de deux fois plus large avec les yeux que longue, convexe sur le front, fortement sinuée sur les côtés vers l'insertion de l'antenne, subpliée entre les bases des antennes, infléchie en avant de ce pli, subtronquée au bord antérieur, éparsement et à peine visiblement pointillée sur le front, impressionnée de chaque côté vers la base de l'antenne; yeux assez saillants; facettes assez petites; labre peu saillant. Prothorax convexe, à peine plus large en avant que la tête avec les yeux, à peine plus étroit en avant qu'à la base, un peu moins de deux fois plus large dans sa plus grande largeur que long, à peine visiblement pointillé. Bord antérieur subtronqué, très légèrement anguleux, saillant en avant dans le milieu, bordé dans cette partie par une très étroite marge subréfléchie, lisse, angles antérieurs obtus, côtés arrondis dans l'ensemble, présentant leur plus grande saillie latérale vers le premier tiers de la longueur à partir du sommet, subtronqués contre l'angle antérieur, puis subondulés et très faiblement denticulés, bordés par un bourrelet très fin et épaissi latéralement en avant, devenant progressivement un peu moins fin vers la base, et par une cannelure un peu plus large sur l'angle antérieur, puis très étroite et s'élargissant comme le bourrelet latéral; angles postérieurs droits, un peu saillants en arrière; base arquée au milieu, largement sinuée de chaque côté, à peine plus largement rebordée que les côtés vers la base, présentant deux points submarginaux limitant de faibles impressions s'étendant sur les angles postérieurs. Écusson subpentagonal, médiocrement transversal. Élytres arqués séparément et assez fortement à la base, fortement rebordés entre l'écusson et le calus huméral, très nettement plus larges que le prothorax à la base, en angle obtus, à peine visiblement denticulé aux épaules, arqués-élargis sur les côtés, présentant leur plus grande largeur vers le premier tiers de la longueur à partir de la base, arrondis ensemble au sommet, environ une fois et un tiers plus longs que larges ensemble dans leur plus grande largeur, très finement et éparsement ponctués sur le disque, plus fortement sur les côtés, lisses au sommet; stries suturales entières, fines, plus marquées vers le sommet. Calus huméraux médiocrement accentués. Marges latérales finement rebordées. Base de chaque élytre légèrement relevée en gibbosité. Lignes fémorales des hanches postérieures entières, arquées, divergentes.

Chili (Ph. Germain), 4 exemplaires. Collection A. Grouvelle.

Je rapporte à cette espèce un exemplaire provenant du Venezuela : Colonia Tovar (E. Simon), qui a l'extrémité des élytres largement testacé jaunâtre.

Toramus infimus, n. sp. — *Suboratus, circiter 1 et 2/3 longior quam in maxima latitudine latior, convexus, nitidus, fulvo-testaceus; capite prothoraceque vix rufescentibus, antennis, praeter articulos 9-10 nigros, pedibusque dilute testaceis; singulo elytro late nigro bimaculato; 1ª macula discoidali, 2ª ante apicem, transversa; pubescentia subtilissima, aliquot pilis elongatis, erectis, praecipue in elytris intermixtis. Antennae subgraciles, setosellae; 5° articulo quam vicinis longiore et paulo crassiore. Caput transversum, fronte modice convexum, utrinque ad antennarum insertionem valde sinuatum; oculis magnis, medium longitudinis superantibus. Prothorax in longitudinem modice convexus, apice quam caput paulo latior, lateribus modice arcuatus, circiter duplo latior quam longior, subtilissime punctulatus; margine antico subtruncato; extremitatibus subsinuato; angulis anticis late hebetatis; lateribus subtilissime marginatis; angulis posticis rectis; basi medio retrorsum subproducta, utrinque sinuata. Scutellum subsemicirculare. Elytra basi quam prothorax latiora, humeris obtusa vix denticulata, lateribus arcuata, valde ampliata, apice conjunctim acuminata, 1 et 1/5 longiora quam simul in maxima latitudine latiora, in disco parce et sublineato-punctata, in longitudinem regulariter convexa.* — Long. 0.8 mm.

Subovale, environ une fois et deux tiers plus long que large dans sa plus grande largeur, convexe, brillant, fauve testacé; chaque élytre marqué de deux taches noires, parfois très développées : la 1re discoïdale, la 2e avant le sommet, assez large, transversale, n'atteignant pas la suture et le bord latéral; antennes sauf les articles 9 et 10 noirs et pattes testacé clair; pubescence extrêmement fine, entremêlée principalement sur les côtés des élytres de longs poils dressés. Antennes presque grêles, dépassant la base du pronotum chez le mâle : 1er article subcarré, 2e un peu plus long que large, 3e plus de deux fois plus long que large, 4e suballongé, 5e presque une fois et demie plus long que large, à peine plus épais que 4e et 6e, 6e à 8e subégaux, suballongés; massue lâche un peu plus de trois fois plus longue que large, 1er et 3e articles un peu allongés, 2e subcarré. Tête triangulaire, environ deux fois plus large avec les yeux que longue, médiocrement convexe sur le front, striée en arc entre les bases des antennes et subdéprimée en avant de cette strie, sinuée profondément vers l'insertion des antennes, tronquée au bord antérieur, peu densément et à peine visiblement pointillée sur le front; yeux gros saillants, atteignant le milieu de la longueur de la tête; facettes extrêmement petites; labre bien visible. Prothorax convexe, médiocrement arrondi sur les côtés, présentant sa plus grande largeur vers le milieu de la longueur, environ deux fois plus large dans sa plus grande largeur que long, très éparsement pointillé. Bord antérieur subtronqué, sensiblement aussi large que la tête avec les yeux; angles antérieurs subarrondis; côtés à peine visiblement rebordés; angles postérieurs presque droits, subexplanés; base un peu saillante en arrière dans le milieu, largement subsinuée de chaque côté et marquée d'un point enfoncé. Écusson subdemicirculaire. Élytres convexes, subarqués à la base, finement rebordés, plus larges à la base que la base du prothorax, en angle obtus à peine denté aux épaules, arrondis, notablement élargis sur les côtés, présentant leur plus grande largeur vers le premier quart de la longueur à partir de la base, acuminés ensemble au sommet, environ une fois et un cinquième plus longs que larges ensemble dans leur plus grande largeur, ponctués assez fortement sur le disque; points espacés, presque disposés en lignes. Convexité longitudinale des élytres régulière; gibbosités basilaires peu accentuées; calus huméraux marqués, peu développés. Marges latérales assez largement explanées dans la partie de la plus grande largeur, visibles de dessus. Tarses grêles, allongés; 3e article étroitement lobé.

Antilles : Grenada, St-Vincent (H. H. Smith). Nombreux exemplaires. Collections du British Museum et A. Grouvelle.

Toramus bellus, n. sp. — *Subovatus, circiter 1 et 2/3 longior quam in maxima latitudine latior, convexus, nitidus, subdilute castaneus; singulo elytro duabus maculis albido-ochraceis notato : 1a humerali, 2a ante apicem stricta, subobliqua, suturam latusque haud attingente; antennis extra articulos 5-8 nigros dilute testaceis, vix piceo-tinctis, pedibus paulo magis valde tinctis; pubescentia tenuissima, subelongata, obliqua, flava vel subfusco-flava, pilis tenuissimis, multo longioribus, erectis praecipue ad elytrorum latera intermixtis. Antennae subincrassatae, articulo 5o quam vicinis longiore et paulo crassiore, 8o cum 6o subaequali, transverso. Caput triangulare, transversum, fronte convexum, dense tenueque punctulatum, juxta antennarum bases stricte elevatum; oculis prominulis, medium longitudinis haud attingentibus. Prothorax convexus, apice quam caput paulo latior, antice quam postice vix angustatus, lateribus rotundatus, in maxima latitudine plus duplo latior quam longior, dense tenuissimeque punctulatus, basi stricte striato-marginatus. Scutellum subsemicirculare. Elytra humeris subrotundata, tunc quam prothorax in maxima latitudine latiora, lateribus rotundata, valde ampliata, apice conjunctim acuminata, circiter 1 et 1/5 longiora quam simul in maxima latitudine latiora, dense tenuissimeque punctulata, in longitudinem apice valde convexo-inflexa.* — Long. 1.2 mm.

Subovale, environ une fois et deux tiers plus long que large dans sa plus grande largeur, convexe, brillant, marron peu foncé; chaque élytre marqué de deux taches blanc jaunâtre : la première sur le calus huméral, suboblongue, la deuxième vers le dernier tiers de la longueur, un peu oblique, étroite, n'atteignant ni la suture, ni le bord latéral; antennes testacées, très légèrement teintées de nuance de poix, articles 5 à 8 noirs; pattes à peine plus foncées que les antennes. Pubescence très fine, inclinée, un peu allongée, plus courte sur la tête et le prothorax, flave sur les parties claires, un peu assombrie sur les parties foncées et entremêlée, principalement sur les côtés des élytres, de longs poils dressés, très fins. Antennes assez épaisses, dépassant chez le mâle le milieu de la longueur du corps, pubescentes surtout sur les articles noirs; 1er article un peu plus long que large, 2e et 3e subégaux, 3e moins d'une fois et demie aussi long que large, 4e un peu allongé, 5e nettement plus long que large, plus épais que 4 et 6, 6e subcarré, 7e subcarré, presque large comme la massue, 8e plus étroit, transversal; massue lâche, environ trois fois plus longue que large, 2e article plus court que le 1er et le 3e, celui-ci environ aussi long que large, acuminé à l'extrémité. Tête triangulaire, environ deux fois plus large avec les yeux que longue, convexe sur le front, déprimée en avant des bases des antennes, bordée-relevée contre ces bases, tronquée au bord antérieur, plus ou moins éparsement et très finement pointillée; yeux saillants, n'atteignant pas le milieu de la longueur de la tête; facettes très petites. Prothorax convexe, à peine plus large en avant que la tête avec les yeux, un peu plus large à la base qu'au sommet, arrondi sur les côtés, présentant sa plus grande largeur vers le milieu de la longueur, nettement plus de deux fois plus large dans sa plus grande largeur que long, assez densément et très finement pointillé; bord antérieur largement et peu profondément échancré; angles antérieurs subrectangulaires; côtés finement rebordés; base saillante en arrière dans le milieu, à peine sinuée de chaque côté, ponctuée vers les extrémités; un peu plus largement rebordée que les côtés. Écusson subsemicirculaire. Élytres convexes, subarqués à la base, rebordés, un peu plus larges à la base que le prothorax dans sa plus grande largeur, en angle obtus émoussé aux épaules, arrondis, notablement élargis sur les côtés, présentant leur plus grande largeur vers le premier tiers de la longueur à partir de la base, acuminés ensemble au sommet, environ une fois et un cinquième plus longs que larges ensemble dans leur plus grande largeur, assez densément et très finement pointillés à la base; stries suturales marquées vers le sommet. Convexité longitudinale brièvement accentuée à la base, faible sur le disque, très accentuée vers le sommet; gibbosités de la base des élytres et calus huméraux bien marqués. Marges latérales assez largement explanées dans la partie de la plus grande largeur et visibles de dessus, sauf au sommet. Tarses grêles, allongés, 3e article étroitement lobé.

Antilles : Grenade, Balthazar (H. H. Smith). Nombreux exemplaires. Collection du British Museum.

Lorsque la coloration n'est pas bien développée, les marges basilaires et suturales des élytres sont plus claires et le 8e article des antennes n'est pas noir.

Gen. **Henoticonus** Reitt.

Reitter, 1878, Deutsche ent. Zeitschr., (1878) p. 127.

Il convient de compléter comme il suit la diagnose de ce genre :

Glaber.

Antennae plus minusve subelongatae, moniliformes; 1o, 2o et 3o articulo sensim minus incrassatis; clava modice laxata.

Caput antice stricte inflexum, ad antennarum bases haud sinuatum; temporibus manifestis, brevibus.

Prothorax ante basin haud transversim impressum, lateribus integris.

Elytra basi tenue marginata, lineato-punctata, juxta scutellum breve striolata vel confuse punctata.

Mentum extremitatibus sinuatum et acute productum.

Palpi maxillares articulo ultimo majore, subacuminato, labiales articulo ultimo ovato.

Processus prosternalis inflexus, coxas aliquid superans, inter coxas substrictus, latior, arcuatus.

Acetabulae coxarum anticarum fere occlusae.

Coxae intermediae modice, posticae paulo minus remotae.

Primum segmentum abdominis quam secundum et tertium simul mensa minus elongatum; processu acuto.

Pedes subgraciles, tarsis aliquid incrassatis, haud lobatis, 3° articulo apice oblique truncato; 4° minimo angustiore.

Tarsi maris pentameri.

Le genre *Henoticonus* vient se placer à côté des *Pharaxonotha*; il s'en sépare par la forme de sa saillie prosternale et l'absence d'impression striolée de chaque côté de la base du pronotum.

Henoticonus Bouchardi, n. sp. — *Oblongus, circiter 2 et 1/2 longior quam in maxima latitudine latior, convexus, nitidus, glaber, piceus; antennis pedibusque dilutioribus. Antennae subbreves et graciles; 3° articulo sesquilongiore quam latiore, clava sublaxata, intus magis dilatata, paulo plus duplo longiore quam latiore, ultimo articulo subelongato. Caput transversum, fronte convexiusculum, antice truncatum, dense punctulatum; epistomo dilutiore, aliquid producto, antice truncato, inflexo; oculis modice prominulis. Prothorax antice quam postice angustior, lateribus arcuatus, in maxima latitudine 2 et 1/2 latior quam longior, disco quam caput minus dense valdeque punctatus; margine antico subarcuato, extremitatibus breve sinuato; angulis anticis valde inflexis, obtusis; lateribus antice vix sinuatis, vix undulatis, pulvino tenui et canaliculo antice strictissimo, postice stricte marginatis; angulis postice obtusis; basi subarcuata, utrinque vix sinuata, tenue marginata. Scutellum transversissimum, apice latissime obtusum. Elytra basi subtruncata, prothorace paulo latiora, humeris obtuse angulosa, lateribus arcuata, modice ampliata, apice conjunctim rotundata, fere 1 et 2/3 longiora quam simul in maxima latitudine latiora, tenue punctato-substriata et juxta scutellum breve striolata, striis ad latera apicemque magis impressis. Striae suturales integrae, antice solum punctulatae, apicem versus impressae.* — Long. 2,2 mm.

Oblong, environ deux fois et demie plus long que large dans sa plus grande largeur, convexe, brillant, brun de poix; antennes, bord antérieur de l'épistome et pattes plus clairs. Antennes grêles, assez courtes; 1er article subcylindrique, très nettement plus long que large, 2e oblong, suballongé, 3e une fois et demie plus long que large, 4e à 8e s'épaississant faiblement et progressivement, à peu peu près subégaux, 8e transversal; massue médiocrement lâche, environ deux fois plus longue que large, 2e article plus large et un peu plus long que le 1er, 3e plus étroit que le 2e, émoussé à l'extrémité.

Tête environ deux fois plus large avec les yeux que longue; front faiblement convexe, densément pointillé; épistome peu saillant en avant des bases des antennes, subimpressionné de chaque côté, brièvement infléchi, tronqué au bord antérieur, très finement pointillé. Labre saillant, encore plus clair que la marge antérieure de la tête. Bords latéraux sans sinus à l'insertion des antennes. Yeux assez gros, médiocrement saillants, échancrant les marges du front; directions des bords des orbites fortement convergentes en avant; facettes petites. Prothorax plus rétréci en avant qu'à la base, arqué sur les côtés, très faiblement ondulé, à peine visiblement sinué aux extrémités, présentant sa plus grande largeur près du milieu de la longueur, environ deux fois et demie plus long que large dans sa plus grande largeur, moins densément et moins fortement ponctué sur le disque que sur la tête, plus fortement sur les marges latérales. Bord antérieur faiblement arqué, brièvement sinué aux extrémités; angles antérieurs fortement infléchis, obtus, finement rebordés, moins obtus lorsqu'ils sont vus de face; côtés bordés par un fin bourrelet et par une cannelure ponctuée d'une ligne d'assez gros points, plus étroite en avant qu'en arrière; angles postérieurs obtus; base légèrement arquée, à peine sinuée de chaque côté, finement rebordée. Écusson très transversal, très largement obtus au sommet. Élytres subtronqués à la base, un peu plus larges ensemble que la base du prothorax, en angle obtus aux épaules, arqués sur les côtés, faiblement élargis, présentant leur plus grande largeur vers le milieu de la longueur, arrondis ensemble au sommet, environ une fois et deux tiers plus longs que larges ensemble dans leur plus grande largeur, finement ponctués-substriés. Stries mieux marquées vers le sommet et vers les côtés; points des stries plus accentués sous la marge basilaire des élytres; intervalles plans, à peine visiblement pointillés. Stries suturales réduites à une ligne de points dans leur partie basilaire, mieux marquées vers le sommet. Calus huméraux accentués. Marges latérales fortement infléchies, subpliées au calus huméral, finement rebordées. Premier segment de l'abdomen notablement plus long que le deuxième. Prothorax longitudinalement subdéprimé. Élytres continuant presque la courbure des côtés du prothorax.

Sumatra, Palembang (J. Bouchard). 1 exemplaire. Collection A. Grouvelle.

Un exemplaire très voisin, provenant également de Sumatra (tabacs de Palembang) a quelques points confus à la place des deux strioles préscutellaires. Deux autres exemplaires, venant de Java : Malang (Rouyer), ont les élytres plus claires sur les marges latérales et les stries des élytres en partie plus accentuées. Ces exemplaires, conservés dans ma collection, ne me paraissent pas différer spécifiquement de la forme récoltée par J. Bouchard.

L'attribution de cette espèce au genre ***Henoticonus*** n'est peut-être pas complètement justifiée. L'espèce du Japon a le bord externe du prothorax légèrement épaissi, marqué vers la base d'une très fine ligne de points, des élytres finement rebordés à la base et couverts d'une ponctuation serrée, confuse autour de l'écusson. Chez la forme des îles malaises, le bord du prothorax est subtranchant et les élytres, sans rebord à la base, sont couverts d'une ponctuation en lignes régulières séparées par des intervalles larges; enfin la saillie prosternale sans élargissement à l'extrémité rappelle plus celle des *Pharaxonotha*. Dans son ensemble l'*H. Bouchardi* Grouv. est plus rapproché des *Pharaxonotha* que l'*H. typhaeoides* Reitt., type du genre.

Pseudohenoticus Sharp

Sharp. 1909. Biol. Centr.-Amer., Col., II, 1. p. 596.

Pubescens.

Antennae plus minusve breves, infra frontis marginem insertae; tribus primis articulis sensim minus incrassatis: clava modice laxata.

Caput antice plus minusve breve inflexum, juxta oculos tenue elevato-marginatum; temporibus nullis.

Prothorax basi striato-marginatus, lateribus plus minusve undulatis vel denticulatis.

Elytra basi tenue striato-marginata, confuse punctata.

Mentum extremitatibus sinuatum et acute productum.

Palpi maxillares articulo ultimo longiore, ad apicem attenuato; labiales articulo ultimo ovato, apice acuminato.

Processus prosternalis coxas superans, apice plus minusve inflexus.

Acetabulae coxarum anticarum ex parte clausae.

Coxae intermediae modice, posticae paulo magis, remotae.

Primum segmentum abdominis quam secundum et tertium simul mensa brevius; processu subtruncato.

Pedes subtenues; tarsis brevibus, in utroque sexu quinquearticulatis, 4° articulo brevi, 1°-3° apice oblique truncatis, imbricatis.

Striae femorales coxarum posticarum manifestae.

Ce genre doit se placer aux environs d'*Henoticonus* Reitt.: il semble moins rapproché de *Pharaxonotha* que ce dernier; il est particulièrement remarquable par la variabilité de denticulation des côtés du prothorax, avec prédominance de la denticulation de l'angle antérieur, soit comme saillie, soit comme développement latéral. A cet égard la variété des formes répond à celle qui se constate chez les *Cryptophagus* et formes voisines.

Pseudohenoticus aenescens, n. sp. — *Oblongo-parallelus, plus 3 et 1/2 longior quam in maxima latitudine latior, convexus, nitidus, breve denseque cinereo-pubescens, aeneus; antennis pedibusque rufo-fuscis, antennarum clava infuscata. Antennae subincrassatae; 3° articulo subelongato; clava intus paulo magis dilatata. Caput transversum, convexiusculum, dense punctulatum, antice truncatum; occipite basi impresso; oculis subprominulis. Prothorax antice aliquid, postice vix angustatus, lateribus modicissime arcuatus, vix undulatus, circiter 1 et 1/3 latior quam longior, in disco parce tenueque, ad latera paulatim densius validiusque punctulatus; margine antico medio impresso, anguloso-producto, ad extremitates breviter sinuato; angulis anticis antrorsum modice productis, subobtusis, extus oblique bre-*

reque truncatis; lateribus pulvino tenui extus vix undulato et canaliculo marginatis; canaliculo ante medium stricto, ad angulum anticum paulo latiore, ad angulum posticum paulatim latiore, juxta basin vix reflexo; angulis posticis subobtusis; basi medio retrorsum modice arcuato-producta, utrinque late subsinuata. Scutellum transversum suboblongum. Elytra subparallela, apice conjunctim rotundata, circiter 2 et 1/2 longiora quam simul latiora, tenue punctato-striata; striis apicem versus attenuatis; intervallis planis, unilineato-punctulatis; striis suturalibus ad apicem indicatis; elytrorum margine basilari inter suturam et callum humerale subgibboso. — Long. 2.7 mm.

Subparallèle, environ trois fois et demie plus long que large dans sa plus grande largeur, convexe, brillant, bronzé; antennes et pattes roux enfumé, massue des antennes noire; pubescence cendrée, courte; plus dense, obliquement dressée sur les élytres. Antennes un peu épaisses; 3ᵉ article subcarré, 5ᵉ et 7ᵉ subégaux moins transversaux que 4ᵉ, 6ᵉ et 8ᵉ; massue subcylindrique, à peine plus dilatée en dedans qu'en dehors, à peine plus longue que le tiers de la longueur totale de l'antenne; 1ᵉʳ article un peu plus long et plus étroit que le 2ᵉ, 3ᵉ un peu plus étroit que le 2ᵉ, à peine aussi long que large, terminé par un bouton conique surbaissé. Tête triangulaire, environ deux fois plus large avec les yeux que longue, tronquée au bord antérieur, médiocrement convexe, densément pointillée sur le disque, très densément et plus fortement sur les côtés, impressionnée de chaque côté contre la base de l'antenne, assez fortement et profondément impressionnée au milieu de la base de l'occiput; yeux un peu saillants, échancrant médiocrement les marges du front; bords des orbites relevés, surtout en avant; facettes petites. Prothorax légèrement rétréci en avant, à peine à la base, à peine arqué sur les côtés, présentant sa plus grande largeur près de la base, alors environ une fois et un tiers plus large que long, densément et finement pointillé sur le disque, plus densément et moins finement vers les côtés, longitudinalement subcaréné dans la partie basilaire. Bord antérieur saillant en avant, en angle largement obtus, impressionné devant l'impression de l'occiput, brièvement sinué aux extrémités; angles antérieurs obtus, un peu saillants en avant, subtronqués au côté externe; bords latéraux bordés par un fin bourrelet à peine ondulé-crénelé et par une marge concave, presque étroite en avant du milieu, à peine élargie vers l'angle antérieur, plus élargie vers l'angle postérieur, faiblement réfléchie contre la base; angles postérieurs subobtus; base arquée, un peu saillante en arrière dans le milieu, largement sinuée de chaque côté, étroitement rebordée surtout vers les extrémités. Écusson médiocrement transversal, très largement arrondi au sommet, très densément et très finement pointillé. Élytres arqués séparément à la base, assez fortement rebordés surtout contre l'écusson, subdentés aux épaules, puis brièvement subsinués sur les côtés, ensuite très faiblement arqués, arrondis ensemble à l'extrémité, environ deux fois et demie plus longs que larges ensemble dans leur plus grande largeur, finement ponctués-striés; stries atténuées vers le sommet; intervalles plans; sur chacun une ligne de points un peu moins forts que ceux des stries.

atténuée vers le sommet; stries suturales assez longuement enfoncées sur la partie apicale de l'élytre. Marges latérales fortement infléchies, subpliées dans la partie basilaire, bordées par un très étroit bourrelet et un assez fort sillon strié. Calus huméraux marqués, limités en dedans par une impression longitudinale. Marge basilaire relevée entre ces impressions et la suture en une large gibbosité médiocrement accentuée. Saillie prosternale dépassant les hanches, un peu élargie après celles-ci, finement rebordée. Lignes fémorales des hanches postérieures presque entières, divergentes.

Le profil longitudinal de l'insecte est légèrement ensellé à la jonction des élytres et du prothorax. L'exemplaire étudié a les tibias postérieurs brièvement recourbés et épaissis à l'extrémité: c'est très probablement un exemplaire mâle.

Bolivie : Province de Cochabamba (Germain). 1 exemplaire. Collection A. Grouvelle.

Pseudohenoticus falcidens, n. sp. — *Ovatus, circiter triplo longior quam in maxima latitudine latior, convexus, nitidus, tenue cinereo-pubescens, castaneus; antennis, clava excepta, marginibus anticis prothoracis et lateralibus, et elytrorum basi plus minusve stricte rufescentibus, antennarum clava infuscata. Antennae vix incrassatae; 3° articulo sesquilongiore quam latiore; clava intus paulo magis dilatata. Caput transversum, convexiusculum, antice truncatum, subdense et tenue punctatum, inter antennarum bases biimpressum; oculis subprominulis. Prothorax antice quam postice vix angustatus, circiter 1 et 1/3 latior quam longior, disco dense punctulatus, ad latera paulo validius; disco ante scutellum biimpresso; margine antico antrorsum arcuato, medio vix impresso, utrinque sinuato; angulis anticis dente spinoso, extus producto, armatis; lateribus post hoc dentem arcuatis, denticulatis, canaliculo marginali ante medium stricto, antice quam postice minus lato; angulis posticis obtusis; basi retrorsum arcuatim producta, utrinque sinuata, marginata. Scutellum modice transversum, suboblongum. Elytra oblonga, apice conjunctim rotundata, paulo duplo longiora quam in maxima latitudine simul latiora, tenue striato-punctata; striis apicem versus attenuatis; intervallis subplanis, singulo tenuissime lineato-punctato; striis suturalibus scutellum fere attingentibus, ad apicem magis impressis, margine basilari inter suturam et callum humerale subgibboso.* — Long. 2,5-2.8 mm.

Ovale, environ trois fois plus long que large dans sa plus grande largeur, convexe, brillant; pubescence cendrée, fine, serrée; couleur générale brun marron médiocrement foncé; antennes sauf la massue, extrêmes marges apicale et latérales du prothorax et extrême marge basilaire des élytres rougeâtres; massue des antennes enfumée, pattes plus ou moins rembrunies. Antennes à peine épaissies: 3e article environ une fois et demie plus long que large, 5e et 7e subégaux, plus longs que 4e, 6e et 8e; massue à peine oblongue, moins longue que le tiers de la longueur totale de l'antenne, 1er et 2e article subégaux, transversaux, 3e à peu près aussi long que large, terminé par un bouton conique, émoussé. Tête triangulaire, un peu moins de deux fois plus large avec les yeux que longue, tronquée au bord antérieur, médiocrement convexe, peu densément et très finement pointillée sur le disque, plus fortement et plus densément vers les côtés, impressionnée-relevée de chaque côté, à la base de l'antenne; yeux un peu saillants, échancrant faiblement les marges latérales du front; plus convexes à la base qu'en avant; facettes petites; bords des orbites à peine relevés, convergents vers l'avant. Prothorax sensiblement aussi large en avant qu'à la base, arqué sur les côtés, présentant sa plus grande largeur vers le premier quart de la longueur à partir de la base, environ une fois et un tiers plus large dans sa plus grande largeur que long, presque éparsement et très finement ponctué sur le disque, plus densément et plus fortement vers les côtés, légèrement et largement biimpressionné devant l'écusson; subcaréné entre les deux impressions. Bord antérieur arrondi, saillant en avant, subtronqué aux extrémités; angles antérieurs saillants latéralement en forme de dent épineuse arquée en arrière; côtés bordés par un fin bourrelet et par une étroite cannelure; bourrelet armé de cinq petites dents; la 1re en avant, un peu éloignée de la dent de l'angle antérieur, les autres un peu irrégulièrement espacées, le 5e près de la base; cannelure très étroite en avant du milieu, progressivement un peu moins étroite vers l'angle antérieur, encore plus élargie vers la base; angles postérieurs obtus; base brièvement arquée, saillante en arrière devant l'écusson, largement subsinuée de chaque côté, étroitement bordée. Écusson médiocrement transversal, suboblong, très densément pointillé. Élytres arqués séparément à la base, finement rebordés, arrondis, à peine visiblement dentés aux épaules, arqués sur les côtés, légèrement élargis, présentant leur plus grande largeur vers le milieu de la longueur, brièvement arrondis ensemble à l'extrémité, un peu plus de deux fois plus longs que larges ensemble dans leur plus grande largeur, assez finement ponctués-striés; stries atténuées au sommet, plus accentuées sur les marges latérales; intervalles larges, presque plans, chacun avec une très fine ligne pointillée, effacée vers le sommet; stries suturales atteignant presque l'écusson, enfoncée au sommet. Marges latérales fortement infléchies, étroitement rebordées, accompagnées d'une forte strie ponctuée, encore plus accentuée vers la base. Calus huméraux très accentués, séparés de la suture par une large gibbosité. Saillie prosternale dépassant les hanches, médiocrement élargie vers l'extrémité, rebordée. Lignes fémorales des hanches postérieures presque entières, divergentes. Courbure longitudinale des élytres, abstraction faite de la convexité des gibbosités basilaires, continuant la courbure du prothorax, sauf un étroit rebroussement à leur jonction.

Bolivie : Province de Cochabamba (Germain). Plusieurs exemplaires. Collection A. Grouvelle.

Plusieurs des exemplaires étudiés ont les antennes un peu plus épaisses et les tibias intermédiaires arqués en dedans vers l'extrémité; ce sont sans doute des individus mâles.

Une série d'exemplaires très voisins des précédents présentent des fossettes prothoraciques plus écartées et moins nettes; de plus, chez ces exemplaires la dent de l'angle antérieur du prothorax est séparée de la 1re dent latérale par un sinus très marqué. Ces exemplaires appartiennent peut-être à une espèce distincte.

Pseudohenoticus viridiaeneus. n. sp. — *Oblongo-parallelus, plus triplo longior quam in maxima latitudine latior, convexus, nitidissimus, flavo-cinereo pubescens, viridi-aeneus, prothoracis lateribus basique stricte rufis, antennis dilute piceis, pedibus dilutioribus. Antennae subincrassatae; 3o articulo subelongato; clava intus paulo magis dilatata. Caput transversum, convexiusculum, crebre punctulatum, antice subtruncatum; occipite basi impresso; oculis sat prominulis, basin versus magis convexis. Prothorax antice aliquid, postice vix angustatus, lateribus subarcuatus, vix perspicue undulatus, circiter 1 et 1/2 latior quam longior, dense punctulatus; margine antico antrorsum arcuatim producto, ad extremitates breviter sinuato, angulis anticis antrorsum aliquid productis, subrectis, extus oblique breveque truncatis; lateribus extus pulvino tenui, subundulato, et canaliculo marginatis, canaliculo ante medium substricto, in angulis praecipue anticis magis lato; angulis posticis subrectis; basi medio retrorsum producta, utrinque late sinuata, marginata. Scutellum transversum, suboblongum. Elytra subparallela, apice conjunctim rotundata, fere 2 et 1/2 longiora quam simul latiora, tenuiter punctato-striata; striis ad latera paulo impressioribus, apicem versus attenuatis; intervallis latis, planis, unilineato-punctulatis; striis suturalibus ad apicem longe impressis; elytrorum margine basilari inter suturam et callum humerale subgibboso.* — Long. 2.7 mm.

Subparallèle, près de trois fois et demie plus long que large dans sa plus grande largeur, convexe, très brillant, bronzé verdâtre; côtés et base du prothorax étroitement rougeâtres; antennes testacées teintées de couleur de poix, pattes encore plus claires. Antennes un peu épaisses; 3e article suballongé, 5e moins transversal que 4e et 6e, 6e à 8e progressivement et faiblement épaissis; 7e moins transversal que 6e et 8e; massue un peu oblongue, subégale au tiers de la longueur totale de l'antenne. 2e article à peine plus large et plus transversal que le 1er, 3e un peu moins long que large, terminé par un bouton conique émoussé. Tête triangulaire, un peu plus de deux fois plus large au niveau des yeux que longue, subtronquée au bord antérieur, médiocrement convexe, très densément pointillée, légèrement impressionnée de chaque côté, entre l'œil et la base de l'antenne, marquée au milieu de la base d'une petite impression nettement accentuée; yeux saillants, présentant une courbure plus accentuée en arrière qu'en avant, échancrant légèrement les marges latérales du front; bords des orbites légèrement relevés; facettes petites. Prothorax légèrement rétréci en avant, à peine à la base, arqué médiocrement sur les côtés, présentant sa plus grande largeur près de la base, alors environ une fois et demie plus large que long, très densément pointillé. Bord antérieur arqué en avant, brièvement sinué aux extrémités; angles antérieurs presque droits, légèrement saillants en avant, subtronqués au côté externe; bords latéraux bordés par un fin bourrelet subondulé-crénelé et par une marge concave presque très étroite en avant du milieu.

un peu plus large vers l'angle antérieur, encore plus large vers la base; angles postérieurs droits; base arquée, à peine saillante en arrière dans le milieu, largement sinuée de chaque côté, rebordée. Écusson transversal, très largement arrondi au sommet, très densément pointillé. Élytres arqués séparément à la base, finement rebordés, subdentés aux épaules, très faiblement arqués sur les côtés, arrondis ensemble au sommet, presque deux fois et demie plus longs que larges ensemble dans leur plus grande largeur, finement ponctués-striés; stries plus marquées vers les côtés, atténuées vers le sommet; intervalles larges, presque plans, chacun avec une très fine ligne ponctuée, atténuée vers le sommet; stries suturales longuement marquées sur la partie apicale. Marges latérales fortement infléchies, ponctuées en lignes, finement rebordées. Calus huméraux accentués, réunis chacun à une gibbosité nettement marquée qui s'étend jusqu'auprès de la suture. Saillie prosternale dépassant les hanches, élargie après celles-ci, rebordée. Lignes fémorales des hanches postérieures presque entières, divergentes. Prothorax et élytres très légèrement ensellés à leur jonction.

Bolivie : Province de Cochabamba (Germain), 1 exemplaire. Collection A. Grouvelle.

Pseudohenoticus triphylloides, n. sp. — *Oblongus, circiter 2 et 1/2 longior quam in maxima latitudine latior, subvalde convexus, nitidus, breve, tenue denseque cinereo-pubescens, nigro-piceus; antennis, clava paulo obscuriore excepta, prothoracis marginibus anticis lateralibusque stricte et elytrorum basi subpiceo-testaceis. Antennae incrassatae; 3° articulo vix elongato; clava valida, intus paulo magis dilatata. Caput transversum, fronte convexum, parce tenueque punctulatum, antice validius punctulatum et transversim biimpressum; oculis subprominulis. Prothorax convexus, antice quam postice magis angustatus, lateribus praecipue ad basin arcuatus, circiter in maxima latitudine duplo latior quam longior, disco subdense tenueque, ad latera paulo validius, punctulatus; margine antico medio antrorsum aliquid producto, utrinque transversim subtruncato; angulis anticis obtusis, extus oblique truncatis; lateribus hebetato-crenulatis, canaliculo laterali plus minusve stricto; angulis posticis rectis; basi medio retrorsum vix producta, utrinque subsinuata, stricte striato-marginata. Scutellum transversissimum, suborthogonium. Elytra oblonga, humeris sat late rotundata, aliquid ampliata, apice conjunctim rotundata, paulo minus duplo longiora quam latiora, tenue striato-punctulata; striis apicem versus attenuatis, ad latera validioribus; intervallis planis, singulo tenuissime unilineato-punctulato; striis suturalibus ad apicem impressis, ad basin solummodo tenuiter lineato-punctulatis.* — Long. 1.7 mm.

Oblong, environ deux fois et demie plus long que large dans sa plus grande largeur, assez fortement convexe, brillant, couvert d'une pubescence cendrée, courte, fine et serrée, noir de poix; pattes testacé légèrement teinté de nuance de poix; antennes, sauf la massue, extrêmes marges apicales et latérales du prothorax, marges basilaires des élytres, région suturale et dessous du corps un peu plus fortement teintés de nuance de poix; massue des antennes encore plus assombrie. Antennes épaisses; 3e article à peine allongé, 5ᵉ et 7ᵉ subégaux transversaux, un peu plus longs que 4ᵉ, 6ᵉ et 8ᵉ : ceux-ci progressivement un peu plus épais que les précédents; massue subcylindrique, lâche, plus longue que le tiers de la longueur totale de l'antenne; 1ᵉʳ et 2ᵉ articles subégaux, très transversaux, 3ᵉ moins long que large, émoussé à l'extrémité. Tête triangulaire, environ deux fois plus large avec les yeux que longue, subtronquée au bord antérieur, médiocrement convexe et très finement pointillée sur le front, plus fortement sur les côtés et vers la base des antennes, infléchie obliquement de chaque côté de l'épistome, finement relevée contre les yeux et la base des antennes, biimpressionnée un peu avant ces dernières. Occiput du mâle impressionné au milieu de la base. Yeux à peine saillants, échancrant les marges latérales du front : facettes très petites. Prothorax convexe, plus rétréci en avant qu'à la base, arqué sur les côtés, principalement à la base, présentant sa plus grande largeur vers le premier cinquième de la longueur à partir de la base, environ deux fois plus large dans sa plus grande largeur que long, subdensément et finement ponctué sur le disque, plus fortement et plus densément vers les côtés. Bord antérieur subarqué en avant, subtronqué et bordé aux extrémités : angles antérieurs obtus, à peine saillants en avant, brièvement et obliquement tronqués en dehors; côtés bordés par un fin bourrelet armé de cinq saillies larges, subtronquées, à peine saillantes : la 1ʳᵉ en avant, formée par le côté externe de l'angle antérieur, les autres subégales, la dernière contiguë à l'angle postérieur; cannelure latérale étroite en avant, plus large vers la base; angles postérieurs presque droits; base médiocrement saillante en arrière dans le milieu, largement subsinuée de chaque côté, finement rebordée-striée, un peu plus étroitement vers les extrémités. Écusson très transversal, subrectangle, à peine visiblement pointillé. Élytres arqués séparément à la base, finement rebordés, assez largement arrondis aux épaules, faiblement arqués sur les côtés, un peu élargis, arrondis ensemble au sommet, un peu moins de deux fois plus longs que larges ensemble dans leur plus grande largeur, finement pointillés-striés, plus fortement vers les côtés, surtout sur les marges latérales. Stries réduites à de très fines lignes pointillées sur la marge suturale basilaire, atténuées vers le sommet; intervalles à peine visiblement chagrinés, larges, plans, chacun avec une très fine ligne pointillée effacée vers le sommet. Marges latérales fortement infléchies, étroitement rebordées; stries marginales sulciformes, ponctuées de gros points. Calus huméraux bien marqués, séparés par une faible impression longitudinale d'une gibbosité peu accentuée qui s'étend jusqu'à la suture. Saillie prosternale un peu infléchie après les hanches, explanée au sommet, rebordée, un peu élargie. Lignes fémorales des hanches postérieures droites, divergentes, entières.

Bolivie : Province de Cochabamba (Germain). 4 exemplaires. Collection A. Grouvelle.

Un exemplaire présentant une impression occipitale très accentuée a le bord antérieur du prothorax très largement anguleux au milieu : il est plus convexe et a les marges latérales du prothorax très faiblement rebordées.

Pseudobenoticus aereus, n. sp. — *Ovatus, circiter 2 et 1/3 longior quam in maxima latitudine latior, modice convexus, nitidissimus, breve densequc flavo-pubescens, aereus; antennis clava obscura excepta pedibusque rufo-piceis. Antennae subincrassatae; 3° articulo subelongato; clava intus magis dilatata. Caput transversissimum, fronte subdepressum, antice subtruncatum, ante antennarum bases inflexum, dense punctulatum; occipite basis medio tenuiter impresso; oculis vix prominulis. Prothorax convexus, antice quam postice magis angustatus, lateribus praecipue ad basin arcuatus, circiter in maxima latitudine fere duplo latior quam longior, dense punctulatus, disco ante scutellum haud impresso; margine antico antrorsum vix arcuatim producto, utrinque breviter sinuato; angulis anticis subacutis, extus oblique truncatis; lateribus post anguli antici marginem exteriorem rectum breve sinuatis et dein pulvinato-denticulatis, canaliculo laterali ante medium antice aliquid, postice paulo magis paulatim ampliato, juxta basin vix reflexo; angulis posticis subrectis; basi ante scutellum subsinuata, utrinque late sinuata, tenue marginata. Scutellum transversum, subobtusum. Elytra ovata, sat ampliata, apice conjunctim rotundata, vix sesquilongiora quam simul in maxima latitudine latiora, juxta suturam tenue lineato-punctulata, ad latera paulatim validius punctato-striata; striis apicem versus attenuatis; intervallis planis, singulo tenue unilineato-punctulatis; striis suturalibus solummodo ad apicem impressis; basi ad primam quartam longitudinis partem transversim late subimpresso.* — Long. 2,2 mm.

Ovale, environ deux fois et un tiers plus long que large dans sa plus grande largeur, médiocrement convexe, très brillant, couvert d'une pubescence flave, courte et serrée; bronzé clair, antennes et pattes roux de poix, massue des antennes rembrunie; dessous du corps noir, sternites très étroitement bordés de jaunâtre. Antennes un peu épaissie; 3e article un peu allongé, 5e et 7e subégaux, suballongés, plus longs que 4e, 6e et 8e; 6e à 8e s'épaississant progressivement et très faiblement; massue subcylindrique, lâche, un peu moins longue que le tiers de la longueur totale de l'antenne, plus dilatée en dedans qu'en dehors; 1er article transversal, à peine plus étroit et moins long que le 2e, 3e aussi long que large, à peine plus étroit que le précédent, terminé par un bouton émoussé. Tête triangulaire, plus de deux fois plus large avec les yeux que longue, subtronquée au bord antérieur, faiblement convexe sur le front, substriée entre les bases des antennes, s'avançant anguleusement et infléchie latéralement entre celles-ci, subtronquée au bord antérieur, densément pointillée sur le front, plus finement sur l'épistome, faiblement relevée contre les yeux et à la base des antennes, impressionnée au milieu de la base de l'occiput; yeux à peine saillants, échancrant les marges latérales du front, facettes petites. Prothorax convexe, plus rétréci en avant qu'à la base, arqué sur les côtés, principalement à la base, présentant sa plus grande largeur vers le premier quart de la longueur à partir de celle-ci, presque deux fois plus large dans sa plus grande largeur que long, densément pointillé, sans impression devant l'écusson. Bord antérieur à peine arqué en avant, bordé par une marge lisse, en forme de bourrelet aux extrémités, s'élargissant et s'avançant en angle obtus vers l'arrière au milieu chez le mâle, brièvement subsinuée aux extrémités; angles antérieurs obtus, un peu saillants en avant, brièvement tronqués au côté externe; côtés bordés par un fin bourrelet armé de cinq denticules assez régulièrement espacés, le premier en avant formé par l'extrémité de la troncature externe de l'angle antérieur, le dernier en avant de la base; cannelure latérale très étroite en avant du milieu, progressivement un peu plus large vers l'angle antérieur, s'élargissant vers la base et couvrant largement l'angle postérieur; ceux-ci presque droits; base subsinuée devant l'écusson, largement subsinuée de chaque côté, rebordée très étroitement aux extrémités, un peu relevée et un peu plus largement rebordée au milieu. Écusson transversal, largement arrondi au sommet, densément et à peine visiblement pointillé. Élytres arqués séparément à la base, finement rebordés, arrondis aux épaules, arqués sur les côtés, élargis, présentant leur plus grande largeur avant le milieu de la longueur, arrondis ensemble au sommet, à peine une fois et demie plus longs que larges ensemble dans leur plus grande largeur, finement pointillés en lignes contre la suture, finement et progressivement ponctués-striés plus fortement vers les côtés; stries atténuées au sommet; intervalles plans, larges, chacun avec une ligne de points très fins, effacés vers le sommet. Marges latérales fortement infléchies, assez largement rebordées vers la partie de la plus grande longueur; ponctuation des stries latérales et de leurs intervalles plus fortes. Calus huméraux accentués, séparés de la suture par une large gibbosité peu accentuée, celle-ci limitée vers le sommet de l'élytre par une large et faible impression transversale. Saillie prosternale un peu saillante et infléchie, largement rebordée. Lignes fémorales des hanches postérieures droites, divergentes, subentières.

Bolivie : Province de Cochabamba (Germain). 2 exemplaires. Collection A. Grouvelle.

Pseudobenoticus brevicollis, n. sp. -- *Oblongus, circiter 2 et 1/3 longior quam in maxima latitudine latior, modice convexus, nitidus, breve denseque flavo-cinereo pubescens, aeneus; antennis clava obscura excepta rufis, pedibus rufo-piceis. Antennae subincrassatae; 3° articulo subelongato; clava intus magis dilatata. Caput transversum, fronte subdepressum, antice subtruncatum, dense punctulatum; occipite basis medio plus minusve impresso; oculis subprominulis. Prothorax convexus, antice quam postice magis angustatus, lateribus praecipue ad basin arcuatus, circiter in maxima latitudine duplo latior quam longior, dense punctulatus; disco ante scutellum biimpresso: margine antico vix antrorsum arcuato, utrinque breviter sinuato; angulis anticis obtusis, extus oblique truncatis; lateribus post anguli antici marginem exteriorem rectum breviter sinuatis et dein tenuiter pulvinato-denticulatis; canaliculo laterali antice strictissimo, basin versus paulatim dilatato, et juxta basin vix reflexo; angulis posticis obtusis; basi retrorsum arcuatim vix producta, utrinque subsinuata, praecipue ad extremitates stricte marginata. Scutellum transversum, subobtusum. Elytra ovata, apice conjunctim* *breviter rotundata, sesquilongiora quam simul in maxima latitudine latiora, tenue lineato-striata; striis ad latera magis impressis, apicem versus attenuatis; intervallis planis, singulo unilineatim tenuissime punctulato; striis suturalibus ad apicem impressis, ad basin solummodo tenuiter punctulatis; margine basilari inter suturam et callum humerale subgibboso.* — Long. 1,8-2 mm.

Oblong, environ deux fois et un tiers plus long que large dans sa plus grande largeur, médiocrement convexe, brillant, couvert d'une pubescence flave cendré, courte et serrée; bronzé, antennes rougeâtres, massue enfumée; pattes roux de poix; dessous du corps noir, sternites très étroitement bordés de jaunâtre. Antennes un peu épaissies; 3e article suballongé; 5e et 7e subégaux, subcarrés, plus longs que 4e, 6e et 8e; massue subcylindrique, lâche, un peu moins longue que le tiers de la longueur totale de l'antenne, plus dilatée en dedans qu'en dehors, 1er et 2e articles subégaux, transversaux, 3e aussi long que large, terminé par un bouton émoussé. Tête triangulaire, un peu moins de deux fois plus large avec les yeux que longue, subtronquée au bord antérieur, faiblement convexe sur le front, à peine visiblement substriée en arc entre les bases des antennes, densément pointillée sur le front, à peine sur l'épistome, impressionnée et relevée à la base des antennes, plus ou moins impressionnée au milieu de la base de l'occiput: yeux peu saillants, échancrant fortement les marges latérales du front; facettes petites. Prothorax plus rétréci en avant qu'à la base, arqué sur les côtés, principalement à la base, présentant sa plus grande largeur vers le premier quart de la longueur à partir de la base, environ deux fois plus large dans sa plus grande largeur que long, densément pointillé sur le disque, plus fortement vers les côtés, légèrement et largement biimpressionné devant l'écusson. Bord antérieur arqué, à peine saillant en avant, brièvement sinué aux extrémités, bordé surtout dans le milieu par une étroite marge lisse: angles antérieurs obtus, à peine saillants en avant, obliquement et très brièvement tronqués au côté externe; côtés bordés par un fin bourrelet armé de cinq denticules assez regulièrement espacés : le premier en avant formé par l'extrémité de la troncature externe de l'angle antérieur, le dernier en avant de la base: cannelure latérale très étroite en avant, progressivement plus large vers la base, s'étendant sur l'angle postérieur et se réfléchissant à peine contre la base; angles postérieurs obtus; base arquée, à peine saillante en arrière, subsinuée de chaque côté, bordée par une marge très étroite aux extrémités, plus large et un peu relevée au milieu. Écusson transversal, largement arrondi au sommet, densément et à peine visiblement pointillé. Élytres arqués séparément à la base, finement rebordés, arrondis aux épaules, arqués sur les côtés, élargis, présentant leur plus grande largeur vers le milieu de la longueur, brièvement arrondis ensemble à l'extrémité, environ une fois et demie plus longs que larges ensemble dans leur plus grande largeur, finement ponctués-striés; stries plus accentuées vers les bords latéraux, atténuées vers le sommet; intervalles plans, larges, chacun avec une ligne de points très fins, effacés vers le sommet. Marges latérales fortement infléchies, assez largement rebordées vers le milieu de la longueur; 1re et 2e stries latérales assez fortes. Calus huméraux très accentués, séparés de la suture par une large gibbosité peu accentuée. Saillie prosternale un peu infléchie après les hanches, médiocrement élargie vers l'extrémité, rebordée. Lignes fémorales des hanches postérieures droites, divergentes, entières.

Bolivie : Province de Cochabamba, 4 exemplaires. Collection A. Grouvelle.

Un des exemplaires (très probablement un mâle) a la fossette occipitale plus accentuée et la marge lisse du bord antérieur du prothorax très légèrement relevée, surtout vers les extrémités.

Pseudobenoticus brunneus, n. sp. — *Parallelus, fere 3 et 1/2 longior quam latior, convexus, nitidulus, pube albido-cinerea vestitus, brunneus; antennis, clava excepta, prothoracis lateribus humerisque rufescentibus, pedibus dilutioribus. Antennae sat incrassatae; 3° articulo subelongato; clava intus paulo magis dilatata. Caput transversum, fronte convexiusculum et dense tenueque punctulatum, epistomo depresso, tenuissime punctulato, antice subtruncato. Prothorax antice modice, postice aliquid angustatus, lateribus modice arcuatus et juxta basin breve subsinuatus, crenato-undulatus, circiter 1 et 1/2 latior quam longior, dense punctulatus, punctis ad latera paulo validioribus; margine antico arcuato, ad extremitates breve sinuato; angulis anticis obtusis, antrorsum aliquid productis, extus oblique truncatis; lateribus pulvino crenulato et canaliculo marginatis, canaliculo substricto, in angulo antico paulo latiore, in angulo postico magis dilatato, juxta basin reflexo; angulis posticis subrectis; basi retrorsum vix producta, utrinque late subsinuata, marginata. Scutellum transversum, obtusum. Elytra parallela, apice conjunctim rotundata, fere 2 et 1/2 longiora quam simul latiora, tenuiter striato-punctata; striis punctatis ad latera apicemque attenuatis; intervallis latis, planis, unilineato-punctulatis; striis suturalibus apicem versus vix impressis; elytrorum margine basilari in longitudinem convexiusculum.* — Long. 2 mm.

Parallèle, presque trois fois et demie plus long que large, convexe, un peu brillant, brun; antennes, sauf la massue, marges latérales du prothorax et région des épaules sur les élytres rougeâtres, pattes plus claires encore; pubescence blanc cendré, fine, assez courte; inclinée, assez serrée et un peu plus longue sur les élytres. Antennes assez épaisses, submoniliformes, massue suboblongue, un peu plus dilatée en dedans qu'en dehors, plus longue que le tiers de la longueur totale de l'antenne, 1er article un peu moins transversal que le 2e, 3e aussi long que les deux premiers réunis, subovale, subacuminé à l'extrémité. Tête triangulaire, environ deux fois plus large au niveau des yeux que longue, subtronquée au bord antérieur, médiocrement convexe, densément et finement pointillée sur le front, impressionnée sur l'occiput, infléchie en arc entre les bases des antennes et déprimée, longitudinalement subpliée et densément et très finement pointillée en avant de cette inflexion. Yeux à peine saillants, n'échancrant pas les marges du front; celles-ci convergentes, légèrement relevées contre les yeux. Prothorax médiocrement rétréci en avant, à peine à la base, présentant sa plus grande largeur près de celle-ci, environ une fois et demie plus large dans sa plus grande largeur que long, densément pointillé sur le disque, plus fortement vers les côtés. Bord antérieur faiblement arrondi, brièvement sinué aux extrémités; angles antérieurs obtus, légèrement saillants en avant, subtronqués au côte externe: bords latéraux arqués, brièvement subsinués contre la base, bordés par un bourrelet nettement marqué et par une marge concave; bourrelet s'étendant en avant sur l'angle antérieur, se réunissant en arrière à la bordure de la base, obtusément ondulé-crénelé; marge concave étroite, un peu élargie sur l'angle antérieur, beaucoup plus vers l'angle postérieur, brièvement réfléchie contre la base; angles postérieurs presque droits; base à peine saillante en arrière dans le milieu, largement subsinuée de chaque côté, rebordée. Écusson transversal, très largement arrondi au sommet, très finement pointillé. Élytres arqués séparément à la base, rebordés, arrondis aux épaules, parallèles, arrondis ensemble au sommet, presque deux fois et demie plus longs que larges ensemble, longitudinalement légèrement convexes contre la base, plans sur le disque, finement ponctués-striés; stries atténuées sur la base des marges suturales et vers le sommet; intervalles presque plans, chacun avec une ligne de très petits points atténuée vers le sommet; stries suturales marquées au sommet. Marges latérales pliées-arrondies, puis infléchies, bordées par une étroite cannelure ponctuée. Calus huméraux bien marqués. Saillie prosternale dépassant les hanches, légèrement infléchie, rebordée. Lignes fémorales des hanches postérieures presque entières, divergentes.

Bolivie : Province de Cochabamba (Germain). 1 exemplaire. Collection A. Grouvelle.

Pseudohenoticus metallicus, n. sp. — *Suboblongus, circiter ter longior quam latior, modice convexus, nitidus, subbrunneo-aeneus, antennis pedibusque fusco-rufus, cinereo-pubescens. Antennarum clava intus magis dilatata. Caput transversum, fronte convexiusculum, antice truncatum, punctulatum. Prothorax antice aliquid angustatus, circiter basi duplo latior quam longior, subdense punctulatus; margine antico truncato, lateribus subarcuatis, obtusissime dentatis, tenuiter marginatis et ante basin impressis; angulis posticis subrectis; basi utrinque latissime sinuata, medio sublate, utrinque stricte marginata. Scutellum transversum, obtusum. Elytra oblonga, medio leviter ampliata, apice conjunctim rotundata, paulo plus duplo longiora quam simul in maxima latitudine latiora, tenuiter punctato-striata; striis punctatis apicem versus attenuatis, intervallis latis, planis, subtiliter unilineato-punctulatis; striis suturalibus apicem versus magis impressis; singulo elytro juxta basin lobo subconcavo, lato, instructo.* — Long. 1.8 mm.

Suboblong, environ trois fois plus long que large dans sa plus grande largeur, médiocrement convexe, brillant, bronzé un peu brunâtre; dessous du corps noir, antennes et pattes roux enfumé, les dernières en partie noirâtres; pubescence cendrée, courte, inclinée, fine, assez serrée. Antennes médiocrement épaisses, submoniliformes; massue lâche, presque trois fois plus longue que large, un peu plus dilatée en dedans qu'en dehors; dernier article un peu plus long que les deux premiers. Tête triangulaire, médiocrement transversale, tronquée en avant, médiocrement convexe sur le front, presque densément pointillée, brièvement impressionnée vers la naissance de chaque antenne et sur l'occiput; yeux peu saillants. Prothorax faiblement rétréci en avant, environ deux fois plus large à la base que long, longitudinalement et faiblement convexe, presque éparsément pointillé; bord antérieur tronqué; angles antérieurs obtus, à peine saillants; côtés faiblement arqués, ondulés, très obtusément dentés, bordés par un fin bourrelet et par une cannelure plus accentuée sur la région de l'angle antérieur, puis très étroite, s'élargissant en forme d'impression superficielle vers le premier tiers de la longueur et redevenant très étroite vers la base; angles postérieurs presque droits; base très faiblement sinuée de chaque côté de l'écusson, bordée par un fin bourrelet et par une cannelure très étroite, plus large devant l'écusson. Écusson transversal, largement arrondi au sommet, très finement pointillé. Élytres finement rebordés à la base, arrondis aux épaules, alors très nettement plus larges que le prothorax à la base, arqués un peu élargis sur les côtés, présentant leur plus grande largeur un peu en arrière du milieu de la longueur, assez brièvement arrondis ensemble au sommet, un peu plus de deux fois plus longs que larges ensemble, brièvement et fortement convexes dans la longueur contre la base, subdéprimés sur le disque, convexes vers le sommet, finement ponctués-striés; stries suturales plus marquées vers le sommet, les autres atténuées; intervalles plans, larges; sur chacun une fine ligne pointillée; sur la marge basilaire de chaque élytre une élévation légèrement convexe, s'étendant entre la strie suturale et le calus huméral, limitée en dehors et en dedans par des parties de stries ponctuées plus accentuées; calus huméraux marqués; marges latérales fortement infléchies, très étroitement rebordées. Dessous du corps très finement pointillé, dernier sternite très densément.

Bolivie : Cochabamba. Plusieurs individus. Collection A. Grouvelle.

Pseudohenoticus castanescens, n. sp. — *Suboblongus, paulo plus triplo longior quam latior, modice convexus, nitidus, dilute castaneus, capite et prothoracis disco subinfuscatus, cinereo-pubescens. Antennarum clava intus paulo magis dilatata. Caput transversum, fronte convexiusculum, antice truncatum. Prothorax antice aliquid, postice vix angustatus, in maxima latitudine circiter 1 et 1/2 latior quam longior, dense punctulatus; margine antico arcuato, ad extremitates breviter sinuato; lateribus modice arcuatis, obtusissime dentatis, subtenuiter marginatis; angulis posticis obtusis; basi ante scutellum retrorsum producta, utrinque subsinuata, tenuiter marginata. Scutellum transversum, suboblongum. Elytra suboblonga, lateribus vix ampliata, apice conjunctim rotundata, fere 2 et 1/2 longiora quam simul in maxima latitudine latiora, tenuiter punctato-striata; striis punctatis apicem* *versus attenuatis; intervallis latis, planis, ad basin unilineato-punctatis, punctis longe ante apicem evanescentibus; striis suturalibus apicem versus impressioribus; singulo elytro, in margine basilari, late modice subelevato.* — Long. 2 mm.

Suboblong, un peu plus de trois fois plus long que large dans sa plus grande largeur, médiocrement convexe, brillant, marron clair rembruni sur la tête et sur le prothorax, sauf les marges apicales et latérales; pubescence cendrée, fine, assez courte, inclinée, assez serrée. Antennes un peu épaisses, submoniliformes; massue un peu plus dilatée en dedans qu'en dehors, moins de trois fois plus longue que large; 1er et 2e articles et surtout 2e très transversaux. Tête triangulaire, plus de deux fois plus large que longue, tronquée au bord antérieur, médiocrement convexe sur le front, plus fortement contre les yeux, presque densément et très finement pointillée, impressionnée vers la naissance de chaque antenne, plus fortement, vers l'occiput; yeux peu saillants. Prothorax faiblement rétréci en avant, à peine à la base, environ une fois et demie plus large dans sa plus grande largeur que long, faiblement convexe dans la longueur, plus fortement dans la largeur surtout contre les marges latérales réfléchies, densément pointillé; bord antérieur arqué, brièvement sinué aux extrémités, angles antérieurs obtus, un peu saillants en avant, obliquement tronqués en dehors; côtés faiblement arqués, ondulés, très obtusément dentés, bordés par un fin bourrelet et par une marge réfléchie-subconcave relativement large surtout dans les deux tiers de la longueur à partir de la base; angles postérieurs obtus; base un peu saillante en arrière devant l'écusson, longuement et faiblement sinuée de chaque côté, finement rebordée, à peine plus largement dans le milieu. Écusson transversal, largement arrondi au sommet, très finement pointillé. Élytres finement bordés à la base, subanguleux aux épaules, alors un peu plus larges que le prothorax, d'abord très brièvement arqués sur les côtés, puis à peine arqués et élargis, enfin arrondis-atténués vers le sommet et arrondis ensemble à l'extrémité, environ deux fois et demie aussi longs que larges ensemble dans leur plus grande largeur, assez fortement convexes dans la longueur, contre la base et sur la partie apicale, subdéprimés sur le disque, finement ponctués striés; stries suturales plus accentuées vers le sommet, les autres atténuées; intervalles plans, larges; sur chacun une fine ligne ponctuée atténuée et effacée bien avant le sommet; marge basilaire de chaque élytre avec une très faible élévation convexe, s'étendant entre la strie suturale et le calus huméral, celui-ci marqué; marges latérales fortement infléchies, très finement rebordées. Dessous du corps testacé enfumé; sternites à peine visiblement pointillés.

Bolivie : Province de Cochabamba. Collection A. Grouvelle.

Pseudohenoticus subparallelus, n. sp. — *Subparallelus, circiter 3 et 1/2 longior quam latior, convexus, nitidus, subviridi-aeneus, flavo-cinereo-pubescens; antennis rufo-fuscis, pedibus dilutioribus. Antennarum clava intus vix dilatata. Caput transversum, convexum, tenue denseque punctulatum, antice truncatum. Prothorax antice aliquid, postice vix angustatus, lateribus* *fere rectus, vix perspicue undulato-crenulatus, circiter 1 et 1/5 latior quam longior, dense punctulatus; margine antico arcuato, ad extremitates breviter sinuato; lateribus tenuiter marginatis, pulvino laterali antice breviter et vix perspicue incrassato; angulis posticis subrectis; basi medio retrorsum arcuata, utrinque subsinuata, tenue marginata; marginibus lateralibus ante medium substricte, antice paulo magis, in angulis posticis late subconcavo-explanatis. Scutellum transversum, subobtusum. Elytra subparallela, apice conjunctim rotundata, magis 2 et 1/2 longiora quam simul latiora, tenuiter punctato-striata; striis apicem versus attenuatis; intervallis planis, unilineato-punctatis; striis suturalibus apicem versus impressioribus: elytris inter callum humerale et suturam subgibboso-elevatis.* — Long. 2,7 mm.

Subparallèle, environ trois fois et demie plus long que large dans sa plus grande largeur, convexe, brillant, bronzé un peu verdâtre; antennes roux enfumé, pattes plus claires; pubescence flave cendré, fine, couchée, peu allongée sur la tête et sur le prothorax, courte, obliquement redressée, disposée en ligne sur les stries ponctués des élytres et sur leurs intervalles. Antennes assez épaisses, submoniliformes, légèrement dissymétriques 3e article environ une fois et un tiers plus long que large, 4e et 6e subtransversaux, 5e carré, 7e moins transversal que 8e; 9e à 11e formant une massue bien marquée, lâche, subcylindrique, environ deux fois et demie plus longue que large, dont les deux premiers articles sont transversaux, subégaux et dont le dernier est subovale et aussi long que large, acuminé à l'extrémité. Tête triangulaire, environ deux fois plus large que longue, convexe, tronquée au bord antérieur, densément et finement pointillée, très faiblement impressionnée de chaque côté vers la base de l'antenne; yeux peu saillants, facettes très petites; marges latérales de la tête à peine échancrées par les yeux, bords des orbites convergents. Prothorax légèrement rétréci en avant, à peine à la base, à peine arqué sur les côtés, environ une fois et un cinquième plus large dans sa plus grande largeur que long, faiblement convexe dans la longueur, plus fortement dans la largeur surtout vers les marges latérales, densément pointillé. Bord antérieur arqué vers l'avant, brièvement sinué aux extrémités: angles antérieurs un peu saillants en avant, aigus, émoussés; côtés finement rebordés, bourrelet marginal à peine visiblement ondulé-crénelé, brièvement et très légèrement épaissi contre l'angle antérieur, marges latérales explanées-concaves, étroites en avant du milieu, plus larges sur les angles antérieurs, encore plus larges sur les angles postérieurs, se réfléchissant contre la base; angles postérieurs un peu obtus; base arquée en arrière au milieu, longuement subsinuée de chaque côté, finement et également rebordée. Écusson transversal, largement arrondi au sommet, chagriné. Élytres arqués séparément à la base, à peine visiblement rebordés, anguleux aux épaules, subparallèles, arrondis ensemble au sommet, plus de deux fois et demie plus longs que larges ensemble, finement ponctués-striés: stries atténuées sur la base de la région suturale et vers le sommet de l'élytre; intervalles larges, plans, chacun avec une ligne de très petits points un peu irrégulière, effacée avant le sommet; stries suturales marquées au sommet: ponctuation confuse autour de l'écusson. Calus huméraux marqués. Élytres relevés en gibbosité entre les calus huméraux et la suture. Saillie prosternale infléchie après les hanches, puis brièvement redressée. Lignes fémorales des hanches postérieures presque entières, divergentes.

Bolivie : Province de Cochabamba (Germain). 3 exemplaires. Collection A. Grouvelle.

Tableau comparatif des **Pseudohenoticus.**

1. Insecte métallique.. 2.
— Insecte brun ou marron, sans éclat métallique................ 8.
2. Élytres au moins deux fois plus longs que larges ensemble..... 3.
— Élytres nettement moins de deux fois plus longs que larges ensemble. Côtés du prothorax crénelés de denticulations émoussées.. 6.
3. Forme nettement oblongue. Côtés du prothorax crénelés de petits denticules émoussés.................. **metallescens** Grouv.
— Forme à peine subparallèle. Côtés du prothorax au plus à peine denticulés.. 4.
4. Bords latéraux de la tête sinués vers les insertions des antennes. Insecte vert bronzé........................ **viridiaeneus** Grouv.
— Bords latéraux de la tête sans sinus vers les insertions des antennes.. 5.
5. Bronzé verdâtre. Ponctuation des intervalles des lignes ponctuées des élytres plus fine que celles des lignes.. **aenescens** Grouv.
— Bronzé. Ponctuation des intervalles des lignes ponctuées des élytres subégale à celle des lignes........... **subparallelus** Grouv.
6. Prothorax deux fois plus large à la base que long; denticulation des côtés du prothorax peu marquée........... **brevicollis** Grouv.
— Prothorax moins de deux fois plus large à la base que long..... 7.
7. Prothorax très nettement moins large que les élytres; denticulation des côtés du prothorax médiocrement accentuée. **aeneus** Grouv.
— Prothorax très sensiblement aussi large que les élytres; denticulation des côtés du prothorax marquée.......... **aereus** Grouv.
8. Angles antérieurs du prothorax armés d'une dent épineuse plus accentuée que la denticulation des côtés.......... **falcidens** Grouv.
— Angles antérieurs du prothorax sans dent très accentuée....... 9.
9. Forme parallèle. Denticulation des côtés du prothorax peu accentuée.. **brunneus** Grouv.
— Forme oblongue. Denticulation des côtés du prothorax très peu accentuée.. 10.
10. Élytres plus de deux fois plus longs que larges ensemble. Yeux n'atteignant pas le milieu de la longueur de la tête............ .... **castanescens** Grouv.

— Élytres à peine deux fois plus longs que larges ensemble. Yeux atteignant le milieu de la longueur de la tête.. **triphylloides** Grouv.

Ce tableau ne comprend pas *P. parallelus* Sharp. 1900, Biol. Centr.-Amer., Col. II, 1, p. 596.

Gen. **Chiliotis** Reitt.

Reitter. 1875, ap Harold, Col. Hefte, XIII, p. 82.

La diagnose de l'auteur doit être complétée comme il suit :

Pubescens.

Antennae elongatae, infra frontis marginem insertae, 1°, 2° et 3° articulo sensim minus incrassatis; 5° quam vicinis paulo crassiore, clava in summum valde laxata et ad apicem sensim aliquid incrassata.

Caput ante antennarum bases valde inflexum, inter has bases sinuato-constrictum: temporibus brevibus; labro magno.

Prothorax ante basin late transversim impressus; lateribus haud denticulatis, exteriore margine incrassatis et sulcatis.

Elytra basi haud marginata, confuse punctata.

Mandibulae bicuspidatae.

Mentum extremitatibus sinuatum et acute productum.

Palpi maxillares articulo ultimo majore, ovato; labiales articulo ultimo ovato.

Processus prosternalis coxas valde superans, substrictus, apice plus minusve subacuminatus, mesosternum occultans.

Acetabulae coxarum anticarum apertae.

Coxae intermediae sat fortiter, posticae paulo minus remotae.

Primum segmentum abdominis tam elongatum quam secundum et tertium simul mensa; processu subbreve acuto.

Pedes graciles, elongati: tarsis haud lobatis, 3° articulo apice oblique truncato.

Tarsi maris heteromeri.

Chiliotis longicornis, n. sp. — *Ovata, minus 2 et 1/2 longior quam latior, convexa, nitidula, ferruginea, antennis pedibusque paulo dilutior, dense sublongeque flavo-albido pubescens, pilis longioribus erectis intermixtis. Antennae subgraciles; 3° articulo duplo longiore quam latiore, 5° quam vicinis paulo crassiore; clava apicem versus aliquid incrassata, 1° et 2° articulo subaequalibus, modice transversis, 3° vix elongato, apice subacuminato. Caput transversum, fronte convexum, ante antennarum bases anguloso-productum et plicato-inflexum, antice truncatum; praecipue ad basin dense punctatum: oculis subprominulis. Prothorax parallelus, circiter duplo latior quam longior, quam caput minus dense sed magis punctatus; margine antico arcuato, extremitatibus vix arcuato; angulis anticis obtusis; lateribus subparallelis, antice breve arcuatis, pulvino substricto et margine reflexo medio minus lato marginatis; angulis posticis rectis; basi medio brevissime truncata, subproducta, utrinque late subsinuata, impressione lata, modice concava, fere integra* *marginata. Scutellum suborthogonium, transversissimum. Elytra humeris rotundata, tunc quam prothorax latiora, lateribus arcuata, aliquid ampliata, apice conjunctim rotundata, fere sesquilongiora quam simul in maxima latitudine latiora, parce punctulata; punctis apicem versus attenuatis; striis suturalibus basin versus deletis.* — Long. 1,2 mm.

Ovale, moins de deux fois et demie aussi long que large dans sa plus grande largeur, convexe, un peu brillant, ferrugineux; antennes et pattes un peu plus claires; pubescence blanc jaunâtre, serrée, assez longue, presque couchée, entremêlée de poils très petits et de poils plus longs, un peu plus épais, dressés, inclinés, l'ensemble ne masquant pas la couleur du tégument. Antennes presque grêles, atteignant chez le mâle le milieu de la longueur de l'insecte; 1er article un peu arqué, environ une fois et demie plus long que large, 2e suboblong, presque une fois et demie plus long que large, 3e environ deux fois plus long que large, 4e suballongé, 5e plus long et un peu plus épais que le 4e, 6e subégal au 5e, un peu moins épais que le 4e; 7e et 8e subégaux, plus courts que le 6e; massue moins longue que le tiers de la longueur totale de l'antenne, plus de trois fois plus longue que large, progressivement et très faiblement élargie vers l'extrémité; 1er et 2e articles subégaux, médiocrement transversaux, 3e un peu plus long que large, terminé par une partie subconique pubescente. Tête subtriangulaire, un peu moins de deux fois plus large avec les yeux que longue, convexe sur le front, saillante en angle obtus entre les bases des antennes, pliée-subcarénée et infléchie au sommet de cette saillie, subtronquée au bord antérieur, densément ponctuée contre les yeux, plus éparsement et plus finement sur le disque du front; bords latéraux fortement sinués vers l'insertion de l'antenne; yeux médiocrement saillants, facettes petites. Intervalle entre les bases des antennes subégal aux intervalles entre celles-ci et les yeux. Prothorax subparallèle, brièvement arqué-rétréci en avant, environ deux fois plus large que long, plus fortement et moins densément ponctué que la tête contre les yeux. Bord antérieur arqué, brièvement subsinué aux extrémités, bordé par une très étroite marge lisse; angles antérieurs (vus de dessus et de face) obtus; côtés bordés par un bourrelet fin, mais bien marqué et par une marge réfléchie, assez large, un peu rétrécie vers le milieu de la longueur, subconvexe et lisse sur la région basilaire; angles postérieurs droits; base très brièvement subtronquée au milieu, un peu saillante, largement subsinuée de chaque côté; marge basilaire coupée par une impression transversale, concave, large, s'effaçant aux extrémités dans les dépressions des marges latérales. Écusson subrectangulaire, plus de deux fois plus large que long. Élytres subarqués séparément à la base, bordés par une très fine ligne de points, arrondis aux épaules, alors plus larges que le prothorax, arqués sur les côtés, un peu élargis, présentant leur plus grande largeur vers le premier tiers de la longueur à partir de la base, arrondis ensemble au sommet, à peine une fois et demie plus longs que larges ensemble dans leur plus grande largeur, ponctués moins densément et plus finement que le prothorax; ponctuation s'espaçant, s'atténuant et s'effaçant vers le sommet. Stries suturales effacées à la base. Calus huméraux médiocrement marqués; gibbosités de la base des élytres un peu accusées. Marges latérales fortement infléchies, pliées sur la région humérale, très finement rebordées.

La femelle a les antennes plus courtes.

Chili (Germain). Plusieurs exemplaires. Collection A. Grouvelle et British Museum.

Chiliotis gigas, n. sp. — *Ovata, circiter 2 et 1/2 longior quam latior, convexa, nitidula, ferruginea; antennis pedibusque paulo dilutioribus, capite prothoraceque subrufescentibus; pubescentia albido-flava, subelongata, densata, substrata, pilis longioribus et paulo crassioribus intermixtis. Antennae subincrassatae; 3° articulo plus dimidio longiore quam latiore, 5° quam vicinis paulo crassiore; clava apicem versus aliquid incrassata, 1° articulo modice transverso, 2° transverso, 3° vix elongato, apice subacuminato. Caput transversum, fronte convexum, vix perspicue punctulatum, ante antennarum bases modicissime productum, inflexum, antice breve truncatum; lateribus ad antennarum insertiones haud sinuatis; oculis subproductis. Prothorax convexus, subparallelus, paulo minus duplo latior quam longior, antice arcuatus, angulis anticis breve rotundatus, lateribus sinuatus, angulis posticis subrectus, basi ante scutellum sinuato-productus, utrinque late subsinuatus, dense punctulatus, ante basin transversim late impressus, impressione ante extremitates interrupta; lateribus pulvino subtenui et margine concavo postice quam antice latiore marginatis. Scutellum subpentagonale, transversissimum. Elytra humeris rotundata, tunc quam prothorax latiora, lateribus arcuata, vix ampliata, apice breve conjunctim rotundata plus dimidio longiora quam simul in maxima latitudine latiora, dense et quam prothorax tenuius punctulata; punctis apicem versus attenuatis; striis suturalibus tenuibus, basi deletis, apice magis impressis.* — Long. 2 mm.

Ovale, environ deux fois et demie aussi long que large dans sa plus grande largeur, convexe, un peu brillant, ferrugineux; antennes et pattes un peu plus claires, tête et prothorax faiblement rougeâtres; pubescence blanc jaunâtre, serrée, comprenant des poils presque couchés à peine allongés et des poils beaucoup plus longs, un peu plus épars, inclinés, l'ensemble ne masquant pas la couleur du tégument. Antennes un peu épaisses; 1er article environ une fois et demie plus long que large, 2e suboblong, environ une fois et demie plus long que large, 3e à peine plus court que le précédent, 4e suballongé, 5e plus long et un peu plus épais que 4e et 6e; 6e subégal au 4e et un peu moins épais; 7e et 8e subcarrés, le second un peu plus épais; massue subégale au tiers de la longueur totale de l'antenne, environ trois fois plus longue que large, progressivement et très faiblement élargie vers l'extrémité; 1er article subtransversal, 2e transversal, 3e un peu plus long que large, terminé par une partie subconique pubescente. Tête subtriangulaire, un peu plus de deux fois aussi large avec les yeux que longue, convexe sur le front, à peine saillante en avant des bases des antennes, infléchie en avant de celles-ci, brièvement subtronquée au bord antérieur, à peine visiblement pointillée; yeux médiocrement saillants, plus convexes en arrière qu'en avant; facettes presque petites. Intervalle entre les bases des antennes subégal aux intervalles entre ces bases et les yeux. Prothorax plus étroit en avant qu'à la base, assez brièvement arrondi en avant, puis faiblement et largement sinué sur les côtés, presque aussi large dans sa plus grande largeur qu'à la base, arqué au bord antérieur, un peu moins de deux fois aussi large que long. Angles antérieurs vus de dessus arrondis, vus de face obtus; côtés bordés par un bourrelet faible et marqué et par une marge concave relativement profonde, étroite au milieu, très dilatée sur les régions des angles; angles postérieurs presque droits; base sinuée, saillante devant l'écusson, largement sinuée de chaque côté. Disque longitudinalement convexe, coupé transversalement devant la base par une impression large, bien marquée, n'atteignant pas les côtés, très infléchie à son bord antérieur, laissant devant la base une marge oblique, longitudinalement subdéprimée. Ponctuation très serrée, très nettement plus accentuée que celle de la tête, plus marquée sur la marge basilaire de l'impression transversale, laissant libre sur le milieu des marges antérieures et postérieures de cette impression une très étroite bande longitudinale. Écusson subpentagonal, environ deux fois aussi large que long. Élytres très faiblement subsinués ensemble à la base, arrondis aux épaules, arqués sur les côtés, à peine élargis, brièvement arrondis ensemble au sommet, plus d'une fois et demie plus longs que larges ensemble dans leur plus grande largeur, ponctués densément et plus finement à la base que la tête; ponctuation s'atténuant, s'espaçant et s'effaçant vers le sommet. Stries suturales fines, effacées à la base, un peu accentuées au sommet. Calus huméraux marqués; gibbosités de la base des élytres à peine marquées. Marges latérales fortement infléchies, subpliées surtout dans la partie basilaire, finement rebordées.

Patagonie : vallée del Lago Blanco. 2 exemplaires, ♂ (*type*) et ♀. Collection du British Museum.

L'exemplaire décrit est le mâle; l'exemplaire femelle est imparfait; il est présumable que ses antennes sont plus courtes et plus épaisses.

Chiliotis Germaini, n. sp. — *Ovata, circiter 2 et 1/2 longior quam latior, convexa, nitidula, fusca, elytris castanea, antennis pedibusque paulo dilutior, dense sublongeque subflavo-albido pubescens; pilis longioribus, paulo crassioribus, praecipue ad elytrorum latera intermixtis. Antennae subincrassatae; 3° articulo subelongato, 5° quam 4° sat valde, quam 6° vix crassiore; clava apicem versus vix incrassata, 1° et 2° articulo subaequalibus, transversis, 3° vix transverso, apice subacuminato. Caput transversum, fronte convexiusculum, ante antennarum bases arcuatim productum et plicato-inflexum, dense punctatum, antice truncatum; lateribus latead antennarum bases valde sinuatis; oculis prominulis. Prothorax postice quam antice latior, basi plus duplo latior quam longior, disco quam capite parcius punctatus; margine antico arcuato, extremitatibus vix sinuato; angulis anticis obtusis; lateribus rectis, antice breve arcuatis, pulvino stricto et margine angustato vix concavo marginatis; angulis posticis rectis; basi medio brevissime truncata, subproducta,* *utrinque .ate subsinuata, impressione modice concava, latissima, latera haud attingente, marginata. Scutellum subpentagonale transversissimum. Elytra humeris rotundata, tunc quam prothorax latiora, lateribus arcuata, aliquid ampliata, apice conjunctim subacuminata, magis sesquilongiora quam simul in maxima latitudine latiora, subparce punctulata; punctis apicem versus evanescentibus; striis suturalibus basi deletis.* — Long. 2 mm.

Ovale, environ deux fois et demie plus long que large dans sa plus grande largeur, convexe, assez brillant : tête et prothorax un peu enfumés, élytres châtains : antennes et pattes plus claires : pubescence blanche, un peu jaunâtre, serrée, comprenant des poils peu allongés, couchés, et des poils plus longs, un peu plus épais, plus ou moins inclinés, l'ensemble ne masquant pas la couleur du tégument. Antennes un peu épaisses, n'atteignant pas le milieu de la longueur de l'insecte ; 1er article épais, environ une fois et demie plus long que large, 2e moins épais, suboblong, suballongé, 3e encore un peu épais, subégal au 2e, moins d'une fois et demie plus long que large, 4e subcarré, 5e à peine plus large que le 4e, mais assez nettement plus large que le 6e, suballongé, 6e à 8e progressivement et très faiblement élargis, subcarrés ; massue moins longue que le tiers de la longueur totale de l'antenne, moins de trois fois aussi longue que large, progressivement et très faiblement élargie vers l'extrémité ; 1er et 2e article subégaux, transversaux, 3e un peu moins long que large, terminé par une partie subconique, pubescente. Tête subtriangulaire, un peu moins de deux fois aussi large avec les yeux que longue, convexe sur le front, saillante en arc entre les bases des antennes, pliée-carénée et infléchie au sommet de cette saillie, subtronquée au bord antérieur, densément et assez fortement ponctuée, même sur le disque : bords latéraux fortement sinués vers l'insertion de l'antenne ; intervalle entre les bases des antennes à peine plus large que les intervalles entre ces bases et les yeux ; yeux saillants, facettes petites. Prothorax plus large à la base qu'au sommet, subtrapézoïdal, plus de deux fois aussi large à la base que long, un peu plus éparsement ponctué sur le disque que la tête ; ponctuation laissant libre sur celui-ci un espace longitudinal étroit. Bord antérieur faiblement arqué, brièvement subsinué aux extrémités, bordé par une très étroite marge lisse ; angles antérieurs obtus ; côtés droits, convergents en avant, brièvement arqués en avant, bordés par un bourrelet fin et par une marge subconcave médiocrement large, un peu plus étroite vers le milieu, un peu plus large vers la base ; angles postérieurs presque droits ; base très brièvement subtronquée au milieu, un peu saillante, largement subsinuée de chaque côté, bordée par une très large impression médiocrement concave, s'effaçant de chaque côté dans la déclivité du disque du pronotum. Écusson subpentagonal, plus de deux fois plus large que long. Élytres obliquement et séparément subtronqués à la base, arrondis aux épaules, alors plus larges que le prothorax, arqués sur les côtés, un peu élargis, présentant leur plus grande largeur vers le premier tiers de la longueur à partir de la base, subacuminés ensemble au sommet, plus d'une fois et demie plus longs que larges ensemble dans leur plus grande largeur, ponctués contre la base, plus finement et plus densément que le disque du pronotum; ponctuation s'espaçant, s'atténuant et s'effaçant vers le sommet. Stries suturales effacées à la base. Calus huméraux assez marqués; gibbosités de la base des élytres un peu accentuées. Marges latérales fortement infléchies, finement rebordées.

Chili (Germain). 1 exemplaire femelle. Collection A. Grouvelle.

Chiliotis exilis, n. sp. — *Ovata, circiter 2 et 1/2 longior quam latior; convexa, nitidula, castanea, antennis pedibusque paulo dilutior, sat dense tenue flavo-albido pubescens, pilis longioribus, erectis, ad elytrorum apicem extus oblique inflexis intermixtis. Antennae subgraciles; 3° articulo sesquilongiore quam latiore, 5° quam 4° vix, 5° subvalde crassiore; clava apicem versus vix incrassata, 1° et 2° articulo subaequalibus, 1° subquadrato, 2° transverso, ultimo modice elongato, apice subacuminato. Caput transversum, fronte convexiusculum, ante antennarum bases productum et valde inflexum, disco parce, ad latera densius punctulatum, antice subtruncatum: lateribus ad antennarum bases valde sinuatis; oculis prominulis. Prothorax basi minus duplo latior quam longior, disco quam caput parcius et tenuius punctulatus; margine antico arcuato; angulis anticis rotundatis; lateribus subrectis, antrorsum vix convergentibus, antice breve arcuatis, pulvino tenui et margine subconcavo-reflexo antice posticeque latiore marginatis: angulis posticis subrectis; basi ante scutellum subtruncata et subproducta, utrinque late subsinuata, impressione lata, modice concava, lateribus haud attingente, marginata. Scutellum subpentagonale, transversissimum. Elytra humeris rotundata, tunc quam prothorax latiora, lateribus arcuata, aliquid ampliata, apice conjunctim breve rotundata, plus dimidio longiora quam simul in maxima latitudine latiora, subparce et quam caput fere tenuius punctulata, punctis apicem versus attenuatis: striis suturalibus ad basin fere indicatis.* — Long. 1,7 mm.

Ovale, environ deux fois et demie plus long que large dans sa plus grande largeur, convexe, brillant, châtain; antennes et pattes un peu plus claires: pubescence ne masquant pas la couleur du tégument, flave blanchâtre, fine, peu allongée, couchée, assez dense, entremêlée de poils très allongés, un peu moins fins, dressés-inclinés, obliquement infléchis en dehors vers l'extrémité des élytres. Antennes presque grêles, atteignant presque le milieu de la longueur chez le mâle; 1er article épais, un peu allongé, 2e moins épais, environ une fois et demie plus long que large, 3e encore un peu épais, plus court que le 2e, 4e oblong, un peu allongé, 5e environ une fois et demie plus long que large, un peu plus épais que le 4e et surtout que le 6e, 6e et 7e subégaux, un peu allongés, 8e un peu plus court que le 7e; massue progressivement et très faiblement épaissie vers l'extrémité, moins longue que le tiers de la longueur totale de l'antenne, plus de trois fois plus longue que large; 1er et 2e articles subégaux, 1er subcarré, 2e transversal, 3e plus long que large, terminé par une partie subconique pubescente. Tête subtriangulaire, environ deux fois plus large avec les yeux que longue, convexe sur le front, légèrement saillante en angle obtus entre les bases des antennes, pliée, fortement infléchie en avant de cette saillie, subtronquée au bord antérieur, éparsement pointillée sur le disque, densément vers les yeux : bords latéraux très fortement sinués vers l'insertion de l'antenne ; yeux saillants, facettes petites. Intervalle entre les bases des antennes un peu plus grand que les intervalles entre ces bases et les yeux. Prothorax plus large à la base qu'au sommet, moins de deux fois plus large à la base que long, nettement plus large à la base que la tête ; plus densément et un peu plus finement ponctué sur le disque que la tête, ponctué sur les côtés à peu près comme celle-ci. Bord antérieur arqué, bordé par une très étroite marge lisse ; angles antérieurs arrondis lorsqu'ils sont vus de dessus, obtus lorsqu'ils sont vus de face : côtés subparallèles, brièvement rebordés en avant, bordés par un fin bourrelet et par une marge réfléchie concave, large au sommet et à la base, étroite vers le milieu ; angles postérieurs presque droits ; base subsinuée devant l'écusson, un peu saillante en arrière, largement subsinuée de chaque côté, bordée par une impression médiocrement concave, très large, atteignant les marges latérales concaves. Écusson subpentagonal, beaucoup plus de deux fois plus large que long. Élytres subtronqués à la base, arrondis aux épaules, alors plus larges que le prothorax, arqués sur les côtés, un peu élargis, présentant leur plus grande largeur vers le premier tiers de la longueur à partir de la base, brièvement arrondis ensemble au sommet, plus d'une fois et demie plus longs que larges ensemble dans leur plus grande largeur, ponctués contre la base plus finement et plus éparsement que le pronotum ; ponctuation s'écartant et s'atténuant vers le sommet. Stries suturales effacées à la base. Calus huméraux accentués en dehors ; gibbosités de la base des élytres un peu accentuées. Marges latérales fortement infléchies, finement rebordées.

Chili (Germain). Plusieurs exemplaires. Collection A. Grouvelle.

Chiliotis gracilis, n. sp. — *Ovata, nigra, 2 et 1/2 longior quam latior, convexa, nitidula, subfusca, elytris castaneis, pedibus ex parte dilutioribus, flavo-albido dense pubescens. Antennae subincrassatae ; 3° articulo sesquilongiore quam latiore, 5° quam vicinis crassiore ; clava apicem versus vix incrassata, 2° articulo transverso, quam primo paulo longiore, 3° vix elongato, apice subacuminato. Caput modice transversum, fronte convexiusculum, ante antennarum bases aliquid anguloso-productum et plicato-inflexum, antice truncatum, plus minusve dense punctatum ; lateribus ad antennarum bases valde sinuatis ; oculis prominulis. Prothorax subparallelus, antice breve arcuatim angustatus, minus duplo latior quam longior, disco subparce punctato ; margine antico arcuato, extremitatibus breve subsinuato ; angulis anticis obtusis : lateribus subsinuatis, pulvino tenui et margine subconcavo antice posticeque latiore marginatis ; angulis posticis subrectis ; basi ante scutellum subtruncata, aliquid producta, utrinque late sinuata ; impressione lata, medio concava, latera attingente marginata. Scutellum subpentagonale, transversum. Elytra humeris rotundata, tunc quam prothorax latiora, lateribus arcuata, aliquid ampliata, apice conjunctim breve rotundata, magis sesquilongiora quam simul* *in maxima latitudine latiora, subparce punctulata : punctis apicem versus attenuatis et evanescentibus; striis suturalibus basi deletis.* — Long. 1,9 mm.

Ovale, plus de deux fois et demie plus long que large dans sa plus grande largeur, convexe, assez brillant; tête, prothorax et antennes un peu rembrunis, élytres marron, pattes plus ou moins rembrunies; pubescence flave blanchâtre, en majeure partie couchée, comprenant vers le sommet des élytres des poils allongés, obliquement orientés en dehors (l'exemplaire étudié est défraîchi). Antennes un peu épaisses, atteignant à peine le milieu de la longueur du corps; 1er et 2e article suballongés, 3e environ une fois et demie plus long que large, 4e à peine allongé, 5e plus long et un peu plus épais que le 4e, 5e subégal au 4e et moins épais; 7e et 8e subégaux au 6e, progressivement et très faiblement épaissis; massue moins longue que le tiers de la longueur totale de l'antenne, environ trois fois plus longue que large, progressivement et très faiblement épaissie vers l'extrémité; 2e article transversal, un peu plus long que le 1er; 3e suballongé, terminé par une partie subconique, pubescente. Tête subtriangulaire, moins de deux fois plus large avec les yeux que longue, convexe sur le front, légèrement saillante en avant des bases des antennes, pliée-infléchie, subtronquée au bord antérieur, presque éparsement ponctuée sur le disque, plus densément et plus fortement vers les côtés; bords latéraux très fortement sinués vers l'insertion de l'antenne; yeux saillants, facettes petites. Intervalle entre les bases des antennes nettement plus grand que les intervalles entre ces bases et les yeux. Prothorax à peine plus large en avant que la tête, subparallèle, subsinué sur les côtés, brièvement arqué-rétréci en avant, moins de deux fois plus large que long, nettement plus large dans sa partie parallèle que la tête, plus éparsément et plus finement ponctué que celle-ci, densément pointillé sur la région des angles postérieurs. Bord antérieur arqué, sinué aux extrémités, bordé par une très étroite marge lisse; angles antérieurs obtus; côtés bordés par un fin bourrelet et par une marge réfléchie étroite un peu en avant du milieu, large sur les angles antérieurs, plus large sur les angles postérieurs; angles postérieurs presque droits; base subtronquée devant l'écusson, un peu saillante, largement subsinuée, presque anguleuse de chaque côté, bordée par une impression très nettement concave au milieu, se réunissant à ses extrémités aux marges latérales. Écusson subpentagonal, environ deux fois et demie plus large que long. Élytres arrondis aux épaules, alors plus larges que le prothorax, arqués, un peu élargis sur les côtés, présentant leur plus grande largeur vers le premier tiers de la longueur à partir de la base, brièvement arrondis ensemble à l'extrémité, plus d'une fois et demie plus longs que larges ensemble dans leur plus grande largeur, plus finement et plus éparsement ponctués que le prothorax; ponctuation s'écartant, s'atténuant et s'effaçant vers le sommet. Stries suturales effacées à la base. Calus huméraux plus accentués en dehors qu'en dedans; gibbosités basilaires des élytres assez accentuées. Marges latérales très fortement infléchies, très finement rebordées.

Chili (Germain), 1 exemplaire femelle. Collection A. Grouvelle.

Chiliotis laticeps, n. sp. — *Suboblonga, magis 2 1/2 longiora quam latiora, convexa, nitidula, ochraceo-ferruginea, antennis pedibusque paulo dilutioribus, capite prothoraceque vix rufescens, flavo albido dense pubescens. Antennae subincrassatae; 3° articulo vix elongato, 5° quam vicinis crassiore; clava subparallela, 2° articulo quam 1° minus transverso, 3° parum elongato, apice subacuminato. Caput transversum, fronte convexiusculum, ante antennarum bases valde inflexum, antice subtruncatum; plus minusve dense punctulatum; lateribus ad antennarum bases valde sinuatis; oculis prominulis. Prothorax antice angustatus, basi circiter duplo latior quam longior, apice quam caput vix latior, disco parcissime, lateribus densius validiusque punctulatus; margine antico arcuato; angulis anticis obtusis; lateribus subrectis, subsinuatis, antrorsum aliquid angustatis, pulvino tenui et margine concavo, stricto, in angulis posticis late explanato-marginatis; angulis posticis subacutis; basi ante scutellum subtruncata, aliquid producta, utrinque late sinuata, impressione lata, medio modice concava, latera attingente, marginata. Scutellum suborbiculare, modice transversum. Elytra humeris rotundata, tunc quam prothorax latiora, lateribus arcuata, modice ampliata, apice conjunctim brevissime rotundata, plus dimidio longiora quam simul in maxima latitudine latiora, basi subdense punctulata; punctis apicem versus fere evanescentibus; striis suturalibus basi deletis.* — Long. 1,4 mm.

Ovale, plus de deux fois et demie plus long que large dans sa plus grande largeur, convexe, un peu brillant : ferrugineux, un peu rougeâtre sur la tête et le prothorax, un peu jaunâtre sur les élytres; antennes et pattes plus claires; pubescence flave blanchâtre, fine, allongée, couchée, assez dense, ne masquant pas le tégument, entremêlée surtout vers l'extrémité des élytres de quelques poils un peu plus épais, plus ou moins dressés. Antennes relativement épaisses, atteignant chez la femelle le tiers de la longueur totale de l'insecte : 1er article suballongé, 2e carré, 3e moins d'une fois et demie plus long que large, 4e subglobuleux, 5e un peu plus long et plus épais que le 4e, 6e à peine plus long et un peu moins épais que le 4e, 7e et 8e subcarrés; massue subparallèle, médiocrement lâche, à peine plus courte que le tiers de la longueur totale de l'insecte, environ trois fois plus longue que large, 2e article moins transversal que le 1er, 3e un peu plus long que large, terminé par une partie subconique, pubescente. Tête subtriangulaire, environ deux fois plus large avec les yeux que longue, convexe sur le front, fortement subpliée-infléchie avant les insertions des antennes, subtronquée au bord antérieur, plus ou moins densément pointillée : bords latéraux fortement sinués vers l'insertion de l'antenne; yeux saillants, facettes petites. Intervalle entre les bases des antennes plus grand que les intervalles entre ces bases et les yeux. Prothorax rétréci en avant, à peine plus large en avant que la tête, environ deux fois plus large à la base que long, plus éparsement et plus finement ponctué sur le disque que la tête, plus densément et plus fortement ponctué vers les côtés. Bord antérieur arqué, angles antérieurs obtus; côtés presque droits, subsinués, très faiblement convergents en avant, brièvement arqués vers les angles antérieurs, bordés par un fin bourrelet et par une marge concave, étroite, très largement explanée sur la région de l'angle postérieur; angles postérieurs subaigus; base subtronquée, légèrement saillante devant l'écusson, largement subsinuée de chaque côté, bordée par une large impression médiocrement concave au milieu, s'étendant de chaque côté jusqu'à l'élargissement basilaire de la marge latérale concave. Écusson suboblong, moins d'une fois et demie plus large que long. Élytres subtronqués à la base, arrondis aux épaules, alors plus larges que le prothorax dans sa plus grande largeur, arqués sur les côtés, médiocrement élargis, présentant leur plus grande largeur vers le milieu de la longueur, très brièvement arrondis ensemble au sommet, plus densément ponctués contre la base que le disque du pronotum; points atténués, écartés et effacés vers le sommet. Stries suturales effacées à la base. Calus huméraux assez nettement marqués; gibbosités basilaires des élytres relativement accentuées. Marges latérales fortement infléchies, très finement rebordées.

Chili (Germain). 1 exemplaire ♀. Collection A. Grouvelle.

Tableau comparatif des **Chiliotis**.

1. Intervalle entre les bases des antennes beaucoup plus grand que les intervalles entre les bases des antennes et les yeux........ 2.
— Intervalle entre les bases des antennes comparable aux intervalles entre les bases des antennes et les yeux................ 3.
2. Prothorax environ deux fois plus large que long, parallèle. Tête plus étroite que le bord antérieur du prothorax. Écusson moins transversal .... **formosa** Reitt.
— Prothorax moins de deux fois plus large à la base que long; côtés parallèles, brièvement arqués en avant. Tête presque aussi large que le bord antérieur du prothorax. Écusson plus transversal.. .... **gracilis** Grouv.
3. Prothorax moins de deux fois aussi large à la base que long; front convexe, saillant en angle entre les bases des antennes lorsque l'insecte est vu de dessus.................... **exilis** Grouv.
— Prothorax au moins deux fois aussi large à la base que long... 4.
4. Élytres près de deux fois plus longs que larges ensemble. Front simplement infléchi entre les bases des antennes...... **gigas** Grouv.
— Élytres environ une fois et demie plus longs que larges ensemble .... 5.
5. Bords latéraux du prothorax convergents depuis la base. Front saillant en angle émoussé entre les bases des antennes lorsque l'insecte est vu de dessus........................ **Germaini** Grouv.
— Bords latéraux du prothorax parallèles à partir de la base..... 6.
6. Élytres oblongs. Impression basilaire du prothorax médiocrement large, atteignant les marges latérales. Front infléchi-plié entre les bases des antennes......................... **laticeps** Grouv.

— Élytres ovales. Impression basilaire du prothorax large, n'atteignant pas les marges latérales. Front saillant anguleusement entre les bases des antennes lorsque l'insecte est vu de dessus. .... **longicornis** Grouv.

Gen. **Micrambina** Reitt.

Reitter 1878. Deutsche ent. Zeitschr.. [1878], p. 128.

Pubescens.

Antennae infra frontis marginem insertae, subelongatae: 1° et 2° articulo incrassatis, 3° quam sequentibus vix crassiore; 5° quam 4° et 6° vix crassiore; 6°-8° quam praecedentibus aliquid angustioribus; clava modice laxata.

Caput antice inflexum, ad antennarum bases haud sinuatum, juxta oculos tenuiter marginatum; temporibus nullis vel vix perspicuis. Prothorax basi striato-marginatus; lateribus in exteriore margine incrassatis, sulcatis, antice plus minusve calloso-subproductis.

Elytra basi haud marginata, disco dense lineato-punctata.

Mentum extremitatibus sinuatum et acute productum.

Palpi maxillares articulo ultimo majore, ovato; labiales ultimo articulo brevi, ovato.

Processus prosternalis latiusculus, coxas superans, inflexus et apice breve reflexus.

Coxae intermediae quam posticae magis remotae.

Processus primi segmenti abdominis late acutus.

Primum segmentum abdominis secundo et tertio simul sumptis subaequali; secundo quam tertio multo longiore.

Pedes subgraciles, tarsis vix incrassatis.

Tarsi maris heteromeri.

Cette diagnose s'applique aux *M. Helmsi* et *M. insignis* Reitt. de N^lle^-Zélande. Je n'ai pas pu examiner le type du genre : *M. amitta* Reitt., de Colombie.

Micrambina basalis, n. sp. — *Subparallela, fere ter longior quam latior, modice convexa, elytrorum disco subdepressa, paulo ante longitudinis trientem transversim valde impressa, nitida, capite, prothorace antennisque rufo-ferruginea, elytris fulvo-ochracea, in elytrorum impressionibus late nigra, flavo-pubescens. Antennae subincrassatae, submoniliformes; 5° articulo quam vicinis crassioribus. Caput subtriangulare, transversum, inter antennarum bases late impressum, dense punctatum; oculis prominulis; temporibus minutis, angulis posticis acutis. Prothorax basin versus parum angustatus, circiter sesquilongior quam latior, transversim convexiusculus, dense et quam caput validius punctatus, ante scutellum biimpressus; margine antico arcuato-producto, ad extremitates breviter transversim truncato; angulis anticis leviter callosis, breve rotundatis, subangulosis, impressis; lateribus subrectis, medio concavo-marginatis; angulis posticis subrectis; basi utrinque sinuata, tenuiter marginata. Scutellum transver-*

sissimum, elytra subparallela, apice conjunctim subacuminata, circiter duplo longiora quam simul in maxima latitudine latiora, fere lineato-punctulata, punctis ultra medium valde attenuatis. Corpus subtus dense punctatum, punctis in segmentis ultimis minoribus; metasterno valde elongato. — Long. 1.7-2.1 mm.

Subparallèle, environ trois fois plus long que large dans sa plus grande largeur, médiocrement convexe, subdéprimé sur le disque des élytres, fortement et transversalement impressionné sur chacun d'eux un peu avant le premier tiers de la longueur à partir de la base; brillant, couvert d'une pubescence flave, double, assez serrée; tête, prothorax, antennes et dessous du corps roux ferrugineux; élytres roux jaunâtre, marqués chacun sur l'impression basilaire d'une large tache noire atteignant presque la suture, laissant libre la région scutellaire, et s'élargissant sur la marge latérale, principalement vers le sommet. Antennes un peu épaisses, submoniliformes; 5e article à peine plus épais que les articles voisins; massue environ deux fois et demie plus longue que large, symétrique, article 1 et 2 subégaux, 3e plus long, subacuminé à l'extrémité. Tête subtriangulaire, moins de deux fois plus large que longue avec les yeux, densément ponctuée, largement subimpressionnée en avant du front; celui-ci s'avançant angu-leusement entre les bases des antennes; épistome surbaissé par rapport au front, subtronqué au bord antérieur; yeux assez saillants, échancrant les marges du front; tempes très petites; angles postérieurs aigus. Prothorax légèrement rétréci vers la base, plus large en avant que la tête avec les yeux, environ une fois et demie plus long que large vers l'avant, densément et plus fortement ponctué que la tête, transversalement convexe, marqué devant l'écusson de deux fortes impressions assez rapprochées. Bord antérieur arqué en avant, brièvement et transversalement tronqué aux extrémités; angles antérieurs faiblement calleux, très brièvement arrondis, réfléchis, bordés par une marge lisse; côtés presque droits, à peine sinués contre les angles antérieurs, bordés par un très fin bourrelet et au milieu par une impression longitudinale concave; angles postérieurs presque droits; base légèrement arquée en arrière au milieu, subsinuée de chaque côté, très finement rebordée au milieu. Pubescence dessinant une ligne longitudinale de convergence sur le disque. Écusson subrectangulaire, plus de trois fois plus large que long. Élytres arqués séparément à la base, brièvement arrondis aux épaules, alors un peu plus larges que la base du prothorax, subparallèles, subacuminés ensemble au sommet, environ deux fois plus longs que larges ensemble. Ponctuation confuse à la base, plus forte que celle du prothorax, atténuée et vaguement disposée en lignes après les impressions basilaires, effacée au sommet; stries suturales fortement marquées au sommet. Marges latérales fortement infléchies. Dessous du corps densément et assez fortement ponctué, moins fortement sur les quatre derniers sternites; métasternum très allongé.

Chili (Germain). Nombreux exemplaires. Collection A. Grouvelle et British Museum.

Micrambina analis Reitt. 1876, Stett. ent. Zeitg. XXXVII, p. 364 (sub *Telmatophilus*). — *M. basali* Grouv. *proxima; statura minore; capite transversissimo, oculis magis prominulis; prothorace basin versus vix angustato, lateribus subarcuato, antice vix calloso, medio haud concavo-impresso; basi marginata; disco ante scutellum subimpresso; elytrorum macula prope basin minima vel nulla, in singulo elytro macula nigra anteapicali.* — Long. 1,5-1,7 mm.

Très voisin de *M. basalis* Grouv. Taille plus petite. Antennes plus grêles. Tête plus de deux fois plus large que longue: yeux très saillants, subconiques, échancrant à peine les marges latérales du front. Prothorax à peine plus large en avant qu'à la base, faiblement arqué sur les côtés, presque deux fois plus large dans sa plus grande largeur que long; angles antérieurs arrondis, callosité très faible; côtés bordés par un fin bourrelet plus accentué en avant, sans impression marginale concave vers le milieu de la longueur; base finement rebordée: impressions de la base du disque médiocrement accentuées. Élytres arrondis ensemble au sommet: impressions prébasilaires médiocrement accentuées; tache noire prébasilaire nulle ou très petite; une tache noire près du sommet sur chaque élytre; ponctuation un peu plus largement disposée en lignes. Pubescence très nettement double, un peu plus dense, plus relevée; poils épais un peu plus accentués.

Chili (Germain). Nombreux exemplaires. Collection A. Grouvelle et British Museum.

Les *M. basalis* Grouv. et *M. analis* Reitt. ont le 2e segment de l'abdomen relativement plus court par rapport au 1er que *M. Helmsi* Reitt. (je ne connais pas le type du genre, *M. amitta* Reitt., de Colombie).

Au milieu des nombreux exemplaires de *M. analis* étudiés se rencontrent quelques exemplaires qui devraient peut-être recevoir un nom spécifique :

a) Un individu a une forme plus allongée, les angles antérieurs du prothorax plus marqués; les yeux moins saillants, la tête plus fortement ponctuée et le sillon latéral externe en partie visible de dessus, c'est-à-dire tendant à devenir un sillon marginal.

b) Plusieurs exemplaires se rapprochent, au point de vue des yeux et du sillon latéral du prothorax, de la forme *a*, mais s'en séparent par leur taille plus petite, les angles antérieurs du prothorax fortement arrondis et le sillon latéral externe du prothorax moins visible de dessus.

Antherophagus microphthalmus, n. sp. — *Antherophagorum latorum facies. Circiter 2 et 1,5 longior quam in maxima latitudine latior, subopacus, testaceus; antennis et tibiarum basi plus minusve subinfuscatis. Caput transversum, lateribus rotundatum, ad antennarum insertiones subsinuatum, antice subrectum, attenuatum, dense punctulatum; oculis minutissimis. Prothorax antice quam postice angustior, lateribus antice arcuatus, dein usque basin subrectus, levissime ampliatus, plus duplo latior quam longior, quam caput minus dense et magis tenue punctulatus; margine antico subtruncato; angulis anticis obtusis, extus modice callosis: lateribus stricte* *marginatis; angulis posticis subrectis; basi tenuissime marginata, utrinque haud punctata. Scutellum subpentagonale, transversissimum. Elytra basi quam prothorax haud latiora, lateribus arcuata, aliquid ampliata, apice conjunctim rotundata, circiter 1 et 1/5 longiora quam simul in maxima latitudine latiora, tenue lineato-punctata; intervallis vix perspicue et haud dense punctulatis, alternatim latioribus; lineis punctatis juxta apicem evanescentibus.* — Long. 4 mm.

Du groupe des *Antherophagus* larges. Environ deux fois et un cinquième plus long que large dans sa plus grande largeur, subopaque, à peine visiblement pubescent, testacé; antennes, sauf le premier article et la massue, et base des tibias noirâtres; pubescence à peine visible. Antennes épaisses, articles 2-11 transversaux; massue à peine marquée. Tête moins de deux fois plus large que longue, régulièrement arquée sur les côtés jusqu'à l'insertion de l'antenne, alors subsinuée, presque droite, atténuée en avant; bord antérieur largement sinué; front légèrement convexe, densément pointillé; yeux très petits. Prothorax plus étroit en avant qu'à la base, assez fortement arrondi sur les côtés en avant, puis presque droit, faiblement élargi, plus de deux fois plus large dans sa plus grande largeur que long, moins densément et plus finement ponctué que la tête. Bord antérieur subtronqué, très faiblement saillant en avant aux extrémités; angles antérieurs fortement obtus, épaissis latéralement au bord externe; côtés bordés par un très fin bourrelet et par une marge subconcave, très étroite en avant, s'élargissant un peu vers la base; angles postérieurs presque droits, émoussés; base subtronquée, très finement rebordée. Écusson très transversal. Élytres à peine aussi larges à la base que la base du prothorax, arrondis aux épaules, alors un peu plus larges que ce dernier, arqués sur les côtés, un peu élargis, présentant leur plus grande largeur vers le premier cinquième de la longueur à partir de la base, arrondis ensemble au sommet, environ une fois et un cinquième plus longs que larges ensemble dans leur plus grande largeur, finement ponctués en lignes effacées au sommet; lignes alternativement plus rapprochées; intervalles peu densément et à peine visiblement pointillés. Lignes suturales effacées au sommet. Tibias sublinéaires.

Inde : Mungphu près Darjiling. 1 exemplaire. Collection du British Museum.

Voisin comme forme générale d'*A. Lundkingi* Grouv., mais mat et lignes ponctuées des élytres beaucoup plus marquées.

Antherophagus ruficornis, n. sp. — *Antherophagus normalis. Circiter ter longior quam in maxima latitudine latior, tenuissime brevissimeque flavo-pubescens; citrino-testaceus, antennis mandibulisque subfusco-rufis, tibiarum basi infuscata. Caput ovatum, modice transversum, dense tenuissimeque punctulatum; lateribus extra antennarum basin subsinuatam regulariter arcuatis; oculis minimis, haud productis. Prothorax antice quam postice vix angustior, in maxima latitudine plus duplo latior quam longior, quam caput densius et tenuius punctulatus; margine antico ad extre-*

mitates sinuato; angulis anticis obtusis, antrorsum subproductis; lateribus arcuatis, juxta basin breve sinuatis, pulvino antice incrassato et canaliculo subconcavo, in angulo postico explanato-marginatis; angulis posticis obtusis; basi vix arcuata praecipue ad extremitates explanato-marginata, utrinque punctata. Scutellum subpentagonale, transversissimum. Elytra basi prothorace paulo latiora, lateribus arcuatim aliquid ampliata, apice conjunctim rotundata, fere duplo longiora quam simul in maxima latitudine latiora, abdominis ultimum segmentum haud obtegentia, tenuissime lineato-punctulata, intervallis planis, vix perspicue punctulatis; lineis suturalibus integris, ad apicem paulo striatis. — Long. 2,7 mm.

Aspect ordinaire des *Antherophagus*. Environ trois fois plus long que large dans sa plus grande largeur, opaque, jaune testacé clair; antennes, mandibules, extrême marge du sommet de la suture et des côtés rougeâtres; base des tibias noirâtre; pubescence flave, fine, très courte, couchée, serrée, ne masquant en rien la couleur du tégument. Antennes médiocrement épaisses; 1er article et massue plus clairs. Tête moins de deux fois plus large dans sa plus grande largeur que longue (l'exemplaire étudié est un peu distendu), régulièrement arquée sur les côtés, sauf un léger sinus à l'insertion de l'antenne, échancrée au bord antérieur, régulièrement convexe, densément et très finement pointillée; yeux petits, non saillants. Prothorax à peine plus étroit au sommet qu'à la base, arqué sur les côtés, présentant sa plus grande largeur vers le milieu de la longueur, brièvement sinué-réfléchi contre la base, plus de deux fois plus large dans sa plus grande largeur que long, plus densément et plus finement ponctué que la tête. Bord antérieur subtronqué, brièvement sinué vers les extrémités; angles antérieurs obtus, à peine saillants en avant; côtés bordés par un fin bourrelet, assez épaissi, calleux sur la région de l'angle antérieur et par une marge concave, très étroite, se dilatant sur l'angle postérieur et se réfléchissant contre la base en se soudant à sa bordure marginale; angles postérieurs subobtus; base très faiblement saillante en arrière, bordée par une marge étroite dans tout le milieu, limitée de chaque côté par un point enfoncé, s'élargissant ensuite jusqu'à l'extrémité. Écusson très transversal. Élytres un peu plus larges à la base que la base du prothorax, brièvement arrondis aux épaules, arqués, faiblement élargis sur les côtés, arrondis ensemble au sommet, presque deux fois plus longs que larges ensemble, ne couvrant pas complètement le dernier tergite, très finement ponctués en lignes, à peine plus fortement vers l'extrémité; intervalles plans, à peine visiblement pointillés; lignes suturales entières, striées vers le sommet. Tibias et surtout tibias antérieurs notablement élargis vers l'extrémité.

Mexique (Truqui). 1 exemplaire ♂. Collection du British Museum.

Cryptophagus longior, n. sp. — *Oblongo-subparallelus, fere 3 et 1/2 longior quam latior, convexus, nitidus, tenue flavo-cinereo pubescens, pilis subrectis, ferrugineus. Antennae modice incrassatae. Caput transversum, fronte vix convexum, antice breve inflexum, dense punctulatum; oculis subprominulis, medium longitudinis subattingentibus. Prothorax lateribus sub-*

parallelus, minus duplo latior quam longior, disco quam caput parcius tenuiusque punctulatus; margine antico vix arcuato, extremitatibus breve subsinuato; angulis anticis rotundatis, extus sat fortiter callosis; callo producto, truncato, apice obtuse anguloso; intervallo inter callum et denticulum medianum sinuato, quam callo longiore; lateribus pulvino subtenui et margine concavo medio strictissimo marginatis; basi medio late subarcuata, stricte striato-marginata. Elytra basi tenue marginata, humeris breve rotundata, tunc quam prothorax vix latiora, lateribus simul rotundata, plus duplo longiora quam simul latiora, basi quam prothoracis disco minus dense et paulo fortius punctulata, punctis apicem versus valde attenuatis.

Oblong, subparallèle, presque trois fois et demie plus long que large, convexe, brillant, ferrugineux; pubescence flave cendré, fine, courte, presque couchée. Antennes médiocrement épaisses, dépassant légèrement, chez la femelle, la base du prothorax; 1er article très épais, environ aussi long que large, 2e à peine plus long que large, 3e un peu plus court que le 2e, 4e subtransversal, 5e subcarré, à peine plus épais que le 4e, un peu plus que le 6e, 6e à 8e faiblement et progressivement épaissis, plus ou moins subcarrés et subtransversaux; massue nettement dissymétrique, oblongue, un peu plus de deux fois plus longue que large, 1er et 2e articles subégaux, 3e subglobuleux. Tête un peu moins de deux fois plus large avec les yeux que longue, subdéprimée sur le front, sans sinus vers les bases des antennes, brièvement pliée-infléchie en arc en avant des bases des antennes, densément pointillée; yeux peu saillants, atteignant presque le milieu de la longueur de la tête, facettes petites. Prothorax convexe, subrectangulaire, moins de deux fois plus large que long, plus éparsement et plus finement ponctué sur le disque que la tête, plus fortement vers les marges latérales. Bord antérieur faiblement arqué, brièvement subsinué aux extrémités; angles antérieurs arrondis, assez fortement calleux en dessus; callosité assez saillante, tronquée latéralement, terminée au sommet en angle obtus, séparée du denticule médian par un intervalle sinué plus long qu'elle; denticule médian nettement marqué; côtés bordés par un fin bourrelet et par une marge concave très étroite au milieu, plus large sur la région des angles; angles postérieurs faiblement obtus; base largement subarquée au milieu, bordée par une marge striée, un peu plus étroite aux extrémités, carénée au milieu; convexité du disque assez fortement accentuée contre le bord antérieur de cette marge. Callosités discoïdales effacées. Écusson suboblong, environ deux fois plus large que long. Élytres subtronqués et finement rebordés à la base, brièvement arrondis aux épaules, alors à peine plus larges que le prothorax dans sa plus grande largeur, arqués à peine élargis sur les côtés, arrondis ensemble au sommet, plus de deux fois plus longs que larges ensemble. Ponctuation nettement moins serrée et beaucoup plus forte à la base que celle du disque du prothorax, très atténuée vers le sommet; callosités apicales bien marquées. Pattes sublinéaires.

Japon : environs de Tokio. 1 exemplaire femelle. Collection du Muséum d'Histoire naturelle de Paris.

Cryptophagus robustus, n. sp. — *Oblongus, fere ter longior quam in maxima latitudine latior, convexus nitidulus, pube flavo-subaurea, brevi, dense vestitus, ferrugineus. Antennae sat incrassatae. Caput transversum, convexiusculum, antice modice inflexum, dense profundeque punctatum; oculis prominulis, medium longitudinis haud attingentibus. Prothorax subortho-gonius, circiter duplo latior quam longior, disco minus dense et fortius, punctatus; margine antico arcuato, extremitatibus brevissime subsinuato angulis anticis hebetatis, extus callosis, callo vix producto, subtruncato, apice haud anguloso; intervallo inter callum et denticulum medianum recto, cum callo subaequali; lateribus pulvino tenui et margine stricto marginatis; basi subtruncata, utrinque punctulata, interpunctata, stricte striato-marginata. Elytra humeris rotundata, tunc quam prothorax paulo latiora, lateribus arcuata, aliquid ampliata, apice conjunctim rotundata, circiter duplo longiora quam in maxima latitudine latiora, basi quam prothoracis disco densius tenuiusque punctata; juxta basin punctis minoribus intermixtis; punctis apicem versus attenuatis.* — Long. 2,8 mm.

Oblong, environ trois fois plus long que large dans sa plus grande largeur, convexe, médiocrement brillant, ferrugineux un peu clair; pubescence flave, légèrement dorée, courte, couchée, serrée. Antennes assez épaisses, dépassant légèrement la base du prothorax chez le mâle; 1er article subcarré, dilaté-arqué en dedans, 2e à peine allongé, 3e un peu plus long que le 2e, 4e transversal, 5e subcarré, à peine plus épais que le 4e, un peu plus que le 6e, 6e à 8e subégaux, transversaux; massue oblongue, très légèrement dissymétrique, un peu plus de deux fois plus longue que large; 1er article plus transversal que le 2e, 3e moins long que large, subglobuleux. Tête environ deux fois plus large avec les yeux que longue, légèrement convexe sur le front, sinuée de chaque côté vers l'insertion de l'antenne, densément et profondément ponctuée sur le disque, un peu plus fortement sur les côtés; marge antérieure plus finement ponctuée, étroitement infléchie; yeux saillants, n'atteignant pas le milieu de la longueur de la tête; facettes petites. Prothorax convexe, subrectangulaire, environ deux fois plus large que long, moins densément et plus fortement ponctué sur le disque que l'occiput; ponctuation plus serrée vers les côtés. Bord antérieur arqué, très brièvement sinué aux extrémités; angles antérieurs émoussés, calleux en dehors; callosité à peine saillante, mais bien marquée, subtronquée latéralement, continuant presque le bord latéral du prothorax, subégale à l'intervalle qui la sépare du denticule médian; cet intervalle droit; troncature externe oblongue, environ deux fois plus large que longue, concave, pointillée; denticule médian très petit; côtés bordés par un fin bourrelet et par une marge concave très étroite; angles postérieurs droits; base très légèrement sinuée de chaque côté, étroitement striée-bordée entre les points juxta-basilaires; ceux-ci petits. Callosités discoïdales non marquées. Écusson suboblong, plus de deux fois plus large que long. Élytres subtronqués à la base, brièvement arrondis aux épaules, alors plus larges que le prothorax, arqués, un peu élargis sur les côtés, présentant leur plus grande largeur vers le premier tiers de la longueur à partir de la base, assez brièvement arrondis ensemble au sommet, presque deux fois aussi longs que larges dans leur plus grande largeur. Ponctuation plus dense et moins forte à la base que celle du prothorax, entremêlée de quelques petits points, atténuée vers le sommet. Callosités de l'extrémité des élytres nulles ou à peine indiquées. Pattes robustes; tibias triangulaires. Premier segment de l'abdomen presque aussi long que les trois suivants réunis, mais très nettement plus court que le métasternum.

Femelle un peu plus étroite; antennes moins épaisses.

Japon : Kyoto. 3 exemplaires. Collection A. Grouvelle.

Je rapporte à cette espèce un exemplaire de taille plus petite et de coloration un peu plus foncée provenant du mont Takao près Hachiöji (E. Gallois) et appartenant au Muséum d'Histoire naturelle de Paris.

Cryptophagus convexus, n. sp. — *Oblongus, fere ter longior quam in maxima latitudine latior, convexus, sat nitidus, pube flava plus minusve elongata, ex parte erecta vestitus, ferrugineus. Antennae incrassatae. Caput transversum, fronte subdepressum, occipite dense punctatum; oculis prominulis, medium longitudinis haud attingentibus, granis validis. Prothorax convexus, medio angulosus, tunc circiter duplo latior quam longior, dense et quam caput paulo validius punctatus; margine antico valde arcuato, extremitatibus vix sinuato; angulis anticis arcuatis, extus callosis; callo modice producto, subtruncato, apice acuto; intervallo inter callum et denticulum medianum antice subsinuato, quam callo plus duplo longiore: lateribus pulvino subincrassato et margine concavo stricto marginatis; basi arcuata, extremitatibus breve subsinuata, stricte striato-marginata. Elytra humeris rotundata, lateribus arcuata, aliquid ampliata, apice conjunctim breve rotundata, fere duplo longiora quam simul in maxima latitudine latiora, basi quam prothorax parcius validiusque punctata: punctis apicem versus valde attenuatis, evanescentibus.* — Long. 1,7-1,9 mm.

Oblong, presque trois fois plus long que large dans sa plus grande largeur, convexe, assez brillant, ferrugineux; antennes et pattes à peine plus claires; pubescence flave assez serrée, plus ou moins allongée et plus ou moins redressée. Antennes épaisses, dépassant très nettement la base du pronotum; 1er article subglobuleux, 2e à peine allongé, 3e subégal au 2e, 4e subtransversal, 5e à peine allongé, 6e à 8e un peu plus étroits que le 5e, plus ou moins subcarrés; massue légèrement dissymétrique, un peu plus de deux fois plus longue que large, 1er et 2e article subégaux, 2e très transversal, plus large que le 1er et le 3e, 3e à peine allongé, subacuminé dans la partie apicale. Tête environ deux fois aussi large avec les yeux que longue, subdéprimée sur le front, légèrement sinuée de chaque côté vers l'insertion de l'antenne, densément ponctuée vers l'occiput, moins densément, mais un peu plus fortement vers l'avant; yeux saillants, n'atteignant pas le milieu de la longueur de la tête; facettes grosses. Prothorax convexe, anguleux sur les côtés, vers le milieu de la longueur, rétréci en avant et en arrière, environ deux fois plus large au milieu que long dans sa plus grande longueur, aussi densément, mais un peu plus fortement ponctué que la base de la tête; ponctuation des marges latérales plus forte. Bord antérieur fortement arqué, brièvement et à peine sinué aux extrémités; angles antérieurs arqués, calleux en dehors; callosité courte, un peu saillante, subtronquée latéralement, saillante en angle aigu au sommet, séparée du denticule latéral médian par un intervalle au moins deux fois plus long qu'elle, subsinué dans sa partie antérieure; troncature latérale petite, marquée d'un point enfoncé, côtés bordés par un bourrelet relativement épais et par une marge concave presque étroite; denticules latéraux petits; angles postérieurs obtus; base arquée en arrière, assez brièvement subsinuée aux extrémités, étroitement rebordée-striée; convexité du disque fortement et longuement accentuée contre le bord antérieur de la strie marginale de la base, callosités discoïdales marquées. Écusson subrectangulaire, un peu plus de deux fois plus large que long. Élytres subtronqués à la base, arrondis aux épaules, alors à peu près aussi larges que le prothorax dans sa plus grande largeur, arqués sur les côtés, faiblement élargis, présentant leur plus grande largeur un peu après le milieu de la longueur, brièvement arrondis ensemble au sommet, presque deux fois plus longs que larges ensemble dans leur plus grande largeur. Ponctuation moins serrée et plus forte contre la base que celle du disque du prothorax, très atténuée, effacée vers le sommet. Callosités de l'extrémité des élytres marqués. Base des élytres sans gibbosités. Tibias antérieurs très nettement triangulaires.

Japon : Kyoto, 3 exemplaires. Collection A. Grouvelle.

Cryptophagus elegans, n. sp. — *Oblongus, circiter 2 et 1/2 longior quam in maxima latitudine latior, convexus, praecipue in elytris nitidus, flavo-cinereo breve pubescens; capite prothoraceque subfusco-rufis, elytris fulvo-ochraceis, disco plaga mediana lata, transversa, et lateribus margine stricto, extremitatibus attenuato, nigris; antennis pedibusque dilute fulvis. Antennae vix incrassatae. Caput transversissimum, fronte convexum, dense punctulatum; oculis sat fortiter prominulis, retrorsum magis arcuatis, medium longitudinis attingentibus. Prothorax convexus, lateribus post medium angulosus, antice subparallelus, postice attenuatus, in maxima latitudine paulo plus duplo latior quam longior, disco quam caput paulo validius et parcius punctatus; margine antico arcuato, extremitatibus sinuato; angulis anticis arcuatis, extus callosis; callo sat fortiter producto, truncato, apice subrecte anguloso, haud hebetato; intervallo inter callum et denticulum postmedianum sinuato, cum callo subaequali; lateribus pulvino subtenui et margine concavo strictissimo, juxta denticulum lateralem paulo ampliato, marginatis; basi utrinque late vix subsinuata, striate stricto-marginata, bipunctata. Elytra humeris rotundata, tunc quam prothorax in maxima latitudine vix latiora, lateribus arcuata, sat ampliata, apice conjunctim breve rotundata, minus duplo longiora quam simul latiora, basi parcius et quam prothoracis disco paulo validius punctata; punctis apicem versus valde attenuatis.* — Long. 1,9 mm.

Oblong, environ deux fois et demie plus long que large dans sa plus grande largeur, convexe, brillant surtout sur les élytres; tête et prothorax roux un peu enfumé, élytres ferrugineux jaunâtre, coupés vers le milieu par une large bande noire, bordés sur les côtés d'une étroite marge de la même couleur et atténuée aux extrémités; antennes et pattes fauve clair; pubescence flave cendré très courte, un peu plus longue vers les marges latérales. Antennes à peine épaissies, dépassant la base du pronotum chez la femelle; 1er article subcarré, 2e suballongé, 3e subégal au 2e, 4e à peine plus long que large, 5e moins d'une fois et demie plus long que large, à peine plus épais que le 4e, un peu plus que le 6e, 6e subégal au 4e, 7e un peu plus court que le 6e, 8e subcarré; massue légèrement dissymétrique, environ trois fois plus longue que large; 1er article subcarré, 2e transversal, 3e plus long que large, acuminé à l'extrémité. Tête plus de deux fois plus large, avec les yeux, que longue, convexe sur le front, sinuée vers l'insertion des antennes, à peine saillante en avant de leurs bases, densément pointillée; yeux assez fortement saillants, plus convexes en arrière qu'en avant, atteignant le milieu de la longueur de la tête; facettes petites. Prothorax convexe, surtout en avant, anguleux sur les côtés après le milieu de la longueur, subparallèle en avant, atténué vers la base en arrière, un peu plus de deux fois plus large dans sa plus grande largeur que long; ponctuation un peu plus forte et plus éparse sur le disque que celle de la tête, plus forte et plus serrée vers les côtés. Bord antérieur fortement arqué, sinué aux extrémités; angles antérieurs arrondis; calleux en dehors, callosité assez fortement saillante, tronquée latéralement, terminée en angle presque droit non émoussé, séparée du denticule post-médian par un intervalle sinué qui lui est subégal; troncature subconcave, marquée d'un point enfoncé; côtés bordés par un fin bourrelet et par une marge concave très étroite, plus large vers le denticule latéral; celui-ci bien marqué, arqué en arrière; angles postérieurs obtus; base largement subsinuée de chaque côté, étroitement striée-rebordée, biponctuée; convexité du disque largement et faiblement accentuée contre le bord antérieur de la strie marginale de la base, marges latérales assez largement subréfléchies; callosités discoïdales à peine marquées. Écusson suboblong, plus de deux fois plus large que long. Élytres subtronqués à la base, arrondis aux épaules, alors à peu près aussi larges que le prothorax dans sa plus grande largeur, arqués sur les côtés, assez élargis, présentant leur plus grande largeur après le milieu de la longueur, brièvement arrondis ensemble au sommet, environ une fois et trois quarts plus longs que larges ensemble dans leur plus grande largeur. Ponctuation contre la base presque éparse, un peu plus forte que celle du pronotum; points très atténués vers le sommet. Callosités de l'extrémité des élytres faiblement marquées; gibbosités de la base assez accentuées. Tibias antérieurs sublinéaires.

Japon : environs de Tokio. 1 exemplaire femelle. Collection du Muséum d'Histoire naturelle de Paris.

Cryptophagus varians, n. sp. — *Oblongus, fere ter longior quam in maxima latitudine latior, convexus, nitidus, pube flavo-cinerea tenui dense vestitus, capite prothoraceque rufo-fuscus, elytris rufo-ferrugineus, plus minusve infuscatus, saepe in totum niger. Antennae sat incrassatae. Caput transversum, fronte convexum, densissime punctatum; oculis prominulis, medium longitudinis fere attingentibus. Prothorax post medium subparallelus, ante basin attenuatus, plus duplo latior quam longior, densissime et quam caput validius punctatus; margine antico arcuato, extremitatibus breve subsinuato; angulis anticis hebetatis, extus callosis, callo modicissime producto, truncato, apice acuto; intervallo inter callum et denticulum medianum sinuato, quam callo longiore; lateribus pulvino tenui et margine concavo postice minus stricto marginatis; basi subtruncata, tenue striato-marginata. Elytra humeris breve rotundata, tunc quam prothorax aliquid latiora, lateribus arcuato subampliata, apice conjunctim rotundata, paulo plus duplo longiora quam simul in maxima latitudine latiora, basi quam prothorax paulo minus dense et paulo fortius punctata; punctis apicem versus attenuatissimis.* — Long. 2,2 mm.

Oblong, environ trois fois plus long que large dans sa plus grande largeur, convexe, brillant : tête et prothorax roux un peu enfumé; élytres roux ferrugineux, plus ou moins variés de noir sur le disque et les côtés, parfois entièrement noirs; antennes et pattes, surtout les dernières, plus claires; pubescence flave cendré, courte, couchée, serrée. Antennes assez épaisses, dépassant très nettement la base du prothorax chez le mâle : 1er article subcarré, dilaté-arrondi en dedans, 2e à peine allongé, 3e subégal au 2e, 4e carré, 5e subcarré, à peine plus épais que le 4e, un peu plus que le 6e, 6e à 8e subcarrés; massue légèrement dissymétrique, faiblement oblongue, plus de deux fois plus longue que large, 1er et 2e articles très transversaux, 3e subglobuleux. Tête plus de deux fois plus large avec les yeux que longue, convexe sur le front, à peine sinuée de chaque côté vers l'insertion de l'antenne, très densément ponctuée, ponctuation s'atténuant vers le sommet; yeux saillants, atteignant presque le milieu de la longueur de la tête; facettes petites. Prothorax convexe, subparallèle dans la moitié antérieure, atténué vers la base dans la moitié basilaire, plus de deux fois plus large que long, ponctué sur le disque très densément et plus fortement que sur l'occiput, plus éparsement, mais plus fortement sur les marges latérales. Bord antérieur arqué, brièvement subsinué aux extrémités; angles antérieurs émoussés, calleux en dehors; callosité un peu saillante, tronquée latéralement, saillante en angle aigu au sommet, séparée du denticule médian par un intervalle sinué plus long qu'elle; denticule médian triangulaire, bien marqué; côtés bordés par un fin bourrelet et par une marge concave moins étroite dans la partie basilaire; angles postérieurs obtus; base subtronquée, finement bordée-striée; convexité du disque assez fortement accentuée contre le bord antérieur de la strie marginale de la base. Callosités discoïdales assez marquées, accompagnées de deux faibles impressions. Écusson suboblong, un peu plus de deux fois plus large que long. Élytres subtronqués à la base, brièvement arrondis aux épaules, alors un peu plus larges que le prothorax dans sa plus grande largeur, arqués sur les côtés, légèrement élargis, présentant leur plus grande largeur un peu avant le milieu de la longueur, arrondis ensemble au sommet, un peu plus de deux fois plus longs que larges ensemble dans leur plus grande largeur. Ponctuation moins dense à la base que celle de la tête, mais un peu plus forte, s'atténuant fortement au sommet. Base de chaque élytre légèrement gibbeuse. Pattes linéaires.

Antennes de la femelle plus courtes; forme générale un peu plus ventrue.

Japon : Rikko; M[ts] Ibuki près Gifu; Mt Takao près Hachiōji (E. Gallois); loco incert. (G. Lewis). 4 exemplaires. Muséum d'Histoire naturelle de Paris et collection de A. Grouvelle.

Cryptophagus callosipennis, n. sp. — *Suboblongus, circiter 2 et 1/2 longior quàm in maxima latitudine latior, convexus, nitidulus, pube flava, tenui, brevi, in disco elytrorum breviore, dense vestitus; capite prothoraceque rufo-fuscis; elytris nigricantibus, singulo late subfusco-rufo bimaculatis; antennis, extra primum et ultimos articulos vix obscuros, pedibusque fulvis. Antennae subgraciles. Caput transversum, fronte subdepressum, dense punctatum; oculis prominulis, medium longitudinis fere attingentibus. Prothorax post medium subparallelus, ante basin versus modice angustatus, paulo plus duplo latior quam longior, disco quam caput vix parcius et tenuius punctatus; margine antico arcuato, extremitatibus breve sinuato; angulis anticis arcuatis, extus callosis; callo robusto, vix producto, subtruncato, apice subobtuse anguloso; intervallo inter callum et denticulum medianum haud sinuato, quam callo fere longiore; lateribus pulvino subtenui et margine concavo basin versus substricto marginatis; basi utrinque late subsinuata, striato-marginata; margine basilari extremitatibus subdepressa et juxta disci convexitatem breve vix impresso. Elytra humeris rotundata, tunc quam prothorax in maxima latitudine paulo latiora, lateribus arcuata, sat ampliata, apice conjunctim rotundata, circiter sesquilongiora quam in maxima latitudine latiora, basi tenue marginata, quam prothorax vix parcius et tenuius punctata, punctis ad apicem attenuatis; singulo elytro ante apicem calloso.* — Long. 2-2,8 mm.

Presque oblong, environ deux fois et demie plus long que large dans sa plus grande largeur, convexe, assez brillant, couvert d'une pubescence flave, fine, courte, encore plus courte sur le disque des élytres. Tête et pronotum roux enfumé; élytres noirs, marqués chacun de deux taches rousses très légèrement enfumées; la 1re humérale, s'étendant presque jusqu'au milieu de la longueur et se dilatant dans sa partie apicale vers la suture, la 2e antéapicale, subtransversale, n'atteignant pas la suture et le bord latéral; antennes et pattes roux, 1er et derniers articles des antennes un peu enfumés. Antennes peu épaisses, dépassant légèrement la base du pronotum; 1er article subcarré, 2e suballongé, 3e plus long que le 2e, 4e subcarré, 5e un peu plus épais que les suivants, un peu allongé, 6e et 8e subcarrés, un peu plus courts que le 7e; massue lâche, près de trois fois plus longue que large. 1er et 2e articles subégaux, médiocrement transversaux, 3e acuminé dans la partie apicale. Tête plus de deux fois plus large avec les yeux que longue, subdéprimée sur le front, subsinuée aux naissances des antennes, densément et profondément ponctuée, un peu plus éparsément et plus finement sur l'épistome; yeux saillants, atteignant presque le milieu de la longueur, de la tête; facettes petites. Prothorax convexe, subparallèle dans la moitié antérieure, faiblement rétréci vers la base dans la moitié basilaire, un peu plus de deux fois plus large que long, un peu plus finement et plus éparsement ponctué sur le disque que la tête, plus densément et plus fortement vers les bords latéraux. Bord antérieur arqué, brièvement sinué aux extrémités; angles antérieurs arqués, assez fortement calleux en dehors; callosité à peine saillante, subtronquée latéralement, terminée au sommet en angle à peine marqué très largement obtus, ovale, en dehors plane, marquée d'un gros point, séparée du denticule médian par un intervalle à peine sinué, un peu plus long qu'elle; denticule médian marqué; côtés bordés par un bourrelet étroit et par une marge concave, lisse, étroite comme le bourrelet en avant, plus large que lui vers la base; angles postérieurs presque droits; base largement subsinuée de chaque côté, bordée étroitement par une strie un peu plus écartée du bord au milieu qu'aux extrémités, coupée au milieu par une petite carène. Convexité du disque brièvement accentuée contre la strie marginale de la base, limitée de chaque côté, vers la région subdéprimée des angles postérieurs, par une courte impression longitudinale à peine marquée. Écusson suboblong, environ quatre fois plus large que long. Élytres subtronqués à la base, arrondis aux épaules, alors assez nettement plus larges que le prothorax dans sa plus grande largeur, arqués-élargis sur les côtés, présentant leur plus grande largeur vers le milieu de la longueur, arrondis ensemble au sommet, environ une fois et demie plus longs que larges ensemble dans leur plus grande largeur. Ponctuation à peine plus fine et plus espacée à la base que celle du prothorax, atténuée au sommet. Sur chaque élytre, sur la marge basilaire, une très faible gibbosité et vers le sommet une petite callosité un peu élevée.

Japon : Kyoto, Tokio. Muséum d'Histoire naturelle de Paris et collection A. Grouvelle.

Cette espèce semble aussi variable que notre *C. scanicus* L. soit comme forme, soit comme coloration.

La description qui précède a été établie sur un exemplaire à forme large et à coloration bien développée. Par des passages insensibles on passe de cette forme à des formes plus étroites et à des colorations soit entièrement ferrugineusés, plus ou moins assombries, soit encore noires et rougeâtres.

On peut renfermer les diverses variétés de coloration de cette espèce dans les types suivants :

1° ferrugineux;

2° ferrugineux plus ou moins assombri, avec bande transversale plus ou moins sombre sur les élytres.

3° Pronotum évoluant du ferrugineux au brun rougeâtre et élytres évoluant vers le roux orange, le rougeâtre et le roux sombre avec bande transversale noire, plus ou moins large, réduite parfois à une tache latérale.

Cryptophagus deceptor, n. sp. — *Oblongus, subparallelus, circiter 2 et 3/4 longior quam in maxima latitudine latior, convexus, nitidulus, pube flava tenui brevique subdense vestitus, rufo-testaceus; elytris testaceis. Antennae subincrassatae. Caput transversum, fronte convexiusculum, densissime punctulatum, oculis prominulis, medium longitudinis haud attingentibus. Prothorax lateribus medio magis latus, angulosus, in maxima latitudine plus duplo latior quam longior, quam caput tam dense et paulo fortius punctulatus; margine antico arcuato, extremitatibus vix sinuato; angulis anticis obtusis, vix hebetatis, extus callosis, callo parum producto, truncato, apice anguloso; intervallo inter callum et denticulum medianum sinuato, cum callo subaequali; lateribus pulvino subtenui et margine concavo stricto marginatis; basi utrinque late subsinuata, stricte striato-marginata. Elytra humeris rotundata, tunc quam prothorax in maxima latitudine paulo latiora, lateribus modice arcuata, aliquid ampliata, apice conjunctim breve rotundata, circiter duplo longiora quam simul in maxima latitudine latiora, fere regulariter lineato-punctata, punctis juxta apicem attenuatis, intervallis tenue punctulatis, alternis in disco paulo latioribus.* — Long. 2 mm.

Oblong, subparallèle, environ deux fois et trois quarts plus long que large dans sa plus grande largeur, convexe, un peu brillant, roux testacé; élytres testacés; pubescence flave, courte, fine, médiocrement serrée. Antennes un peu épaisses, dépassant chez le mâle la base du prothorax; 1er et 2e articles subcarrés, 3e environ une fois et demie plus long que large, 4e subcarré, 5e suballongé, à peine plus épais que le 4e, un peu plus que le 6e, 6e et 7e subcarrés, 8e transversal; massue légèrement dissymétrique, un peu plus de deux fois plus longue que large, 1er et 2e articles très transversaux, 3e un peu plus long que large, acuminé à l'extrémité. Tête plus de deux fois plus large avec les yeux que longue, faiblement convexe sur le front, très densément pointillée, sinuée de chaque côté vers la naissance de l'antenne; yeux saillants, n'atteignant pas le milieu de la longueur de la tête; facettes petites. Prothorax convexe, anguleux au milieu des côtés, rétréci en avant et en arrière, nettement plus de deux fois plus large au milieu que long, ponctué sur le disque aussi densément et un peu plus fortement que la tête, un peu plus fortement sur les marges latérales. Bord antérieur arqué, à peine sinué aux extrémités; angles antérieurs obtus légèrement émoussés, calleux en dehors; callosité faiblement saillante, tronquée latéralement, terminée au sommet en angle obtus, séparée du denticule médian par un intervalle sinué qui lui est subégal; troncature latérale oblongue, concave; denticule médian bien marqué; côtés bordés par un bourrelet assez accentué et par une marge concave très étroite; angles postérieurs obtus; base largement subsinuée de chaque côté, finement bordée-striée. Callosités discoïdales marquées; convexité du disque brusquement accentuée au milieu contre la strie marginale de la base. Écusson suboblong, plus de deux fois plus large que long. Élytres subtronqués à la base, arrondis aux épaules, alors assez nettement plus larges que le prothorax dans sa plus grande largeur, arqués, faiblement élargis sur les côtés, présentant leur plus grande largeur un peu avant le milieu de la longueur, brièvement arrondis ensemble au sommet, environ deux fois plus longs que larges ensemble dans leur plus grande largeur, presque régulièrement ponctués en lignes; points atténués vers le sommet; intervalles finement et assez densément pointillés sur le disque; ponctuation plus forte contre la base et autour de l'écusson, comparable à celle des lignes ponctuées, serrée et un peu plus forte que celle du disque du pronotum. Base des élytres à peine gibbeuse; callosités des extrémités des élytres marquées. Pattes légèrement épaisses.

Japon : Kyoto. 3 exemplaires. Collection A. Grouvelle.

Cryptophagus subinermis, n. sp. — *Oblongus, circiter ter longior quam in maxima latitudine latior, convexus, nitidulus, pube flavo-aurea brevissima et cinerea paulo longiore vestitus, ferrugineus, circa scutellum vix infuscatus; capite prothoraceque rufescentibus. Antennae subincrassatae. Caput transversum, fronte convexiusculum, crebre punctatum, utrinque ad antennae insertionem valde sinuatum; oculis prominulis, medium longitudinis haud attingentibus. Prothorax convexus, post medium subangulosus, antice aliquid, postice magis angustatus, minus duplo latior quam in maxima longitudine longior, crebre punctatus; margine antico valde arcuato, extremitatibus vix sinuato: angulis anticis arcuatis, extus callosis; callo vix producto, subtruncato, apice acuto; intervallo inter callum et denticulum postmedianum vix sinuatum, quam callo circiter duplo longiore; lateribus pulvino subincrassato et margine concavo basi minus stricto marginatis; basi medio vix producta, utrinque subsinuata, tenue striato-marginata, bipunctata. Elytra humeris rotundata, lateribus arcuata, modicissime ampliata, apice simul breve rotundata, paulo plus duplo longiora quam simul in maxima latitudine latiora, basi crebre sed quam in prothorace vix minus fortiter punctata; punctis apicem versus attenuatis.* — Long. 2,3 mm.

Oblong, environ trois fois plus long que large dans sa plus grande largeur, convexe, assez brillant, ferrugineux; antennes, tête et prothorax rougeâtres; pattes un peu plus claires que les élytres; pubescence flave doré, très courte, serrée, entremêlée de poils un peu plus longs, cendrés. Antennes un peu épaisses, atteignant chez le mâle la base du pronotum: 1er article subcarré, 2e à peine allongé, 3e assez allongé, 4e subcarré, 5e un peu allongé, un peu plus épais que le 4e et surtout que le 6e, 6e et 8e subcarrés, 7e suballongé; massue suboblongue, un peu plus de deux fois plus longue que large; 1er et 2e articles très transversaux, 3e un peu moins long que large. Tête un peu moins de deux fois plus large avec les yeux que longue, médiocrement convexe sur le front, nettement sinuée de chaque côté vers l'insertion de l'antenne, très densément ponctuée; yeux saillants, n'atteignant pas le milieu de la longueur de la tête; facettes petites. Prothorax convexe, subanguleux sur les côtés après le milieu, faiblement rétréci en avant, plus fortement en arrière, moins de deux fois plus large que long dans sa plus grande longueur, très densément ponctué. Bord antérieur fortement arqué, brièvement subsinué aux extrémités; angles antérieurs arqués, calleux en dehors; callosité très courte, très peu saillante, subtronquée latéralement, terminée en angle aigu, séparée du denticule latéral post-médian par un intervalle subtronqué, environ deux fois plus long qu'elle : troncature latérale réduite à un simple calus ponctué ; côtés bordés par un bourrelet marqué et par une marge concave, étroite en avant, plus large dans la partie basilaire ; denticules latéraux très petits ; angles postérieurs obtus ; base subtronquée au milieu, subsinuée et ponctuée de chaque côté, étroitement bordée-striée. Convexité du disque faiblement et largement accentuée contre le bord antérieur de la strie marginale de la base ; callosités discoïdales à peine marquées. Écusson subrectangulaire, plus de deux fois plus large que long. Élytres subtronqués à la base, arrondis aux épaules alors un peu plus larges que le prothorax dans sa plus grande largeur, arqués, faiblement élargis sur les côtés, présentant leur plus grande largeur nettement avant le milieu de la longueur, brièvement arrondis ensemble au sommet, un peu plus de deux fois plus longs que larges ensemble dans leur plus grande largeur. Ponctuation aussi serrée à la base, mais à peine moins forte que celle du pronotum ; points atténués vers le sommet. Callosités de l'extrémité des élytres effacée ou presque effacée ; gibbosités de la base marquées. Tibias antérieurs sublinéaires.

Japon : environs de Tokio (Dr Harmand). 1 exemplaire mâle. Collection du Muséum d'Histoire naturelle de Paris.

Cryptophagus longiventris, n. sp. — *Suboblongus, paulo minus ter longior quam in maxima latitudine latior, modice convexus, nitidulus, pube flava, brevi, subdense vestitus, ferrugineus, antennis pedibusque rufo-ferrugineis. Antennae subincrassatae. Caput transversissimum, fronte convexiusculum, dense punctulatum ; oculis prominulis, medium longitudinis subattingentibus. Prothorax subparallelus, plus duplo latior quam longior, paulo densius et paulo tenuius quam caput punctulatus ; margine antico valde arcuato, extremitatibus vix sinuato ; angulis anticis late obtusis, hebetatis, extus callosis ; callo vix producto, subtruncato, apice vix obtuse anguloso, intervallo inter callum et denticulum lateralem ante medium situm, vix sinuatum, cum callo subaequali ; lateribus pulvino tenui marginatis : basi utrinque vix sinuata, stricte striato-marginata. Elytra humeris rotundata, tunc quam prothorax paulo latiora, lateribus arcuata, modice ampliata, apice conjunctim rotundata, circiter duplo longiora quam simul in maxima latitudine latiora, basi quam prothorax paulo fortius et minus dense punctata, punctis apicem versus attenuatis.* — Long. 2.4 mm.

Suboblong, près de trois fois plus long que large dans sa plus grande largeur, médiocrement convexe, assez brillant, ferrugineux ; antennes et pattes un peu rougeâtres ; pubescence flave, courte, assez serrée. Antennes un peu épaisses, dépassant légèrement la base du pronotum chez le mâle : 1er article subcarré, 2e suballongé, 3e moins d'une fois et demie plus long que large, 4e subcarré, 5e subcarré et à peine plus épais que le 4e, un peu plus que le 6e, 6e à 8e plus ou moins subtransversaux, 7e un peu plus long que les deux autres ; massue légèrement dissymétrique, suboblongue, presque deux fois et demie plus longue que large ; 1er et 2e articles subégaux, transversaux,

3e à peine plus long que large, acuminé à l'extrémité. Tête plus de deux fois plus large avec les yeux que longue, un peu convexe sur le front, sinuée de chaque côté vers l'insertion de l'antenne, densément et finement ponctuée, plus finement en avant; yeux saillants, atteignant le milieu de la longueur de la tête; facettes petites. Prothorax médiocrement convexe, subparallèle, environ deux fois plus large que long dans sa plus grande longueur, ponctué sur le disque un peu plus densément et moins fortement que sur l'occiput, densément et finement sur la région des angles postérieurs; plus fortement vers les marges latérales; ponctuation laissant libre un petit espace devant l'écusson. Bord antérieur fortement arqué, à peine sinué aux extrémités; angles antérieurs largement obtus, émoussés, calleux en dehors; callosité faiblement saillante, subtronquée latéralement, terminée au sommet en angle très obtus, à peine marqué, séparée du denticule latéral, placé avant le milieu, par un intervalle à peine sinué, qui lui est subégal; troncature latérale oblongue, allongée, concave; denticule antémédian petit; côtés bordés par un fin bourrelet et par une marge concave très étroite; angles postérieurs faiblement obtus; base à peine sinuée de chaque côté, étroitement rebordée-striée, biponctuée. Callosités discoïdales marquées; convexité du disque brusquement et brièvement accentuée vers le milieu contre la strie marginale de la base. Écusson à peine subpentagonal, plus de deux fois plus large que long. Élytres subtronqués à la base, arrondis aux épaules, alors un peu plus larges que le prothorax, arqués, médiocrement élargis sur les côtés, présentant leur plus grande largeur un peu avant le milieu de la longueur, arrondis ensemble au sommet, environ deux fois plus longs que larges ensemble dans leur plus grande largeur, un peu plus densément et moins fortement ponctué à la base que le disque du prothorax; ponctuation fortement atténuée vers le sommet. Base des élytres très faiblement gibbeuse; callosités des extrémités des élytres peu marquées.

Japon : Kyoto. 1 exemplaire mâle. Collection A. Grouvelle.

Cryptophagus longipennis, n. sp. — *Oblongus, plus triplo longior quam in maxima latitudine latior, convexus, nitidus, pube flavo-cinerea, subbrevi, in elytris inclinata, dense vestitus; subfusco-ferrugineus, antennis pedibusque vix dilutior. Antennae vix incrassatae. Caput transversum, fronte convexum, densissime punctulatum; oculis prominulis, retrorsum magis convexis, medium longitudinis haud attingentibus. Prothorax medio latior, latissime angulosus, in maxima latitudine plus duplo latior quam longior, densissime et quam caput paulo fortius punctatus; margine antico valde arcuato, extremitatibus sinuato; angulis anticis arcuatis, extus callosis; callo modice producto, truncato, apice acuto, intervallo inter callum et denticulum medianum subsinuato, quam callo paulo longiore; lateribus pulvino tenui marginatis; basi utrinque latissime vix sinuata, stricte striato-marginata. Elytra humeris breve rotundata, tunc quam prothorax in maxima latitudine paulo latiora, lateribus arcuata, modice ampliata, apice conjunctim breve rotundata, plus duplo longiora quam simul in maxima latitudine latiora,* *basi quam prothorace vix fortius sed parcius punctata; punctis apicem versus attenuatissimis.* — Long. 2,1 mm.

Oblong, plus de trois fois plus long que large dans sa plus grande largeur, convexe, brillant, ferrugineux légèrement enfumé, antennes et pattes un peu plus claires; pubescence flave cendré, faiblement allongée, inclinée sur les élytres. Antennes légèrement épaissies, atteignant la base du pronotum chez la femelle: 1er article subcarré, 2e suballongé, 3e un peu plus court que le 2e, 4e subcarré, 5e carré, à peine plus épais que le 4e, un peu plus que le 6e, 6e à 8e subégaux, plus ou moins subtransversaux, s'épaississant progressivement et très faiblement: massue légèrement dissymétrique, faiblement oblongue, environ deux fois et demie plus longue que large, 1er et 2e article subégaux, transversaux, 3e acuminé à l'extrémité. Tête environ deux fois plus large avec les yeux que longue, convexe sur le front, sinuée de chaque côté vers l'insertion de l'antenne, finement et très densément ponctuée, plus finement en avant; yeux saillants, à profil plus convexe en arrière qu'en avant, n'atteignant pas le milieu de la longueur de la tête; facettes petites. Prothorax convexe, anguleux au milieu des côtés, faiblement rétréci en avant et en arrière, nettement plus de deux fois plus large au milieu que long, ponctué sur le disque aussi densément, mais un peu plus fortement que la tête, plus fortement sur les marges latérales. Bord antérieur assez fortement arqué, sinué aux extrémités; angles antérieurs arrondis, calleux en dehors: callosité faiblement saillante, tronquée latéralement, terminée au sommet en angle droit, non émoussé, séparée du denticule médian par un intervalle subsinué, un peu plus long qu'elle: troncature latérale oblongue, concave; denticule médian bien marqué; côtés bordés par un fin bourrelet et par une marge concave presque nulle en avant du milieu, étroite en arrière; angles postérieurs obtus; base très largement et très faiblement subsinuée de chaque côté, finement bordée-striée, ponctuée de chaque côté. Callosités discoïdales un peu marquées; convexité du disque brusquement et brièvement accentuée au milieu, contre la strie marginale de la base. Écusson suboblong, plus de deux fois plus large que long. Élytres subtronqués à la base, brièvement arrondis aux épaules, alors un peu plus larges que le prothorax dans sa plus grande largeur, arqués, médiocrement élargis sur les côtés, présentant leur plus grande largeur un peu après le milieu de la longueur, brièvement arrondis ensemble au sommet, plus de deux fois plus longs que larges ensemble dans leur plus grande largeur, plus fortement et moins densément ponctués à la base que sur le disque du pronotum; ponctuation fortement atténuée vers le sommet. Base des élytres assez nettement gibbeuse: callosités des extrémités des élytres marquées; marges latérales très fortement infléchies, bords latéraux cachés lorsque l'insecte est vu de dessus.

Japon : Kyoto, 1 exemplaire femelle, collection A. Grouvelle; Mt Takao, près Hachiôji (E. Gallois), 1 exemplaire femelle, au Muséum d'Histoire naturelle de Paris.

TABLEAU DES **Cryptophagus** DU JAPON.

1. Élytres bordés à la base. Forme parallèle. Callosités des angles antérieurs du prothorax assez fortes; denticule latéral submédian. Pubescence courte, simple .... **longior** Grouv.
— Élytres sans bordure basilaire .... 2.
2. Denticules latéraux du prothorax nuls .... 3.
— Denticules latéraux du prothorax plus ou moins accentués ..... 4.
3. Taille assez forte. Callosités des angles antérieurs du prothorax épaisses; bords latéraux simples. Tibias antérieurs triangulaires. Pubescence courte, couchée, simple .... **robustus** Grouv.
- Taille moyenne. Callosités des angles antérieurs du prothorax peu épaisses; bords latéraux denticulés. Pattes sublinéaires. Pubescence double, courte et à peine allongée, inclinée .... **micramboides** Reitt.
4. Callosités des angles antérieurs du prothorax très développées. Insecte cosmopolite .... **acutangulus** Gyll. Callosités des angles antérieurs du prothorax nulles ou peu accentuées .... 5.
5. Denticules latéraux antémédians .... 6.
— Denticules latéraux postmédians .... 7.
— Denticules latéraux médians .... 8.
6. Antennes épaisses; 1er article de la massue très nettement plus étroit que le 2e. Callosités des angles antérieurs du prothorax à peine saillantes. Ponctuation de la base des élytres serrée .... **japonicus** Reitt. Antennes à peine épaisses; 1er article de la massue à peine plus étroit que le 2e. Callosités des angles antérieurs du prothorax marquées. Ponctuation de la base des élytres un peu espacée. .... **longiventris** Grouv.
7. Ferrugineux. Callosités des angles antérieurs du prothorax peu saillantes, moins longues que l'intervalle qui les sépare du denticule latéral. Pubescence double, très courte ou un peu allongée, médiocrement fine .... **subinermis** Grouv.
— Élytres roux jaunâtre, décorés de noir. Callosités des angles antérieurs du prothorax bien marquées, aussi longues que l'intervalle qui les sépare du denticule latéral. Pubescence double, l'une fine et un peu allongée, l'autre très fine. **elegans** Grouv.
8. Tête moins de deux fois plus large avec les yeux que longue... 9.
— Tête environ deux fois plus large avec les yeux que longue.... 12.
9. Yeux saillants, à convexité régulière. Coloration très variable, allant du ferrugineux au brun foncé ou au noir avec des taches rousses, roux orangé, etc. Ponctuation de la base des élytres subégale à celle du pronotum, mais plus éparse. **callosipennis** Grouv.
— Yeux très saillants, plus convexes en arrière qu'en avant...... 10.
10. Ferrugineux, plus ou moins varié de noir. Ponctuation de la base des élytres plus forte que celle du pronotum... **vicinus** Grouv.

— Testacé plus ou moins clair. Ponctuation de la base des élytres au plus subégale à celle du pronotum........................ 11.

11. Jaunâtre clair. Ponctuation de la base des élytres plus fine que celle du pronotum; lignes ponctuées des élytres apparentes. Bourrelet marginal des côtés du prothorax marqué. **deceptor** Grouv.

— Ferrugineux. Ponctuation de la base des élytres subégale à celle du pronotum: lignes ponctuées des élytres peu apparentes. Bourrelet marginal des côtés du prothorax très fin. .. **dilutus** Reitt.

12. Facettes des yeux fortes. Callosités des angles antérieurs du pronotum petites, plus ou moins émoussées. Pubescence double. (Insecte cosmopolite)............................ **cellaris** Scop.

— Facettes des yeux petites ou moyennes...................... 13.

13. Callosités des angles antérieurs du prothorax beaucoup plus courtes que l'intervalle qui les sépare du denticule médian.... 14.

— Callosités des angles antérieurs du prothorax subégales à l'intervalle qui les sépare du denticule médian.................. 16.

14. Élytres plus de deux fois plus longs que larges ensemble. Tibias antérieurs sublinéaires. Prothorax beaucoup plus de deux fois plus large que long. Yeux plus convexes en arrière qu'en avant. Pubescence double, très courte ou médiocrement longue.................................... **longipennis** Grouv.

— Élytres moins de deux fois plus longs que larges ensemble. Tibias antérieurs triangulaires. Courbure des yeux régulière. Pubescence plus allongée.. 15.

15. Taille moyenne. Convexe. Pattes plus robustes.... **convexus** Grouv.

— Taille grande. Médiocrement convexe, plus large. Pattes moins robustes.................................... **Lewisi** Reitt. (1)

16. Tibias robustes, triangulaires. Pubescence couchée, serrée, flave doré; ponctuation serrée, plus fine sur la base des élytres, s'étendant longuement vers le sommet........... **robustus** Grouv.

— Tibias sublinéaires.. 17.

17. Taille petite. Yeux n'atteignant pas le milieu de la longueur de la tête. Callosités des angles antérieurs du prothorax terminés en angle obtus. Ponctuation de la base des élytres plus forte que celle du prothorax.............................. **pumilus** Reitt.

— Taille moyenne. Yeux atteignant le milieu de la longueur de la tête. Callosités des angles antérieurs du prothorax terminées en angle droit non émoussé. Ponctuation de la base des élytres subégale à celle du pronotum. Coloration très variable........
.... **decoratus** Reitt. (2)

(1) Le *C. Lewisi* Reitt., très commun aux environs de Kyoto, varie dans des proportions considérables comme taille et comme rapport de longueur et de largeur des diverses parties du corps. On trouve en Chine (à Nankin) et en Corée deux formes voisines de *C. Lewisi*, qui pour moi ne sont que des variétés de l'espèce japonaise.

(2) Espèce très variable, comme l'indique la description de l'auteur (Verh. zool. bot. Ges. Wien, XXIV, 1874, p. 379).

Cryptophagus exilicornis, n. sp. — *Suboratus. antice aliquid attenuatus, circiter 2 et 1/2 longior quam in maxima latitudine latior, convexus, nitidulus, pube tenui flava dense vestitus, rufo-testaceus; elytris subsordido-testaceis. Antennae graciles. Caput transversum, convexiusculum; oculis longitudinis medium haud attingentibus, prominulis. Prothorax antice subparallus, basi quam medio magis angustatus, in maxima latitudine plus duplo latior quam longior, dense subtenueque punctatus: margine antico subarcuato, extremitatibus vix sinuato; angulis anticis rotundatis, callo modice producto, extus truncato, apice acuto; intervallo inter callum et denticulum medianum subsinuato, quam callo longiore; lateribus pulvino tenuissimo marginatis; basi utrinque punctata, inter puncta minus stricte striato-marginata. Elytra humeris rotundata, tunc quam prothorax latiora, lateribus arcuata, aliquid ampliata, apice conjunctim rotundata, paulo plus dimidio longiora quam simul in maxima latitudine latiora, basi quam prothorace minus dense ac tenuiter punctata; punctis ad apicem valde attenuatis.* — Long. 2 mm.

Subovale, atténué en avant, environ deux fois et demie plus long que large dans sa plus grande largeur, convexe, un peu brillant, roux testacé, élytres testacé très légèrement assombri; pubescence flave, fine, couchée, assez dense. Antennes grêles pour le genre, dépassant légèrement la base des élytres chez la femelle: 1er article dilaté-arrondi en dedans, environ aussi long que large, 2e suballongé, 3e nettement plus épais que le suivant, environ une fois et demie plus long que large, 4e à peine allongé, 5e très légèrement plus épais que les 4e et 6e et surtout que le 4e, très nettement suballongé, 6e à 8e plus ou moins subtransversaux; massue dissymétrique, environ deux fois et demie aussi longue que large, 1er et 2e articles transversaux. Tête environ deux fois plus large avec les yeux que longue, légèrement convexe sur le front, faiblement sinuée de chaque côté vers l'insertion de l'antenne, très densément pointillée, un peu plus finement en avant; yeux saillants, n'atteignant pas le milieu de la longueur de la tête; facettes petites. Prothorax convexe, aussi large au niveau des denticules antérieurs qu'au milieu, au niveau des denticules latéraux, rétréci à la base, plus de deux fois plus large dans sa plus grande largeur que long, un peu moins densément et plus finement ponctué que l'occiput. Bord antérieur faiblement arqué; angles antérieurs arrondis, calleux; callosité assez saillante, tronquée latéralement, saillante en arrière en angle aigu, plus courte que l'intervalle subsinué la séparant du denticule médian, troncature externe brièvement oblongue, marquée d'un gros point enfoncé; denticules médians bien marqués; côtés bordés par un très fin bourrelet et par une très étroite marge; angles postérieurs obtus: base faiblement arquée saillante en arrière, subsinuée de chaque côté, bordée par un bourrelet et par une strie beaucoup plus marqués, au milieu, en face de la convexité du disque du pronotum qui accentue, dans cette partie, l'abaissement relatif de la marge basilaire. Points submarginaux peu marqués. Carène antéscutellaire très nette. Callosités discoïdales à peine visibles. Écusson suboblong, plus de deux fois plus large que long. Élytres subsinués à la base, arrondis aux épaules, alors nettement plus larges que le prothorax dans sa plus grande largeur, arrondis sur les côtés, un peu élargis, présentant leur plus grande largeur un peu après le milieu de la longueur, arrondis ensemble au sommet, plus d'une fois et demie plus longs que larges dans leur plus grande largeur; ponctuation à la base moins serrée et un peu plus fine que celle du pronotum, s'atténuant et s'effaçant presque vers le sommet. Pattes et tarses un peu robustes.

Yunnan : Houd-Ting-se, bord du lac (Dr Legendre). 1 exemplaire femelle. Collection du Muséum d'Histoire naturelle de Paris.

Voisin de *C. antiquus* Grouv., de Dardjiling, mais tête moins large, moins infléchie en avant des bases des antennes, yeux moins saillants et élytres plus finement ponctués.

Cryptophagus sinuatus, n. sp. — *Oblongus, fere 3 et 1/2 longior quam in maxima latitudine latior, modice convexus, nitidulus, pube flava, tenui, dense vestitus, subsordido-ochraceus. Antennae subincrassatae. Caput transversum, convexiusculum; oculis longitudinis medium haud attingentibus, aliquid prominulis. Prothorax ad medium latior, circiter duplo latior quam longior, lateribus in universum angulosus, dense punctatus; margine antico arcuato; angulis anticis rotundatis, callo modice producto extus truncato, apice acuto; intervallo inter callum et denticulum medianum sinuato, cum callo subaequali; lateribus pulvino tenui et margine reflexo, substricto marginatis; basi utrinque punctata, inter puncta striato-marginata. Elytra humeris rotundata, tunc quam prothorax vix latiora, lateribus arcuata, subparallela, apice conjunctim rotundata, paulo longiora quam simul latiora, basi densius quam prothorace punctata; punctis apicem versus attenuatis.* — Long. 2,3 mm.

Oblong, environ trois fois et demie plus long que large dans sa plus grande largeur, médiocrement convexe, un peu brillant, testacé jaunâtre très légèrement enfumé; pubescence flave, fine, couchée, assez dense. Antennes un peu épaisses, atteignant chez le mâle le tiers de la longueur de l'insecte; 1er article subglobuleux, 2e et 3e subégaux, 2e nettement plus long que large; 4e subcarré, 5e un peu plus épais que le 4e et surtout que le 6e; 6e à 8e plus ou moins subcarrés ou subtransversaux; massue légèrement dissymétrique, un peu plus de deux fois plus longue que large, 1er et 2e articles très transversaux. Tête environ deux fois plus large avec les yeux que longue, légèrement convexe sur le front, très faiblement sinuée de chaque côté vers l'insertion de l'antenne, très densément pointillée vers l'occiput, un peu moins fortement et moins densément vers la partie antérieure du front, yeux médiocrement saillants, n'atteignant pas le milieu de la longueur de la tête; facettes petites. Prothorax convexe, subanguleux sur les côtés, présentant sa plus grande largeur vers le milieu de la longueur, environ deux fois plus large dans cette plus grande largeur que long, un peu moins densément ponctué que l'occiput. Bord antérieur arqué; angles antérieurs arrondis, calleux; callosité assez saillante, tronquée latéralement, saillante en arrière en angle aigu, subégal au sinus qui le sépare du denticule médian;

troncature externe oblongue, plane, environ deux fois plus longue que large; denticules médians bien marqués; côtés bordés par un bourrelet à peine marqué et par une étroite marge subexplanée; angles postérieurs obtus; base un peu saillante en arrière dans le milieu, sinuée et marquée d'un point submarginal de chaque côté, bordée entre ces points par une strie plus écartée du bord au milieu. Callosités discoïdales marquées. Écusson suboblong, plus de deux fois plus large que long. Élytres subtronqués séparément et un peu obliquement à la base, brièvement arrondis aux épaules, alors à peine plus larges que le prothorax dans sa plus grande largeur, subparallèles, arrondis ensemble au sommet, un peu plus de deux fois plus longs que larges ensemble. Ponctuation à la base à peine plus faible et un peu plus écartée que celle du disque du prothorax, atténuée mais non effacée vers le sommet. Pattes et tarses un peu robustes.

Haïti. 1 exemplaire mâle. Collection du Muséum d'Histoire naturelle de Paris.

Cryptophagus atomarioides (Germ. in litt.), n. sp. — *C. baldensis* Er. *facies, sed abdominis primum segmentum metasterno brevius, ergo Cryptophagus in sp. et non Mnionomus. Circiter ter longior quam in maxima latitudine latior, nitidus, tenuissime pubescens, fulvo-rufus, singulo elytro plaga nigra discoidali plus minusve lata ornato; prothorace nonnunquam subinfuscato. Antennae subgraciles, 5° articulo quam vicinis longiore et crassiore; clava ter et ultra longiore quam latiore. Caput convexum, plus duplo latius quam longius, juxta oculos parce punctatum; oculis subvalde prominulis. Prothorax convexus, subcordiformis, transversus, antice quam postice vix latior, parcissime vix perspicue punctulatus; margine antico arcuato, extremitatibus vix sinuato; angulis anticis late subrotundatis, subcallosis; callo brevi, extus haud producto, brevissime striolato; lateribus ante medium vix obtuse angulosis, tenue marginatis; angulis posticis subrectis: basi medio arcuata, utrinque late subsinuata, extremitatibus quam medio strictius striato-marginata. Scutellum suboblongum, transversissimum. Elytra ovata, apice conjunctim rotundata, circiter duplo longiora quam simul in maxima latitudine latiora, parcissime tenuissimeque punctulata; striis suturalibus subintegris.* — Long. 2,1-2,4 mm.

Subovale, atténué vers le sommet des élytres, environ trois fois plus long que large dans sa plus grande largeur, convexe, brillant, fauve rougeâtre; sur le disque de chaque élytre une tache noirâtre plus ou moins développée; parfois tête et prothorax rembrunis; pubescence flave, à peine visible, plus marquée sur les marges latérales des élytres et contre leur base. Antennes presque grêles, dépassant nettement chez le mâle la base du pronotum; 1er article subglobuleux, un peu plus long que large, 2e suballongé, 3e claviforme, presque une fois et demie plus long que large, 4e suballongé, 5e un peu plus long que large, à peine plus épais que le 4e, un peu plus que le 6e, 6e et 8e un peu allongés, un peu plus longs que le 7e; massue légèrement dissymétrique, suboblongue, environ trois fois et demie plus longue que large; 1er article subtransversal, 2e transversal, 3e plus long que large, acuminé dans sa partie apicale. Tête plus de deux fois plus large avec les yeux que longue, convexe, pointillée vers les yeux; bords latéraux un peu saillants vers la base des antennes; yeux assez fortement saillants, plus convexes en arrière qu'en avant, n'atteignant pas le milieu de la longueur de la tête; facettes presque petites. Prothorax convexe, subcordiforme, subanguleux lorsqu'il commence à se rétrécir vers la base, à peine plus large en avant qu'à la base, un peu moins de deux fois plus large dans sa plus grande largeur que long, très éparsement pointillé vers les côtés. Bord antérieur arqué, brièvement subsinué aux extrémités; angles antérieurs obtus, subcalleux ou plutôt subépaissis au côté externe, brièvement striolés-subimpressionnés sur cette partie; côtés arqués en avant, puis subparallèles, subanguleux lorsqu'ils commencent à se rapprocher, bordés par un bourrelet plus étroit en avant qu'à la base; angles postérieurs subrectangulaires; base arquée en arrière au milieu, largement bisinuée de chaque côté, bordée par une strie très rapprochée du bord aux extrémités moins au milieu; un point enfoncé submarginal de chaque côté; convexité du disque largement et assez fortement accentuée contre le bord antérieur de la strie marginale; laissant vers les extrémités de la base une marge concave assez développée. Écusson suboblong, plus de deux fois plus large que long. Élytres à peine plus larges à la base que la base du prothorax, anguleux aux épaules, arqués-élargis sur les côtés, présentant leur plus grande largeur vers le premier tiers de la longueur à partir de la base, arrondis ensemble au sommet, environ deux fois plus longs que larges ensemble dans leur plus grande largeur, très éparsement et très finement pointillés vers la base; ponctuation nulle vers le sommet. Stries suturales presque entières. Pattes un peu épaissies. Dessous du corps noir, sauf les derniers segments de l'abdomen qui sont de la couleur des pattes.

Mâle hétéromère, à tarses antérieurs à peine plus épais que ceux de la femelle.

Chili (Germain). 5 exemplaires. Collection A. Grouvelle.

Cette insecte rappelle comme forme générale le *C.* (*Mnionomus*) *baldensis* Er.; mais le premier segment de son abdomen nettement plus court que le métasternum le place parmi les *Cryptophagus* s. str.

TABLE DES MATIÈRES

DU DEUXIÈME FASCICULE

TYPOGRAPHIE FIRMIN-DIDOT ET Cie. — MESNIL (EURE).

www.ingramcontent.com/pod-product-compliance
Ingram Content Group UK Ltd.
Pitfield, Milton Keynes, MK11 3LW, UK
UKHW020121200726
13856UKWH00002B/669

9 782011 914774